# 대학과정 기계설계

황봉갑 저

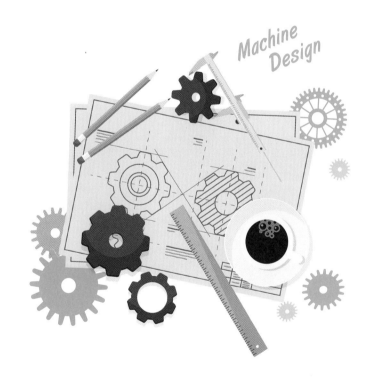

Machine Design

🌀 일진사

# | 머리말 |

기계설계는 기계공작법, 기계재료, 재료역학 등 기계 공학의 여러 기초 과목 지식과 기술적인 경험을 토대로 하여 이루어진 학문이다.

기계는 나사, 기어 등 여러 개의 부품(기계요소)들로 구성되어 있으며 이들 부품들은 항상 어떤 형태로든 힘을 받아 변형이 되거나 때로는 파괴에 이를 수 있다. 기계설계를 공부하는 목적은 이와 같이 기계를 구성하고 있는 부품들이 힘을 받았을 때, 허용된 범위 내에서의 변형을 허락하면서 파괴에 이르지 않도록 재료의 종류와 치수, 형상 등을 결정하는 데 있다. 따라서 기계설계는 기계의 성능과 수명, 안전사고 등과 직접적으로 관련이 있는 매우 중요한 학문 분야이다.

필자는 본 교재를 집필함에 있어 공학도들이나 현장 실무자들이 "어떻게 하면 가장 쉽고 빠르게 기계설계 학문을 익힐 수 있을까?" 하는 고민을 거듭하였다. 이에 필자는 다년간 공학도들에게 강의하면서 얻어진 경험과 현장 실무 경험에서 연구하고 체험된 것들을 바탕으로 기초적인 지식을 쉽게 이해할 수 있는 교과서로서의 역할과, 현장실무자 및 국가기술자격시험을 준비하는 수험생들에게 필요한 지식을 제공하는 참고서로서의 역할을 할 수 있도록 이 책을 꾸몄다.

제1장에서 기계설계의 가장 기초가 되는 표준규격과 단위, 물체의 운동, 힘과 모멘트, 일과 동력, 하중과 응력 등의 내용을 통해 기계설계의 기본적 원리를 익힐 수 있도록 하였으며, 제2장부터는 어려움이 뒤따르는 기계설계의 광범위한 지식 중에서 기계요소설계 분야에 대한 최소한의 내용을 압축하여 다룸으로써 기계설계를 처음 공부하는 사람들도 쉽게 이해할 수 있도록 구성하였다.

본 교재를 펴냄에 있어서 내용이 불충분하거나 뜻하지 않은 오류가 있을 것으로 생각되나 앞으로 독자들의 기탄없는 충고와 지도로 고쳐나갈 것을 약속한다. 아무쪼록 본 교재를 접하는 모든 독자들이 기계설계에 대한 최소한의 이론적 기본지식을 습득하여 산업현장에 실제로 적용할 수 있는 능력을 기르길 바라며, 나아가 우리나라의 기계공업 현장에서 중추적인 역할을 담당하는 최고의 기술자가 되어주길 소망한다.

끝으로 본 교재를 집필함에 있어서 인용한 문헌의 저자들에게 사의를 표하며, 특히 본 교재의 출판을 위해 애써 주신 도서출판 **일진사** 여러분에게 감사드린다.

저자 황봉갑

# | 차 례 |

## 제7장 ----o 축이음

## 제8장 ----o 베어링

# 기계설계 기초

# 기계설계 기초

## 1. 기계와 기계설계

**기계**(機械, machine)란 저항력이 있는 물체를 조합하여 만든 각 부품이 외부로부터 에너지(energy)를 받아들여, 어떤 한정된 상대운동을 하면서 사람에게 유용한 일을 하는 도구로 정의할 수 있다. **기구**(機構, mechanism)는 기계 구성요소 상호간(相互間)의 역학적인 운동이나 작용을 하도록 구성되어 있는 장치를 말한다. 기계를 생산하는 절차는 다음과 같다.

① 요구되는 성능에 따라 기구를 정한다.
② 기구에 사용되는 각 부분의 재료와 그 모양, 치수를 정한다.
③ 공작도(도면)를 작성한다.
④ 실제의 생산에 들어간다.

여기서 도면을 작성하기 전까지의 과정을 **기계설계**(機械設計, machine design)라고 한다. 또 기계를 구성하고 있는 각종 볼트, 너트, 키, 축 및 축 이음, 베어링, 기어, 스프링 등과 같은 공통부품을 **기계요소**(機械要素, machine element)라고 하며, 이들 기계요소를 설계하는 것을 **기계요소설계**(機械要素設計, machine element design)라고 한다.

다음은 기계를 설계할 때의 유의사항들이다.

① 작업기(作業機)가 원동기(原動機)에서 동력(주로 회전운동)을 받아 목적에 맞는 운동을 하기 위해서는 여러 가지 기구가 이용되는데, 이때 되도록 손실이 적고 간단한 기구로써 필요한 동력을 얻을 수 있도록 하여야 한다.(機構學 지식 필요)

**참고** • 작업기 : 원동기로부터 동력을 받아 각종의 작업을 하는 기계
• 원동기 : 자연계에 존재하는 에너지를 이용하여 동력을 발생시키는 기계

② 기구를 구성하는 각 부분이 외력(外力)에 대하여 충분한 **강도**(強度, strength)와 **강성**(剛性, rigidity)을 갖도록 모양과 치수를 결정하여야 한다.(재료역학, 유체역학, 열역학, 기계공작법 등의 기초공학 지식이 필요)
③ 필요한 강도와 강성에 맞는 재료를 선정한다.(기계재료 지식 필요)
④ 효율이 좋고 취급이 용이해야 한다.

⑤ 제작비가 적고 경제적 가치가 커야 한다.
⑥ 외관이 아름답고 상품가치가 높아야 한다.

기계설계를 하는 과정에서 이론적으로 해결되지 않는 부분에 대하여는 경험식, 실험식 등이 필요하며, 유체기계, 공작기계, 열기관과 같은 전문지식도 필요하다. 또한 메이커(maker)의 카탈로그(catalogue), 기존 기계의 내용도 자료가 되며, 심지어는 사용자의 불평의 소리도 설계 자료가 될 수 있다. 설계에 있어서 표준규격이나 오랜 관습 등을 무시한 도면을 그리는 것은 삼가야 하며, 조립·분해가 불가능한 것 등을 설계해서는 안 된다. 즉, 설계자는 항상 자기 자신이 직접 제작한다는 입장에서 설계해야 한다는 것을 잊어서는 안 된다.

# 2. 표준규격 및 단위

## 2-1 ○ 표준규격

선진 각국에서는 기계를 구성하고 있는 각 기계부품의 호환성(互換性) 및 생산성을 높이기 위해 치수, 형상, 재료 등에 대하여 규격화시켜 놓고 있다. 우리나라에서는 1962년 공업표준화법에 따라 표준규격을 제정하였으며, 1992년 한국공업규격에서 현재의 **한국산업규격**(Korean Industrial Standards, **KS**)으로 바뀌었다. KS는 총 21개 부문으로 구성되어 있으며, 규격번호는 부문(部門)을 나타내는 알파벳 대문자와 고유번호인 4자리의 아라비아 숫자로 되어 있다. 표 1-1은 KS의 부문별 분류기호를 나타낸 것이며, 표 1-2는 기계부문의 KS 분류기호를 나타낸 것이다.

**표 1-1  KS의 부문별 분류기호**

| 분류기호 | KS A | KS B | KS C | KS D | KS E | KS F | KS G |
|---|---|---|---|---|---|---|---|
| 부　문 | 기본 | 기계 | 전기 | 금속 | 광산 | 토건 | 일용품 |
| 분류기호 | KS H | KS I | KS J | KS K | KS L | KS M | KS P |
| 부　문 | 식료품 | 환경 | 생물 | 섬유 | 요업 | 화학 | 의료 |
| 분류기호 | KS Q | KS R | KS S | KS T | KS V | KS W | KS X |
| 부　문 | 품질경영 | 수송기계 | 서비스 | 물류 | 조선 | 항공 | 정보산업 |

표 1-2 기계부문의 KS 분류기호

| 분류기호 | B0001 ~ B0990 | B1000 ~ B3000 | B3001 ~ B4000 | B4001~ | B5201~ | B0001 ~ B0990 |
|---|---|---|---|---|---|---|
| 기계부문 | 기계일반 | 기계요소 | 공구 | 공작기계 | 측정계산용 기계기구 물리기계 | 일반기계 |
| 분류기호 | B7001 ~ B7100 | B7101~ | B8000~ | B0001 ~ B0990 | B6719 B ISO 10303~ | B ISO 21018~ 23181~ |
| 기계부문 | 산업기계 | 농업기계 | 열 사용 및 가스기기 | 계량·측정 | 산업자동화 | 기타 |

국제 표준화로는 1928년 ISA(만국규격통일협회, International Federation of the National standardizing Association)가 설립되어 나라 간 통일된 규격화가 시도되었고, 1949년에 ISO(국제표준화기구, International Organization for Standardization)가 설립되어 각종 규격이 제정되었다. 표 1-3은 각국의 산업규격을 나타낸 것이다.

표 1-3 각국의 산업규격

| 국가별 산업규격 | 규격기호 | 제정 연도 |
|---|---|---|
| 한 국 | KS(Korean Industrial Standards) | 1962 |
| 영 국 | BS(British Standards) | 1901 |
| 독 일 | DIN(Deutsche Industrie Normen) | 1917 |
| 미 국 | ANSI(American National Standards Institute) | 1918 |
| 스위스 | SNV(Schweitzerish Normen des Vereinigung) | 1918 |
| 프랑스 | NF(Norme Francaise) | 1918 |
| 일 본 | JIS(Japanese Industrial Standards) | 1921 |

## 2-2 ● 단 위

자연 현상에서 길이, 질량, 온도, 속도, 힘, 에너지 등 측정할 수 있는 특성을 가진 물리적인 현상을 양적(量的)으로 나타낸 것을 **물리량**(物理量)이라고 하며, 이 물리량은 다시 **기본량**(基本量)과 **유도량**(誘導量)으로 구분할 수 있다.

① 기본량 : 모든 물리량의 기본이 되는 양 (길이, 시간, 질량, 온도 등)

② 유도량 : 기본량들을 구체적으로 정한 절차에 따라 유도해 낸 양 (면적, 속도, 압력, 힘, 에너지 등)

앞에서의 기본량과 유도량을 측정하고 나타내는 데 필요한 것이 **단위**(單位, unit)이며, 기본량에 대한 단위를 **기본단위**, 유도량에 대한 단위를 **유도단위**라고 한다. 이들 단위는 과학기술의 발달로 새롭게 제정된 단위들과 혼용되면서 단위 사용에 혼란을 일으켜 국제도량형총회에서 기본단위를 연장 확대하여 모든 나라가 공통으로 사용할 수 있는 단위계를 확립하였는데, 이를 **SI 단위계**(system of international units) 또는 **국제 단위계**(國際單位系)라고 한다. SI 단위계는 표 1-4와 같이 7개의 기본단위와 2개의 보조단위로 각종 물리량을 나타내며, SI 단위계에서 고유 명칭을 부여한 유도량의 단위는 표 1-5와 같이 나타낸다. 표 1-6은 아주 크거나 작은 물리량을 10의 배수로 간단하게 나타내기 위한 **SI 단위**의 **접두어**이다.

**표 1-4  SI 단위계의 기본단위와 보조단위**

| 단위 구분 | 물리량 | 명 칭 | 기 호 |
|---|---|---|---|
| 기본단위 | 길 이 | meter | m |
| | 질 량 | kilogram | kg |
| | 시 간 | second | s |
| | 전 류 | Ampere | A |
| | 온 도 | Kelvin | K |
| | 분자량 | mole | mol |
| | 광 도 | candela | cd |
| 보조단위 | 평면각 | radian | rad |
| | 입체각 | steradian | sr |

**표 1-5  SI 유도단위**

| 물리량 | 명 칭 | 기 호 | SI 기본단위 또는 SI 유도단위 간의 관계 |
|---|---|---|---|
| 주파수 | Hertz | Hz | $1\,\mathrm{Hz} = 1\,\mathrm{s}^{-1}$ |
| 힘 | Newton | N | $1\,\mathrm{N} = 1\,\mathrm{kg} \cdot \mathrm{m/s}^2$ |
| 압력, 응력 | Pascal | Pa | $1\,\mathrm{Pa} = 1\,\mathrm{N/m}^2$ |
| 일, 에너지, 열량 | Joule | J | $1\,\mathrm{J} = 1\,\mathrm{N} \cdot \mathrm{m}$ |
| 동력 | Watt | W | $1\,\mathrm{W} = 1\,\mathrm{J/s}$ |

**표 1-6  SI 단위의 접두어**

| 배 수 | $10^{12}$ | $10^9$ | $10^6$ | $10^3$ | $10^{-2}$ | $10^{-3}$ | $10^{-6}$ | $10^{-9}$ | $10^{-12}$ |
|---|---|---|---|---|---|---|---|---|---|
| 접두어 | tera | giga | mega | kilo | centi | milli | micro | nano | pico |
| 기 호 | T | G | M | k | c | m | $\mu$ | n | p |

# 3. 물체의 운동

## 3-1 ○ 속 도

어떤 물체가 한 점으로부터 다른 점으로 이동했을 때, 그 물체는 움직였다고 말한다. 이때 두 점 간의 직선거리를 변위(變位)라 하며, 단위 시간 동안에 이동한 변위를 속도라고 한다. 어떤 물체가 $t$시간 동안에 $S$ 만큼 이동하였다면, 속도 $v$는

$$v = \frac{S}{t} \quad \cdots\cdots (1-1)$$

이며, 속도의 단위는 cm/s, m/s, km/h 등으로 표시된다.

### Q 예제 1-1

자동차로 20분 동안 25 km를 달렸다. 이 자동차의 평균 속도는 몇 km/h인가?

**해설** $v = \dfrac{S}{t} = \dfrac{25}{20} = 1.25 \text{ km/min} = 1.25 \times 60 \text{ km/h} = 75 \text{ km/h}$

## 3-2 ○ 가속도

일반적으로 물체의 운동에서 속도는 시간에 따라 변하므로 시간에 따르는 속도의 변화량을 고려하여야 한다. 단위 시간에 일어나는 속도의 변화량을 가속도(加速度)라 하며, 어느 물체의 속도가 시간에 따라 변할 때 처음 속도를 $v_1$이라 하고 $t$시간 후의 속도를 $v_2$라 하면 가속도 $a$는

$$가속도(a) = \frac{속도의\ 변화량(v_2 - v_1)}{걸린\ 시간(t)} \quad \cdots\cdots (1-2)$$

이며, 가속도의 단위는 cm/s², m/s² 등으로 표시된다.

**Q** 예제 1-2

다음 그림과 같이 자동차가 O점에서 출발하여 달리고 있을 때 P점에서의 속도 $v_1 = 12$ m/s이었고, 10초 후 Q점에 도달했을 때의 속도 $v_2 = 36$ m/s가 되었다. 이 자동차의 가속도를 구하여라.

해설 $a = \dfrac{v_2 - v_1}{t} = \dfrac{36 - 12}{10} = 2.4\,\text{m/s}^2$

## 3-3 ◦ 원운동과 구심 가속도

### (1) 등속 원운동

그림 1-1과 같이 어떤 물체가 반지름 $r$인 원주(圓周) 위를 일정한 속도 $v$로 움직이는 것을 등속(等速) 원운동이라고 한다. 이때 물체가 점 P에서 점 Q로 움직이는데 $t$초 걸렸다면 점 P가 그리는 원호 $S$는 시간에 따라 커지며, $S = vt$가 된다. 그리고 ∠POQ가 이루는 각 $\theta$를 라디안(radian) 단위로 표시하면

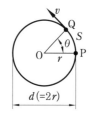

**그림 1-1**
**원운동과 각속도**

$$\theta = \frac{S}{r}\,[\text{rad}] \quad\cdots\cdots\cdots\cdots\cdots\cdots\cdots\cdots (1\text{-}3)$$

이 된다. 여기서 $1\text{rad} = \dfrac{180°}{\pi}$ 이다.

물체가 단위 시간 동안에 원주 위를 회전한 중심각의 변위를 **각속도**(角速度)라 한다. 즉 각속도 $\omega$는

$$\omega = \frac{\theta}{t} \quad\cdots\cdots\cdots\cdots\cdots\cdots\cdots\cdots\cdots\cdots\cdots\cdots (1\text{-}4)$$

이며, 단위는 rad/s이다.

그리고 원운동할 때 원주 위에서의 선 속도, 즉 원주 속도 $v$는 식 (1-1)과 (1-3)으로부터

$$v = \frac{S}{t} = \frac{r\theta}{t} = r\omega \quad\cdots\cdots\cdots\cdots\cdots\cdots\cdots\cdots (1\text{-}5)$$

가 된다. 만약 어떤 물체가 $n\,[\text{rpm(revolutions per minute)}]$으로 회전하고 있다면 $\omega = \dfrac{2\pi n}{60}$ rad/s로부터 원주 속도 $v$는 다음과 같다.

$$v = r\,\omega = \frac{d}{2} \cdot \frac{2\pi n}{60} = \frac{\pi d n}{60} \quad \cdots\cdots\cdots\cdots\cdots\cdots\cdots\cdots\cdots\cdots\cdots\cdots\cdots\cdots\cdots\cdots\cdots\cdots (1\text{--}6)$$

## (2) 구심 가속도

등속 원운동을 하고 있는 물체의 속도 방향은 끊임없이 변하지만 그 속도의 크기는 항상 일정하다. 이와 같이 등속 원운동에서 물체의 속도 방향만을 변화시키는 가속도를 구심(求心) 가속도라 한다. 구심 가속도는 원 궤도의 중심을 가리키며, 그 크기는 물체 속도의 제곱에 비례하고 궤도의 반지름에 반비례한다. 즉 그림 1-1에서 구심 가속도 $a_r$ 은 다음과 같다.

$$a_r = \frac{v^2}{r} \quad \cdots\cdots\cdots\cdots\cdots\cdots\cdots\cdots\cdots\cdots\cdots\cdots\cdots\cdots\cdots\cdots\cdots\cdots\cdots\cdots\cdots (1\text{--}7)$$

**Q 예제 1-3**

지름 600 mm인 바퀴가 500 rpm으로 회전하고 있다. 이 바퀴의 바깥 둘레에서의 원주 속도는 몇 m/s인가?

**해설** $v = \dfrac{\pi d n}{60} = \dfrac{3.14 \times 600 \times 500}{1000 \times 60} = 15.7\,\text{m/s}$

**Q 예제 1-4**

지구의 적도 위에 있는 한 점의 구심 가속도는 몇 $\text{m/s}^2$인가? (단, 지구의 지름 $d = 12.8 \times 10^6\,\text{m}$이고 하루에 한 번 자전한다.)

**해설** 적도 위의 한 점이 하루에 이동한 거리 $S$는

$$S = \pi d = 3.14 \times 12.8 \times 10^6 = 40.2 \times 10^6\,\text{m}$$

따라서 원주 속도 $v$는 다음과 같다.

$$v = \frac{S}{t} = \frac{40.2 \times 10^6}{1 \times 24 \times 60 \times 60} = 465.28\,\text{m/s}$$

$$\therefore a_r = \frac{v^2}{r} = \frac{465.28^2}{\dfrac{12.8 \times 10^6}{2}} = 0.03\,\text{m/s}^2$$

# 4. 힘과 모멘트

## 4-1 ○ 힘

우리가 알고 있는 힘은 '밀다' 혹은 '당긴다'와 같은 개념으로서, 서로 직접 접촉하고 있는 물체 사이에만 작용하는 것으로 생각하고 있다. 그러나 중력(重力), 전기력(電氣力), 자기력(磁氣力)과 같은 힘은 힘의 근원과 물체 사이에 어떤 분명한 접촉이 없어도 작용하기도 한다. 더욱이 힘과 운동 사이의 관계는 분명치 않다. 뉴턴(Isaac Newton)은 이러한 힘에 대한 모호한 점들을 운동 법칙을 통해 정리하였다.

### (1) 뉴턴의 운동 법칙

① 운동의 제 1법칙

물체에 작용하는 힘의 합력이 0이면 정지하고 있던 물체는 정지한 그대로 머물러 있고, 또 움직이던 물체는 움직이고 있는 방향으로 계속 움직인다. 이와 같이 처음 상태를 계속 유지하려는 성질을 **관성(慣性)**이라 하고, 운동의 제 1법칙을 **관성의 법칙**이라고도 한다.

② 운동의 제 2법칙

물체에 힘이 작용할 때 그 물체는 힘의 크기에 정비례하는 가속도로써 힘의 작용 방향으로 가속된다. 즉, 어떤 물체에 작용한 힘을 $F$ 라 하면 $F \propto a$이므로 다음과 같이 나타낼 수 있다.

$$\frac{F}{a} = \text{일정} \quad \cdots\cdots (1-8)$$

가속도에 대한 힘의 이 일정한 비(比)는 그 물체의 성질이라 생각할 수 있으며, 이것을 그 물체의 **질량**(= 밀도×체적)이라 한다. 그러므로 질량을 $m$이라 하면 식 (1-8)은

$$F = ma \quad \cdots\cdots (1-9)$$

가 된다. 운동의 제 2법칙은 **힘과 가속도의 법칙**이라고도 한다.

힘의 단위는 N(Newton)으로 표시되며, 질량 1kg의 물체에 $1\,\text{m/s}^2$의 가속도를 갖게 하는 힘을 1N이라 한다.

$$1\,\text{N} = 1\,\text{kg} \times 1\,\text{m/s}^2 = 1\,\text{kg} \cdot \text{m/s}^2$$

참고 $1\,\mathrm{dyn}\,(\text{혹은 } \mathrm{dyne}) = 1\,\mathrm{g} \times 1\,\mathrm{cm/s^2} = 1\,\mathrm{g \cdot cm/s^2} = 10^{-5}\,\mathrm{N}$
 $\therefore 1\,\mathrm{N} = 10^5\,\mathrm{dyn}$

어떤 물체의 무게(weight)는 지구가 그 물체에 미치는 중력을 말한다. 질량 $m$인 한 물체를 자유 낙하시킬 때 이 물체에 작용하는 힘은 단지 그 무게뿐이며, 이 물체의 가속도는 자유 낙하하는 물체의 가속도와 같은 중력 가속도가 된다. 그러므로 물체의 무게를 $W$, 중력 가속도를 $g(=9.8\,\mathrm{m/s^2})$라 하면 식 (1-9)에서 $F = W$, $a = g$이므로

$$W = mg \quad \cdots\cdots\cdots\cdots\cdots\cdots\cdots\cdots\cdots\cdots\cdots\cdots\cdots\cdots\cdots\cdots\cdots (1\text{--}10)$$

가 된다. 따라서 무게는 힘과 같은 물리량이며, 힘의 단위로 표시된다.

③ 운동의 제 3법칙

한 물체가 다른 물체에 힘을 작용하면 힘을 받은 물체는 힘을 작용하는 물체에 대하여 크기가 같고 방향이 반대가 되는 힘을 작용시킨다. 이러한 힘을 작용에 대하여 반작용이라 한다. 운동의 제 3법칙은 **작용·반작용의 법칙**이라고도 한다.

## (2) 압 력

평면 또는 곡면이나 가상면에 힘이 작용하고 있을 때 단위 면적 당 수직으로 받는 힘을 특히 압력(壓力, pressure)이라고 한다. 지금 면적 $A$에 수직으로 힘 $F$가 작용하고 있다면 압력 $p$는

$$p = \frac{F}{A} \quad \cdots\cdots\cdots\cdots\cdots\cdots\cdots\cdots\cdots\cdots\cdots\cdots\cdots\cdots\cdots\cdots (1\text{--}11)$$

압력의 단위는 Pa(Pascal)로 표시되며, $1\,\mathrm{N}$의 힘이 $1\,\mathrm{m^2}$의 면적에 작용할 때의 압력을 $1\,\mathrm{Pa}$이라고 한다.

$$1\,\mathrm{Pa} = 1\,\mathrm{N/m^2} = \frac{1\,\mathrm{kg \cdot m/s^2}}{\mathrm{m^2}} = 1\,\mathrm{kg/m \cdot s^2}$$

참고 $1\mathrm{bar} = 1000\,\mathrm{mbar} = 10^5\,\mathrm{N/m^2} = 10^5\,\mathrm{Pa}$

## 4-2 ○ 힘의 합성과 분해

### (1) 힘의 합성

힘을 받고 있는 물체에는 서로 다른 크기, 방향 등의 여러 힘이 동시에 작용하고 있

는 것이 일반적이다. 이와 같이 한 물체에 여러 힘이 작용
할 때 이들 여러 힘의 합과 같은 효과를 갖는 하나의 힘을
구하는 것을 힘의 합성이라 한다. 그리고 이 힘을 합력(合
力)이라 한다.

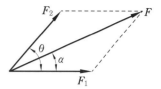

그림 1-2  힘의 합성

　힘은 크기와 방향을 갖는 벡터(vector)량이므로 두 개 이
상의 힘을 합할 때는 벡터 연산법(演算法)에 따른다. 즉,
두 힘이 일직선상에서 같은 방향에 있는 경우 합력 $F = F_1 + F_2$가 되고, 방향이 반대일
때는 합력 $F = F_1 - F_2$가 되며, 방향은 큰 힘의 방향이 된다.

　그림 1-2와 같이 한 점에 $\theta$각을 이루며 두 힘이 작용하고 있는 경우 합력 $F$는 도식
적 방법인 평행 사변형법으로 구할 수 있다. 그러나 정확한 힘의 크기를 알기 위해서는
**여현(餘弦, cosine) 법칙**을 이용한 다음 계산식에 의해서 구한다.

$$F^2 = F_1^2 + F_2^2 - 2F_1 F_2 \cos(180 - \theta)$$
$$= F_1^2 + F_2^2 + 2F_1 F_2 \cos\theta$$
$$\therefore F = \sqrt{F_1^2 + F_2^2 + 2F_1 F_2 \cos\theta} \quad \cdots\cdots\cdots\cdots\cdots (1\text{-}12)$$

또, 합력 $F$와 $F_1$이 이루는 각을 $\alpha$라 하면, **정현(正弦, sine) 법칙**에 의해

$$\frac{F_2}{\sin\alpha} = \frac{F}{\sin(180 - \theta)} = \frac{F}{\sin\theta}$$
$$\sin\alpha = \frac{F_2}{F}\sin\theta$$
$$\therefore \alpha = \sin^{-1}\left(\frac{F_2}{F}\sin\theta\right) \quad \cdots\cdots\cdots\cdots\cdots (1\text{-}13)$$

## (2) 힘의 분해

　하나의 힘을 두 개 이상의 힘으로 나누는 방법에는 여
러 가지가 있으나, 그림 1-3에서와 같이 하나의 힘 $F$를
직각 성분으로 분해하는 것이 가장 편리하다. 이때 각각
의 분해된 힘을 **분력(分力)**이라 한다.

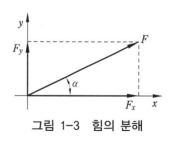

그림 1-3  힘의 분해

　힘 $F$의 $x$축에 대한 분력 $F_x$와 $y$축에 대한 분력 $F_y$를
각각 구하면

$$\left.\begin{array}{l} F_x = F\cos\alpha \\[2mm] F_y = F\sin\alpha \end{array}\right\} \quad \cdots\cdots\cdots (1\text{-}14)$$

또한, 합력 $F$ 와 분력 $F_x$, $F_y$는 피타고라스 정리에 의해

$$F = \sqrt{F_x^2 + F_y^2} \quad \cdots\cdots\cdots (1\text{-}15)$$

이 되며, $x$축과 합력 $F$ 와 이루는 각 $\alpha$는 $\tan\alpha = \dfrac{F_y}{F_x}$ 로부터

$$\alpha = \tan^{-1}\frac{F_y}{F_x} \quad \cdots\cdots\cdots (1\text{-}16)$$

## (3) 여러 힘의 합성

그림 1-4에서와 같이 힘 $F_1$, $F_2$, $F_3$의 세 힘이 한 점에 작용하고 있을 때 이들 힘을 합성해 보자. 먼저 각각의 힘을 $x$축과 $y$축에 관한 직각 성분으로 분해한다.

이때, 분해된 분력이 좌표축의 (−) 방향을 향하고 있을 때에는 그 분력의 크기 앞에 (−) 부호를 붙여야 한다. 그런 다음 분해된 힘들을 다음과 같이 하나의 합력으로 합성하여 $F_x$와 $F_y$를 구한 후 식 (1-15)에 의해 합력 $F$를 구하면 된다.

$$F_x = F_{1x} - F_{2x} - F_{3x} = F_1\cos\theta_1 - F_2\cos\theta_2 - F_3\cos\theta_3$$

$$F_y = F_{1y} + F_{2y} - F_{3y} = F_1\sin\theta_1 + F_2\sin\theta_2 - F_3\sin\theta_3$$

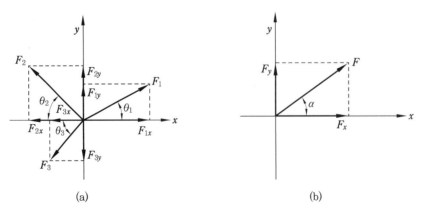

(a)                         (b)

**그림 1-4  여러 힘의 합성**

**Q 예제 1-5**

그림 1-4에서 $F_1=400\,\text{N}$, $F_2=120\,\text{N}$, $F_3=100\,\text{N}$, $\theta_1=30°$, $\theta_2=45°$, $\theta_3=60°$일 때, 합력 $F$와 이 합력이 $x$축과 이루는 각 $\alpha$를 구하여라.

**해설**

| 힘 | $x$성분 | $y$성분 |
|---|---|---|
| $F_1=400\text{N}$ | $F_{1x}=400\times\cos30°=346.41\,\text{N}$ | $F_{1y}=400\times\sin30°=200\,\text{N}$ |
| $F_2=120\text{N}$ | $F_{2x}=120\times\cos45°=84.85\,\text{N}$ | $F_{2y}=120\times\sin45°=84.85\,\text{N}$ |
| $F_3=100\text{N}$ | $F_{3x}=100\times\cos60°=50\,\text{N}$ | $F_{3y}=100\times\sin60°=86.6\,\text{N}$ |
| $\Sigma$ | $F_x=346.41-84.85-50=211.56\,\text{N}$ | $F_y=200+84.85-86.6=198.25\,\text{N}$ |

$$\therefore F=\sqrt{F_x^2+F_y^2}=\sqrt{211.56^2+198.25^2}=289.93\,\text{N}$$

$$\alpha=\tan^{-1}\frac{F_y}{F_x}=\tan^{-1}\frac{198.25}{211.56}=43.14°$$

**Q 예제 1-6**

그림 1-2에서 $\theta=60°$이고, $F_1=20\,\text{N}$, $F_2=10\,\text{N}$일 때 합력의 크기와 그 방향을 구하여라.

**해설** $F=\sqrt{F_1^2+F_2^2+2F_1F_2\cos\theta}=\sqrt{20^2+10^2+2\times20\times10\times\cos60°}=26.46\,\text{N}$

$\alpha=\sin^{-1}\left(\dfrac{10}{26.46}\times\sin60°\right)=19.1°$

## 4-3 ○ 모멘트

모멘트(moment)는 힘에 의해 2차적으로 발생되는 물리량으로 물체에 회전 운동을 일으키게 한다. 그림 1-5(a)와 같이 길이 $L$인 막대를 힌지(hinge)로 지지시켜 놓고 막대의 끝에 직각 방향으로 힘 $F$를 작용시키면, 이 막대는 힘의 작용 방향으로 회전을 하게 된다. 이때 막대가 회전하는 힘, 즉 모멘트의 크기 $M$은

$$M=FL \quad\quad\quad (1-17)$$

로 계산된다. 즉 모멘트의 크기는 회전 중심에서 힘의 작용선까지의 수직 거리에 힘의 크기를 산술적으로 곱하여 구한다. 그림 1-5(b)와 같은 경우는 힘 $F$를 직각 성분으로 분해하여 회전 중심에서 직각 방향 분력까지의 수직 거리를 곱하여 구한다.

$$M=F_y\times L=F\sin\alpha\times L \quad\quad\quad (1-18)$$

이때 분력 $F_x$에 의한 모멘트는 작용하지 않는다.

모멘트의 단위는 힘×거리의 물리량이므로 N·cm, N·m, J 등으로 표시된다.

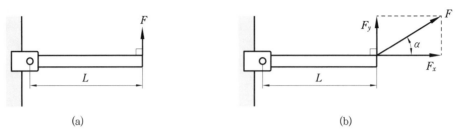

그림 1-5  모멘트의 계산

**Q 예제** 1-7

그림과 같이 무게 150 N, 길이 2 m인 균질(均質)한 막대가 수
평으로 평형되어 있다. 막대 끝에 작용해야 할 힘 $F$는 몇 N이
어야 하는가?

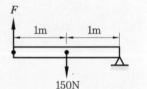

**해설** 막대가 평형을 유지하기 위해서는 회전 지점에 대한 모멘트
의 크기가 서로 같아야 하므로

$$F \times 2 = 150 \times 1 \quad \therefore \quad F = \frac{150}{2} = 75 \text{ N}$$

## 4-4 ○ 질점의 평형

질점(質點, mass point)이란 물체의 크기는 무시하고 그 물체의 전체 질량이 한 점에
집중되어 있다고 생각하는 가상점이다. 물체에 힘이 작용하면 직선 운동과 회전 운동이
생기는데, 질점을 생각하는 경우 여러 개의 힘이 작용해도 회전 운동은 생기지 않는다
는 뜻이 된다.

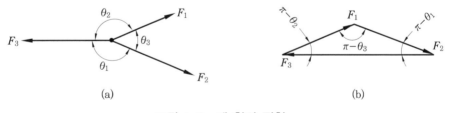

그림 1-6  세 힘의 평형

그림 1-6(a)와 같이 한 질점에 세 힘 $F_1$, $F_2$, $F_3$가 작용하여 평형을 이루고 있는 경
우 이 세 힘으로 힘의 다각형을 그리면, 그림 1-6(b)와 같은 닫힌 삼각형이 만들어진

다. 따라서 그림 1-6(b)에 sine법칙을 적용하면 다음과 같은 관계식을 얻을 수 있다.

$$\frac{F_1}{\sin\theta_1} = \frac{F_2}{\sin\theta_2} = \frac{F_3}{\sin\theta_3} \quad \cdots\cdots\cdots\cdots\cdots\cdots\cdots\cdots\cdots\cdots\cdots\cdots\cdots\cdots (1-19)$$

세 힘이 평형 관계임을 적용해서 식 (1-19)와 같이 사용될 때, 이것을 **라미의 정리** (Lami's theory)라고 한다.

어떤 질점에 네 개 이상의 힘이 작용하여 평형을 이루고 있을 때는 다음과 같이 성분별로 합력을 계산하여 평형 조건을 쓰는 것이 편리하다.

$$\left.\begin{array}{l} \sum F_{xi} = 0 \\ \sum F_{yi} = 0 \\ \sum F_{zi} = 0 \end{array}\right\} \quad \cdots\cdots\cdots\cdots\cdots\cdots\cdots\cdots\cdots\cdots\cdots\cdots\cdots (1-20)$$

**Q 예제** 1-8

그림과 같이 $\theta_1 = 45°$, $\theta_2 = 30°$로 설치된 로프의 C점에 무게 $W = 980$ N인 물체를 매달았다. 로프 AC 및 BC에 작용하는 장력 $T_1$, $T_2$는 몇 N인가?

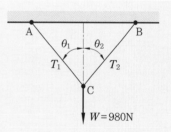

**해설** 라미의 정리에 의해

$$\frac{980}{\sin75°} = \frac{T_1}{\sin150°} = \frac{T_2}{\sin135°}$$

$$\therefore T_1 = \sin150° \times \frac{980}{\sin75°} = 507.29 \text{ N}$$

$$T_2 = \sin135° \times \frac{980}{\sin75°} = 717.41 \text{ N}$$

**Q 예제** 1-9

그림과 같이 두 개의 강봉 AB 및 BC로 무게 10000 N을 지지하고 있을 때 강봉 BC가 받는 힘은 몇 kN인가?

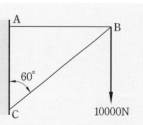

**해설** 강봉 BC가 받는 힘을 $T$라 하면 라미의 정리에 의해

$$\frac{10000}{\sin30°} = \frac{T}{\sin270°}$$

$$\therefore T = \sin270° \times \frac{10000}{\sin30°} = -20000 \text{ N} = -20 \text{ kN}$$

즉, 강봉 BC는 20 kN의 압축력을 받는다.

# 5. 일과 동력

## 5-1 ○ 일

그림 1-7(a)와 같이 물체에 힘 $F$ 가 작용하여 물체가 힘의 방향으로 거리 $S$ 만큼 이동하였다면, 힘은 물체에 대해 일(work)을 하였다고 한다.

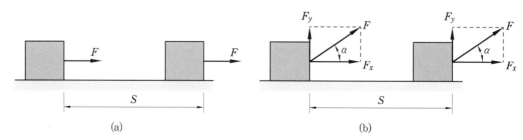

(a)      (b)

그림 1-7  힘이 물체에 하는 일

즉, 일은 힘에다 그 힘이 계속해서 작용한 거리를 곱한 것으로 일을 $W$ 라 하면

$$W = FS \quad\cdots\cdots\cdots\cdots\cdots\cdots\cdots\cdots\cdots\cdots\cdots\cdots\cdots\cdots\cdots\cdots\cdots\cdots\cdots \quad (1-21)$$

가 된다. 또, 힘 $F$ 가 그림 1-7(b)와 같이 물체의 이동 방향과 $\alpha$의 각도로 작용하여 물체를 $S$ 만큼 이동시켰다면, 힘은 물체의 이동 방향 성분이어야 하므로 일 $W$ 는

$$W = F_x \cdot S = (F\cos\alpha) \cdot S = FS\cos\alpha \quad\cdots\cdots\cdots\cdots\cdots\cdots\cdots\cdots \quad (1-22)$$

가 되고, 만약 $\alpha$가 90°이면 이 힘이 물체에 대해 한 일은 0이다. 즉, 운동 방향에 직각인 힘이 하는 일은 0이다.

일의 단위는 J(Joule)로 표시되며, 1 N의 힘으로 물체에 1 m의 변위를 주었을 때 한 일을 1 J이라고 한다.

> **참고**  $1\,\mathrm{J} = 1\,\mathrm{N} \times 1\,\mathrm{m} = 1\,\mathrm{N} \cdot \mathrm{m} = 1\,\mathrm{kg} \cdot \mathrm{m}^2/\mathrm{s}^2$
> $1\,\mathrm{erg} = 1\,\mathrm{dyn} \times 1\,\mathrm{cm} = 1\,\mathrm{dyn} \cdot \mathrm{cm} = 1\,\mathrm{g} \cdot \mathrm{cm}^2/\mathrm{s}^2 = 10^{-7}\,\mathrm{J}$
> $1\,\mathrm{J} = 10^7\,\mathrm{erg}$

### Q 예제 1-10

어떤 물체에 힘 200 N이 작용하여 그 물체는 힘의 작용 방향과 $\alpha$의 각도 방향으로 1.5 m 이동하였다. 이때 힘이 한 일이 150 J이라면 $\alpha$는 몇 도인가?

**해설** $W = FS\cos\alpha$ 에서

$$\alpha = \cos^{-1}\left(\frac{W}{FS}\right) = \cos^{-1}\left(\frac{150}{200 \times 1.5}\right) = 60°$$

## 5-2 ● 동 력

어떤 일을 하는 데 시간이 얼마나 소요되었는가? 즉, 어떤 일의 능률을 나타내는 양을 동력(動力, power) 또는 **일률, 공률**이라 한다. 따라서 동력은 단위 시간당 할 수 있는 또는 행해지는 일의 양으로 나타내며, 이 양으로 어떤 시스템의 능력을 쉽게 짐작할 수 있게 된다. 동력을 $H$, 일을 하는 데 소요된 시간을 $t$라 하면

$$H = \frac{W}{t} \quad\text{·······································} (1-23)$$

이다. 그런데 일($W$) = 힘($F$) × 거리($S$)이고, 속도($v$) = $\dfrac{거리(S)}{시간(t)}$ 이므로 식 (1-23)을 다시 쓰면

$$H = \frac{W}{t} = \frac{FS}{t} = Fv \quad\text{··································} (1-24)$$

가 되고, 만약 물체가 원 운동을 한다면 위 식에서 속도 $v$는 원주 속도가 된다.

동력의 단위는 W(Watt)로 표시되며, 1초 동안에 1 J의 일을 하였을 때의 동력을 1 W라 한다.

$$1\,\text{W} = 1\,\text{J/s} = 1\,\text{N} \cdot \text{m/s} = 1\,\text{kg} \cdot \text{m}^2/\text{s}^3$$

**참고** 1PS(佛 馬力) = 75 kgf · m/s = 735 N · m/s = 735 W
1HP(英 馬力) = 76.07 kgf · m/s = 745.49 N · m/s = 745.49 W

**Q 예제** **1-11**

어떤 배의 엔진이 490 N의 힘을 물에 주어서 그 반작용으로 10 m/s의 속도로 배를 진행시키고 있다. 이 배의 엔진 동력은 몇 kW인가?

**해설** $H = Fv = 490 \times 10 = 4900\,\text{W} = 4.9\,\text{kW}$

# 6. 하중과 응력

## 6-1 ○ 하 중

　기계나 구조물을 구성하고 있는 재료에 외부로부터 작용하고 있는 힘을 **외력**(外力)이라고 하는데, 이들 외력 중 특히 능동적으로 작용하고 있는 힘을 하중(荷重, load)이라하고, 하중에 대하여 수동적으로 발생하는 힘을 **반력**(反力, reaction force)이라고한다.

　재료는 작용하는 하중의 종류에 따라 여러 가지 형태로 변형하는데 그 종류를 작용상태 및 작용 속도, 분포 상태 등에 따라 분류하면 다음과 같다.

### (1) 하중의 작용 상태에 의한 분류

　① 인장하중

　그림 1-8(a)와 같이 재료를 잡아당겨 늘어나도록 작용하는 하중을 인장하중(引張荷重, tensile load)이라 한다.

　② 압축하중

　그림 1-8(b)와 같이 재료를 밀어 줄어들게 작용하는 하중을 압축하중(壓縮荷重, compressive load)이라 한다.

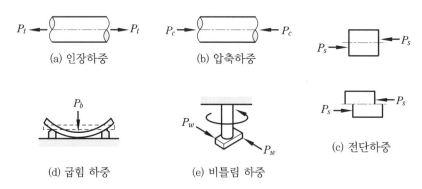

(a) 인장하중　　　(b) 압축하중　　　(c) 전단하중

(d) 굽힘 하중　　　(e) 비틀림 하중

그림 1-8　하중의 작용 상태에 의한 분류

> **참고** 인장하중이나 압축하중과 같이 재료의 단면에 직각 방향으로 작용하는 하중을 수직하중(垂直荷重)이라고 한다.

③ 전단하중

그림 1-8(c)와 같이 재료를 가위로 자르려는 것과 같이 재료의 단면에 평행하게 작용하는 하중을 전단하중(剪斷荷重, shearing load)이라 한다.

④ 굽힘 하중

그림 1-8(d)와 같이 재료에 굽힘을 주는 하중을 굽힘 하중(bending load)이라 하며, 주로 보(beam)에 작용하는 하중이다.

⑤ 비틀림 하중

그림 1-8(e)와 같이 재료에 비틀림을 주는 하중을 비틀림 하중(twisting load)이라 하며, 주로 축과 같이 회전하는 재료에 작용하는 하중이다.

## (2) 하중의 작용 속도에 의한 분류

① 정하중

가해진 하중이 정지 상태에서 변화하지 않거나 매우 서서히 변화하는 하중을 정하중(靜荷重, static load)이라 한다.

② 동하중

동적으로 작용하는 하중을 동하중(動荷重, dynamic load)이라 한다. 동하중에는 주기적으로 반복하여 작용하는 **반복하중**(反復荷重, repeated load)과 짧은 시간에 급격히 작용하는 **충격하중**(衝擊荷重, impact load), 시간의 흐름과 더불어 하중의 크기와 방향이 불규칙적으로 변화하는 **변동하중**(變動荷重, pulsating load), 그리고 재료 위를 이동하며 작용하는 **이동하중**(移動荷重, moving load) 등이 있다.

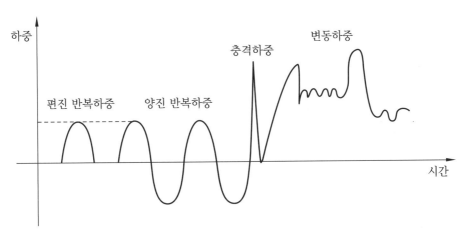

그림 1-9 동하중의 종류

반복하중은 다시 그림 1-9와 같이 하중의 방향이 변화하지 않으면서 주기적으로 반복되는 **편진 반복하중**(偏眞 反復荷重)과, 하중의 방향이 변화하면서 재료에 인장력과 압축력을 상호 연속적으로 주는 **양진 반복하중**(兩眞 反復荷重)이 있으며, 양진 반복하중을 **교번하중**(交番荷重, alternate load)이라고도 한다.

### (3) 하중의 분포 상태에 의한 분류

#### ① 집중하중
그림 1-10(a)와 같이 재료의 한 점, 또는 대단히 작은 영역에 집중하여 작용하는 하중을 집중하중이라 한다.

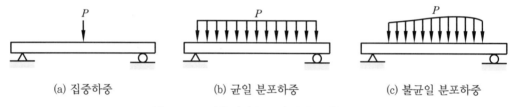

(a) 집중하중          (b) 균일 분포하중          (c) 불균일 분포하중

**그림 1-10   하중의 분포 상태에 의한 분류**

#### ② 분포하중
재료의 표면 어느 영역에 걸쳐서 작용하는 하중을 분포하중(distributed load)이라 하며, 그림 1-10(b)와 같이 하중의 분포 상태가 일정한 **균일 분포하중**과, 그림 1-10(c)와 같이 하중의 분포 상태가 일정하지 않은 **불균일 분포하중**이 있다.

## 6-2 ○ 응 력

재료에 작용하는 외력에 대하여 재료 내(內), 즉 재료의 단면에 발생하는 힘을 **내력**(內力) 또는 **내부 저항력**이라 하는데, 재료가 정적(靜的)인 평형 상태에 있을 때는 외력과 내력의 크기는 서로 같다. 이때 단위 면적 당 발생한 내력을 응력(應力, stress)이라 한다. 즉 응력이란 재료가 외부로부터 힘을 받았을 때 견딜 수 있는 단위 면적 당의 저항력으로서 식으로 나타내면 다음과 같다.

$$응력 = \frac{내력}{단면적} = \frac{외력(하중)}{단면적}$$

따라서 응력의 단위는 압력의 단위와 같으며, $N/m^2$, Pa 등으로 표시된다.

응력에는 하중의 작용 상태에 따라 수직응력, 전단응력, 굽힘 응력, 비틀림 응력 등이 있으나 여기에서는 수직응력과 전단응력에 대해서만 서술하겠다.

## (1) 수직응력

그림 1-11과 같이 하중이 재료의 축 방향으로 작용하면 재료 내에는 횡단면(橫斷面)과 직각 방향, 즉 하중의 작용선(作用線)과 평행한 선상(線上)에서 반대 방향으로 응력이 발생하게 되는데 이 응력을 수직응력(normal stress)이라 한다.

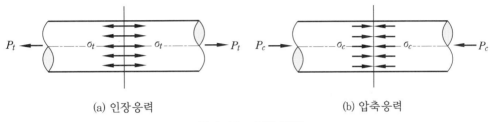

(a) 인장응력  (b) 압축응력

그림 1-11  수직 응력

수직응력은 다시 인장하중에 의해서 발생되는 **인장응력**(tensile stress)과 압축하중에 의해서 발생되는 **압축응력**(compressive stress)으로 구분된다.

재료의 횡단면적을 기호 $A$, 인장하중과 압축하중을 각각 기호 $P_t$, $P_c$로 나타내면 인장응력 $\sigma_t$와 압축응력 $\sigma_c$는 다음과 같다.

$$\left.\begin{array}{l} \sigma_t = \dfrac{P_t}{A} \\[3mm] \sigma_c = \dfrac{P_c}{A} \end{array}\right\} \quad\cdots\cdots (1-25)$$

## (2) 전단응력

그림 1-12와 같이 전단하중에 의해 재료의 횡단면과 평행하는 방향으로 발생되는 응력을 전단응력(剪斷應力, shearing stress)이라 한다. 전단하중을 기호 $P_s$로 나타내면 전단응력 $\tau$는 다음과 같다.

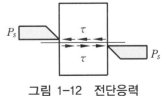

그림 1-12  전단응력

$$\tau = \dfrac{P_s}{A} \quad\cdots\cdots (1-26)$$

**Q 예제** 1-12

지름 25 mm 인 구리 봉에 10 kN 의 인장하중이 작용할 때, 이 봉의 단면에 발생하는 인장응력은 몇 MPa인가?

**해설** 횡단면적 $A = \dfrac{\pi d^2}{4} = \dfrac{\pi \times 25^2}{4} = 490.63 \text{ mm}^2$, 인장하중 $P_t = 10000 \text{ N}$이므로

$$\sigma_t = \frac{P_t}{A} = \frac{10000}{490.63} = 20.38 \text{ N/mm}^2 = 20.38 \times 10^6 \text{ N/m}^2 = 20.38 \text{ MPa}$$

**Q 예제** 1-13

단면이 6 cm × 8 cm 인 짧은 사각기둥이 38400 N 의 압축하중을 받고 있을 때 발생하는 압축응력을 구하여라.

**해설** 횡단면적 $A = 6 \times 8 = 48 \text{ cm}^2$, 압축하중 $P_c = 38400 \text{ N}$이므로

$$\sigma_c = \frac{P_c}{A} = \frac{38400}{48} = 800 \text{ N/cm}^2 = 8 \times 10^6 \text{ N/m}^2 = 8 \text{ MPa}$$

**Q 예제** 1-14

그림과 같은 리벳 이음(rivet joint)에서, 리벳의 지름 $d = 2 \text{ cm}$, 두 판을 인장하는 힘이 1000 N 일 때, 리벳의 단면에 발생하는 전단응력은 몇 MPa인가?

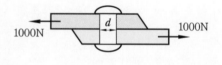

**해설** 리벳의 횡단면적 $A = \dfrac{\pi d^2}{4} = \dfrac{\pi \times 2^2}{4} = 3.14 \text{ cm}^2 = 3.14 \times 10^{-4} \text{ m}^2$이므로

$$\tau = \frac{P_s}{A} = \frac{1000}{3.14 \times 10^{-4}} = 3.18 \times 10^6 \text{ N/m}^2 = 3.18 \text{ MPa}$$

**Q 예제** 1-15

전단응력이 20 N/mm² 이고, 두께가 10 mm 인 강판에 지름이 10 mm 인 구멍을 펀치(punch)로 뚫고자 할 때, 펀치에 가해야 할 하중은 얼마 이상이 되어야 하는가?

**해설** 전단응력 $\tau = \dfrac{P_s}{A} = \dfrac{P_s}{\pi d t}$에서

$$P_s = \pi d t \tau = 3.14 \times 10 \times 10 \times 20 = 6280 \text{ N} = 6.28 \text{ kN}$$

6-3 **변형량과 변형률**

## (1) 변형량

재료에 하중이 작용하면 그 내부에 응력이 발생함과 동시에 그 재료는 형태와 크기가 변화한다. 이때 그림 1-13과 같이 재료가 늘어나거나 줄어든 량, 즉 $\lambda$와 $\delta$를 변형량이라고 한다.

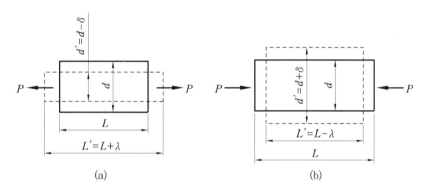

그림 1-13  세로 변형과 가로 변형

## (2) 변형률

변형량과 처음 치수, 즉 변형 전 치수와의 비를 변형률(變形率, strain)이라 하며, 하중의 종류에 따라 길이 변형률과 전단 변형률로 구분한다.

① 길이 변형률

그림 1-13과 같이 재료가 인장 또는 압축 하중을 받으면 재료의 세로 방향(축 방향)과 가로 방향(축 방향과 직각 방향)의 길이는 서로 늘어나거나 또는 줄어들어 변형량이 발생한다. 이때 세로 방향 또는 가로 방향의 처음 길이와 발생된 변형량과의 비(比)를 길이 변형률이라 하고, 특히 세로 방향의 처음 길이 $L$과 변형량 $\lambda$와의 비를 **세로 변형률**(longitudinal strain) 또는 **종 변형률**(縱變形率), 가로 방향의 처음 길이 $d$와 변형량 $\delta$와의 비를 **가로 변형률** 또는 **횡 변형률**(橫變形率)이라 한다.

재료가 하중을 받은 후의 나중 세로 방향 길이와 가로 방향 길이를 각각 $L'$, $d'$로 나타내면 세로 변형률 $\varepsilon$과 가로 변형률 $\varepsilon'$는

$$\left. \begin{aligned} \varepsilon &= \frac{L' - L}{L} = \frac{\lambda}{L} \\ &= \frac{\lambda}{L} \times 100\ \% \end{aligned} \right\} \quad \cdots\cdots\cdots\cdots\cdots\cdots\cdots\cdots\cdots\cdots\cdots\cdots\cdots (1-27)$$

$$\left.\begin{aligned}\varepsilon' &= \frac{d'-d}{d} = \frac{\delta}{d}\\ &= \frac{\delta}{d}\times 100\ \%\end{aligned}\right\} \quad \cdots\cdots\cdots\cdots\cdots\cdots\cdots\cdots\cdots\cdots\cdots\cdots\cdots\cdots\cdots (1-28)$$

식 (1-27)과 (1-28)에서 $\varepsilon$과 $\varepsilon'$는 항상 서로 다른 부호가 되며, (+)는 **신장률**(伸張率)을, (-)는 **수축률**(收縮率)을 의미한다.

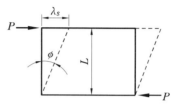

그림 1-14   전단변형

② 전단 변형률

그림 1-14와 같이 재료가 전단하중을 받아 $\lambda_s$만큼 미끄러졌을 때, 변형하기 전의 재료 높이 $L$과 $\lambda_s$와의 비 즉, 단위 길이에 대한 미끄러진 양의 비를 전단 변형률(shearing strain)이라 한다. 전단 변형률 $\gamma$는 다음과 같이 나타낸다.

$$\gamma = \frac{\lambda_s}{L} = \tan\phi \fallingdotseq \phi\ \text{rad} \quad \cdots\cdots\cdots\cdots\cdots\cdots\cdots\cdots\cdots\cdots\cdots\cdots (1-29)$$

여기서 $\phi$를 **전단각**(剪斷角)이라고 한다.

**Q 예제** 1-16

원형 단면 봉에 $P = 1500\ \text{N}$의 인장하중이 작용하여 축 방향으로 1.5 mm 늘어났다. 처음 길이는 몇 mm인가? (단, 세로 변형률은 0.05이다.)

**해설** $\varepsilon = \dfrac{\lambda}{L}$ 에서    $L = \dfrac{\lambda}{\varepsilon} = \dfrac{1.5}{0.05} = 30\ \text{mm}$

**Q 예제** 1-17

지름 30 mm인 봉이 인장하중 1000 N을 받아 29.2 mm가 되었다. 가로 변형률 $\varepsilon'$를 구하여라.

**해설** $\varepsilon' = \dfrac{d'-d}{d} = \dfrac{29.2-30}{30} = -0.027 = 2.7\ \%(\text{수축})$

**Q 예제  1-18**

지름 25 mm, 길이 2 m의 둥근 봉이 인장하중 때문에 0.000145의 변형률이 생겼다. 늘어난 길이는 몇 mm인가?

**해설** $\varepsilon = \dfrac{\lambda}{L}$에서

$$\lambda = L\,\varepsilon = 2 \times 10^3 \times 0.000145 = 0.29 \text{ mm}$$

## 6-4 ◦ 응력과 변형률의 관계

### (1) 하중–변형 선도

공업용으로 사용되는 재료의 각종 성질은 여러 가지 재료 시험에 의하여 알 수 있다. 인장 시험, 압축 시험, 비틀림 시험, 충격 시험 등이 그 예이다. 그러나 그 중 인장 시험이 재료의 강도를 조사하는 데 가장 많이 이용되고 있다.

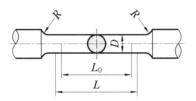

표점거리 : $L_0 = 50$ mm
평행부의 길이 : $L = $ 약 60 mm
지름 : $D = 14$ mm
어깨부의 반지름 : $R = 15$ mm 이상

**그림 1-15  인장 시험편**

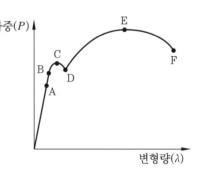

**그림 1-16  하중–변형 선도**

인장 시험은 먼저 한국 공업 규격(KS B 0801)의 치수에 따라 판(板)이나 봉(棒)모양으로 시험편을 제작하여, 시편에 표점 거리 $L_0$을 잡아 그림 1-17(a)와 같이 인장 시험기에 장착한 후 하중을 서서히 증가시키면서 재료의 기본적인 성질들을 측정한다. 이때 작용 하중과 발생된 변형량과의 관계를 선도(線圖, diagram)로 나타낸 것이 그림 1-16의 하중–변형 선도이다.

하중–변형 선도를 얻기 위해서는 그림 1-17(b)와 같이 시험편에 표점 거리(標點距離) 변화를 측정하기 위한 스트레인 게이지(strain gauge)를 장착시키고 인장하중을 가하면 된다. 이때 하중과 표점 거리의 늘어난 값들이 시험기에 기록되고, $x-y$ 평면에서 $y$축을 하중, $x$축을 늘어난 길이로 하여 그래프를 그리면 하중–변형 선도를 얻게 된다.

그림 1-16의 하중-변형 선도에서 A점까지의 변형량 λ는 하중 $P$에 직선적으로 비례하고, B점 이내에서 하중을 제거하면 재료는 원래의 길이로 되돌아가는 **탄성 변형**(彈性變形, elastic deformation)을 하게 된다. B점 이후에서는 하중을 제거하여도 원래의 길이로 되돌아가지 않는 **소성 변형**(塑性 變形)이 되고, C점에서는 하중을 증가시키지 않아도 변형량만 증가하여 D점에 이르게 된다. D점을 넘어서면 하중의 증가에 따라 변형량도 급격히 증가하며 E점에서 최대 하중 값을 갖게 된다.

(a)

(b)

그림 1-17  재료의 인장 시험

이 후 시험편의 일부가 눈에 보일 정도로 급격히 가늘어지게 되어 그림 1-18과 같이 잘록한 모양의 네킹(necking)이 일어나면서 변형량도 급속히 증가하여 점 F에서 파단(破斷)된다.

그림 1-18  시험편의 네킹 및 파단

## (2) 응력-변형률 선도

하중-변형 선도에서 세로축의 하중을 시편이 최초에 가졌던 단면적으로 나누면 응력이 계산되고, 가로축의 변형량을 시편의 최초 표점 거리로 나누면 변형률이 계산된다. 이와 같이 계산된 응력과 변형률의 값들을 그래프로 그린 것이 응력-변형률 선도 (stress-strain diagram)이다. 즉, 응력-변형률 선도는 하중-변형 선도의 세로축에 하중과 비례 관계를 갖는 응력$\left(\sigma = \dfrac{P}{A}\right)$을 취하고, 가로축에는 변형량과 비례 관계를 갖는 세로 변형률$\left(\varepsilon = \dfrac{\lambda}{L}\right)$을 취해서 얻은 선도이다. 따라서 응력-변형률 선도는 그림 1-19와 같이 하중-변형 선도의 모양과 서로 같으며, 각 점에서의 응력에 대한 명칭은 재료의 강도 해석에 있어서 매우 중요하기 때문에 반드시 알고 있어야 한다. 즉, 응력과 변형률이 비례하는 영역 내에서의 최대 응력을 **비례한도**, 재료가 탄성적으로 변형하는 영역 내에서의 최대 응력을 **탄성한도**, 재료가 받을 수 있는 최대 하중에서의 응력을 **극한강도** 또는 **최대 인장강도**라고 한다.

일반적으로 인장하중을 가하면 각 순간에 대한 시험편의 단면적은 길이 방향으로 늘어나는 것과는 반대로 감소한다. 따라서 각 하중 $P$에 있어서의 단면적 $A$로부터 구해지는 응력을 **진응력**(眞應力, true stress)이라 한다. 즉, 진응력 $\sigma_t$는

$$\sigma_t = \frac{\text{하중}}{\text{실제 단면적}} = \frac{P}{A}$$

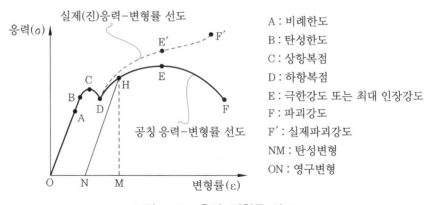

그림 1-19 응력-변형률 선도

그러나 진응력을 구하는 것은 사실상 곤란하므로 재료의 기계적 성질을 표시하는데는 보통 처음 단면적 $A_0$로부터 구해지는 **공칭응력**(公稱 應力)을 사용한다. 즉 공칭응력 $\sigma$는

$$\sigma = \frac{\text{하중}}{\text{처음 단면적}} = \frac{P}{A_0}$$

그림 1-19의 응력-변형률 선도에서 실선으로 표시된 선도가 공칭응력과 변형률과의 관계를 나타낸 **공칭응력-변형률 선도**이고, 파선(波線)으로 표시된 선도가 진응력과 변형률과의 관계를 나타낸 **실제(진)응력-변형률 선도**이다. 그림에서 알 수 있듯이 C점까지는 단면적의 감소량이 극히 적기 때문에 두 선도의 모양은 같지만 C점을 지나면서부터는 단면적의 감소량이 크므로 선도의 모양이 바뀐다. 즉, 진응력은 적은 단면적으로 계산되므로 공칭응력보다는 큰 값을 갖는다. 일반적으로 응력-변형률 선도라 하면 공칭응력-변형률 선도를 말하며, 이 책에서의 응력은 거의 공칭응력으로 계산하였다.

실제로 모든 재료들은 각 재료의 특성에 따라 응력-변형률 선도가 달라진다. 그림 1-19에서 C점(상항복점)의 응력을 **항복응력**(yield stress)이라고 하는데 연강 등에서는 이 항복점이 명확히 나타나지만, 동(銅, copper)이나 알루미늄 등과 같은 연성(延性) 재료에서는 명확히 나타나지 않기 때문에 편의상 0.2 %의 영구 변형률을 일으키는 응력을 항복응력으로 간주한다.

표 1-7과 표 1-8은 각종 재료의 기계적 성질들을 나타낸 것이다.

**표 1-7 비금속 재료의 기계적 성질** (단위 : MPa)

| 재 료 | 극한강도 | | | 재 료 | 극한강도 | | |
| --- | --- | --- | --- | --- | --- | --- | --- |
| | 인장강도 ($\sigma_t$) | 압축강도 ($\sigma_c$) | 전단강도 ($\tau$) | | 인장강도 ($\sigma_t$) | 압축강도 ($\sigma_c$) | 전단강도 ($\tau$) |
| 미송, 소나무 | 98 | 49 | 7 | 화강암 | | 58~83 | – |
| 이깔나무 | 49 | 27 | 5 | 사암 | – | 19~29 | – |
| 전나무 | 88 | 41 | 6 | 석회암 | – | 29~49 | – |
| 밤나무 | 98 | 54 | 7 | 시멘트 | – | 9~11 | – |
| 떡갈나무 | 98 | 68 | 1 | 콘크리트 | – | 17~24 | – |
| 대 | 343 | 63 | – | 벽돌 | – | 5~11 | – |
| 유리 | 24 | 147 | – | 가죽 벨트 | 37 | – | – |

표 1-8 **공업용 금속 재료의 기계적 성질**　　　　　　(단위 : MPa)

| 재　료 | | 비례한도 $(\sigma_p)$ | 항복점 $(\sigma_s)$ | 극한강도 | | |
|---|---|---|---|---|---|---|
| | | | | 인장강도 $(\sigma_t)$ | 압축강도 $(\sigma_c)$ | 전단강도 $(\tau)$ |
| 스테인리스강 | | 127~159 | 176~255 | 323~392 | – | – |
| 연　강 | | 176~225 | 196~294 | 363~441 | 363~441 | 294~372 |
| 반경강 | | 274~353 | 294~392 | 470~608 | 470~608 | 392~ |
| 경　강 | | 490~ | – | 980~ | 980~ | 637~686 |
| 스프링강 | 담금질 안한 것 | 490~ | – | ~980 | – | – |
| | 담금질 한 것 | 75~ | – | ~1666 | – | – |
| 니켈강(2~3.5%) | | 323~ | 372 | 549~657 | – | – |
| 주　강 | | 196~ | 206~ | 343~686 | 연질 = $\sigma_s$ 경질 = $\sigma_t$ | – |
| 주　철 | | – | – | 118~235 | 568~833 | 127~255 |
| 황　동 | 주　물 | 64 | – | 147 | 98 | 147 |
| | 압　연 | – | – | 294 | – | – |
| 인청강 | | – | 225 | 392 | – | – |
| 알루미늄 | 주　물 | – | – | 59~88 | – | – |
| | 압　연 | 44 | – | 147 | – | – |
| 두랄루민 | | – | 235~333 | 372~470 | – | – |
| 포　금 | | 88 | – | 245 | – | 235 |

참고 ① 전단에 대한 항복점은 동의 경우 $0.6\,\sigma_s$ 전후의 값이다.
　　 ② 강의 경우 브리넬 경도를 HB라 하면, 탄소강과 주강의 $\sigma_t = 0.36\,HB$, Cr-Ni강의 $\sigma_t = 0.34\,HB$
　　 ③ 주철은 다음과 같은 관계식을 갖는다.
　　　 $\sigma_t = 0.1\,HB$, $\sigma_c = 32 + 2.2\,\sigma_t$, $\tau = 8 + \sigma_t$

## 6-5 ● 훅(Hooke)의 법칙과 탄성계수

### (1) 훅의 법칙

　영국의 과학자 로버트 훅(Robert Hooke)이 1678년 인장 시험에 의해 증명한 이론으로, 외력에 의한 재료의 변형 중 비례한도 이내에서는 응력과 변형률이 비례한다는 법칙이다. 이 법칙은 일반적으로 탄성한도 이내에서 적용되며, 식으로 표시하면 다음과 같다.

　　　응력 ∝ 변형률

이 식을 다시 비례상수를 써서 항등식(恒等式)으로 나타내면 다음과 같다.

> 응력 = 비례상수 × 변형률

여기서 비례상수는 재료의 성질, 특히 탄성에 따라 결정되는 값이므로 **탄성계수**(彈性係數)라 하며, 응력-변형률 선도의 선형적(線形的, linear) 변화 구간인 탄성 영역에서 기울기 값을 나타낸다. 따라서 위 식을 다시 쓰면 다음과 같다.

> 응력 = 탄성계수 × 변형률 ················································· (1-30)

이 식을 훅의 법칙(Hooke's Law) 또는 정비례의 법칙이라고 한다.

## (2) 탄성계수

탄성계수는 응력과 변형률의 종류에 따라서 세로 탄성계수, 가로 탄성계수, 체적 탄성계수 등으로 구분하며, 단위는 응력의 단위와 같다.

### ① 세로 탄성계수

수직응력(인장응력 또는 압축응력) $\sigma$와 여기에 따르는 세로 변형률 $\varepsilon$이 훅의 법칙에 의하여 정비례할 때의 탄성계수를 세로 탄성계수, 또는 **종 탄성계수**(縱彈性係數)라 한다. 또한 세로 탄성계수는 영국의 과학자 영(Young)이 처음으로 수치적으로 측정하였기 때문에 그의 이름을 따서 **영 계수**(Young's modulus)라고도 하며, 일반적으로 탄성계수라 하면 세로 탄성계수를 말한다.

세로 탄성계수는 보통 기호 $E$로 표시하며, 응력과 변형률의 관계식으로 나타내면 다음과 같다.

$$\sigma = E\varepsilon \cdots\cdots\cdots\cdots\cdots\cdots\cdots\cdots\cdots\cdots (1-31)$$

여기서 세로 변형률 $\varepsilon = \dfrac{\lambda}{L}$이므로 위 식을 다시 쓰면

$$\sigma = E\varepsilon = E\frac{\lambda}{L}$$

$$\therefore \lambda = \frac{\sigma L}{E} = \frac{PL}{AE} \cdots\cdots\cdots\cdots\cdots\cdots\cdots (1-32)$$

### ② 가로 탄성계수

전단응력 $\tau$와 이에 동반하는 전단 변형률 $\gamma$ 사이에서도 비례 관계가 있는데, 그 비례상수를 가로 탄성계수, **횡 탄성계수**(橫彈性係數) 또는 **전단 탄성계수**라 하며, 기호 $G$로 나타낸다.

가로 탄성계수를 응력과 변형률의 관계식으로 나타내면 다음과 같다.

$$\tau = G\gamma \quad \cdots\cdots (1\text{-}33)$$

③ 체적 탄성계수

수직응력 $\sigma$와 체적 변화율 $\varepsilon_v$ 사이에서도 비례 관계가 있고, 그 비례상수를 체적 탄성계수라 하며, 기호 $K$로 나타낸다.

체적 탄성계수를 응력과 변형률의 관계식으로 나타내면 다음과 같다.

$$\sigma = K\varepsilon_v \quad \cdots\cdots (1\text{-}34)$$

표 1-9는 각종 금속 재료의 탄성계수 값들이다.

**표 1-9  각종 금속 재료의 탄성계수**　　(단위 : GPa)

| 재 료 | 세로 탄성계수($E$) | 가로 탄성계수($G$) | 체적 탄성계수($K$) |
|---|---|---|---|
| 철 | 210 | 81 | 171 |
| 연강(C 0.12~0.2 %) | 207 | 82 | 145 |
| 연강(C 0.4~0.5 %) | 204 | 82 | 133 |
| 주 강 | 210 | 81 | 171 |
| 주 철 | 73~127 | 28~39 | 58~169 |
| 니켈강(Ni 2~3 %) | 205 | 82 | 137 |
| 니 켈 | 205 | 71 | 151 |
| 텅스텐 | 362 | 156 | 326 |
| 구 리 | 122 | 46 | 119 |
| 청 동 | 113 | – | – |
| 인청동 | 131 | 42 | 376 |
| 포 금 | 93 | 39 | 50 |
| 황동(7·3) | 96 | 41 | 48 |
| 알루미늄 | 70 | 26 | 70 |
| 두랄루민 | 68 | 26 | 55 |
| 주 석 | 53 | 27 | 17 |
| 납 | 16 | 7 | 6 |
| 아 연 | 98 | 29 | 98 |
| 금 | 79 | 27 | 247 |
| 은 | 79 | 28 | 128 |
| 백 금 | 166 | 60 | 215 |

**Q 예제** 1-19

길이가 150 mm 이고 바깥지름이 15 mm, 안지름이 12 mm 인 구리 관(pipe)이 있다. 이 관에 인장하중 20 kN 을 작용시키면 몇 mm 가 늘어나겠는가? (단, 구리의 세로 탄성계수 $E = 122$ GPa이다.)

**해설** 먼저 구리 관의 단면적 $A$를 구하면

$$A = \frac{\pi(d_2^2 - d_1^2)}{4} = \frac{\pi \times (15^2 - 12^2)}{4} = 63.59 \text{ mm}^2$$

또, 세로 탄성계수 $E$의 단위를 N/mm$^2$으로 환산하면

$$E = 122 \text{ GPa} = 122 \times 10^9 \text{ N/m}^2 = 122 \times 10^3 \text{ N/mm}^2$$

$$\therefore \lambda = \frac{PL}{AE} = \frac{20 \times 10^3 \times 150}{63.59 \times 122 \times 10^3} = 0.39 \text{ mm}$$

**Q 예제** 1-20

길이가 1 m, 체적이 0.001 m$^3$인 재료가 인장력 $P$를 받아 0.01 cm 늘어났다. 이 재료의 탄성계수가 210 GPa이라면 인장력 $P$는 몇 kN 인가?

**해설** 재료의 단면적을 $A$, 길이를 $L$, 체적을 $V$라 하면, $V = AL$에서

$$A = \frac{V}{L} = \frac{0.001}{1} = 0.001 \text{ m}^2$$

따라서 $\sigma = E\varepsilon$이므로

$$\frac{P}{A} = E\frac{\lambda}{L}$$

$$\therefore P = AE\frac{\lambda}{L} = 0.001 \times 210 \times 10^9 \times \frac{0.01}{100} = 21000 \text{ N} = 21 \text{ kN}$$

## 6-6 ○ 푸아송 비

프랑스의 수학자 푸아송(S.D Poisson)은 탄성한도 이내에서의 세로 변형률 $\varepsilon$과 가로 변형률 $\varepsilon'$와의 비는 재료에 따라 항상 일정한 값을 갖는다고 하였으며, 이 비를 푸아송 비(Poisson's ratio)라고 한다. 또 푸아송 비의 역수를 **푸아송 수**(Poisson's number)라고 하는데 이들의 관계를 식으로 나타내면 다음과 같다.

$$\mu = \frac{1}{m} = \frac{\varepsilon'}{\varepsilon} \quad \cdots\cdots\cdots\cdots\cdots\cdots\cdots\cdots\cdots\cdots\cdots\cdots\cdots\cdots (1-35)$$

여기서 $\mu$는 푸아송 비, $m$은 푸아송 수이다.

식 (1-35)에 $\varepsilon = \dfrac{\sigma}{E}$, $\varepsilon' = \dfrac{\delta}{d}$를 대입하여 가로 변형량 $\delta$에 대하여 정리하면

$$\mu = \frac{1}{m} = \frac{\dfrac{\delta}{d}}{\dfrac{\sigma}{E}} = \frac{\delta E}{d\sigma}$$

$$\therefore \delta = \frac{d\sigma}{mE} \quad\cdots\cdots (1\text{-}36)$$

표 1-10은 각종 재료의 푸아송 비와 푸아송 수를 나타낸 것이다.

**표 1-10  각종 재료의 푸아송 비와 푸아송 수**

| 재 료 | $\mu$ | $m$ | 재 료 | $\mu$ | $m$ |
|---|---|---|---|---|---|
| 유 리 | 0.244 | 4.1 | 동 | 0.333 | 3.0 |
| 주 철 | 0.27 | 3.7 | 셀룰로이드 | 0.4 | 2.5 |
| 연 철 | 0.278 | 3.6 | 납 | 0.43 | 2.32 |
| 연 강 | 0.303 | 3.3 | 고 무 | 0.5 | 2.0 |
| 황 동 | 0.333 | 3.0 | | | |

**Q 예제 1-21**

지름 2 cm인 강봉을 100 kN의 힘으로 잡아당기면 지름은 몇 cm 가늘어지는가? (단, 푸아송 비 $\mu = \dfrac{1}{m} = \dfrac{1}{3}$, 세로 탄성계수 $E = 210\,\text{GPa}$이다.)

**해설** $A = \dfrac{\pi d^2}{4} = \dfrac{3.14 \times 2^2}{4} = 3.14\,\text{cm}^2$

$\sigma = \dfrac{P}{A} = \dfrac{100 \times 10^3}{3.14} = 31847.13\,\text{N/cm}^2$

$\therefore \delta = \dfrac{d\sigma}{mE} = \dfrac{2 \times 31847.13}{3 \times 21 \times 10^6} = 0.001\,\text{cm}$

## 6-7 ○ 열응력

그림 1-20(a)와 같이 재료에 자유로운 팽창과 수축을 불가능하게 하고, 가열하거나 냉각시키면 재료에는 팽창 또는 수축하고자 하는 양(量)의 상당하는 길이 $\lambda$만큼 압축,

또는 인장하중을 가한 경우와 같이 되어 응력이 발생하게 되는데, 이와 같이 열에 의해서 발생되는 응력을 열응력(熱應力, thermal stress)이라고 한다.

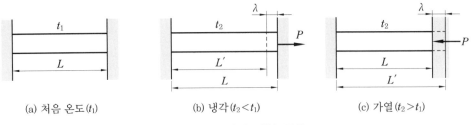

(a) 처음 온도($t_1$)　(b) 냉각($t_2 < t_1$)　(c) 가열($t_2 > t_1$)

**그림 1-20　열에 의한 신축**

따라서 고온 또는 저온의 유체를 수송하는 관(pipe)과 같이 온도 변화의 영향을 받는 부품은 온도차에 의한 신축(伸縮)과 함께 열응력이 발생하게 된다. 그러므로 각종 부품을 설계할 때에는 열응력에 의한 파괴와 온도차에 의한 신축을 고려하여 설계해야 한다.

선 팽창계수(coefficient of line)가 $\alpha$인 재료가 온도 $t_1$℃에서 길이 $L$이었던 것이 온도 $t_2$℃에서 길이 $L'$로 변하였다면 변형량 $\lambda$는

$$\lambda = L' - L = \alpha L(t_2 - t_1) = \alpha L \Delta t \cdots\cdots (1\text{-}37)$$

또, 변형률 $\varepsilon$은

$$\varepsilon = \frac{\lambda}{L} = \frac{\alpha L \Delta t}{L} = \alpha \Delta t$$

따라서, 재료의 세로 탄성계수를 $E$라 하면 훅의 법칙에 의하여 열응력 $\sigma$는

$$\sigma = E\varepsilon = E\alpha \Delta t \cdots\cdots (1\text{-}38)$$

가 된다. 즉, 변형률과 열응력은 재료의 길이와 단면적과는 관계가 없다는 것을 알 수 있으며, $t_2 < t_1$(냉각)의 경우에는 그림 1-20(b)에서 재료는 인장력을 받는 것과 같이 되어 인장응력이 생기고, $t_2 > t_1$(가열)일 때에는 그림 1-20(c)에서 압축력을 받는 것과 같이 되어 압축응력이 생긴다. 이때의 인장력과 압축력 $P$는 $\sigma = \dfrac{P}{A} = E\alpha \Delta t$ 에서

$$P = A\sigma = AE\alpha \Delta t \cdots\cdots (1\text{-}39)$$

가 된다. 표 1-11은 각종 재료의 선 팽창계수를 나타낸 것이다.

표 1-11 공업용 재료의 선 팽창계수($\alpha$)

| 재 료 | 선 팽창계수(/℃) | 재 료 | 선 팽창계수(/℃) |
|---|---|---|---|
| 에보나이트 | $7.70 \times 10^{-5}$ | 유 리 | $0.09 \times 10^{-5}$ |
| 은 | $1.94 \times 10^{-5}$ | 포 금 | $1.83 \times 10^{-5}$ |
| 순 금 | $1.42 \times 10^{-5}$ | 순 철 | $1.17 \times 10^{-5}$ |
| 아 연 | $2.53 \times 10^{-5}$ | 연 강 | $1.12 \times 10^{-5}$ |
| 납 | $2.83 \times 10^{-5}$ | 경 강 | $1.07 \times 10^{-5}$ |
| 알루미늄 | $2.22 \times 10^{-5}$ | 안티몬 | $1.13 \times 10^{-5}$ |
| 주 석 | $2.09 \times 10^{-5}$ | 주 철 | $1.00 \times 10^{-5}$ |
| 구 리 | $1.65 \times 10^{-5}$ | 도자기 | $0.36 \times 10^{-5}$ |
| 니 켈 | $1.25 \times 10^{-5}$ | 두랄루민 | $2.26 \times 10^{-5}$ |
| 백 금 | $0.86 \times 10^{-5}$ | 황 동 | $1.89 \times 10^{-5}$ |
| 텅스텐 | $0.43 \times 10^{-5}$ | 구 리 | $1.60 \times 10^{-5}$ |

**Q 예제 1-22**

10℃에서 길이 2 m인 송수관을 1 mm만큼 늘어나는 것을 허용할 수 있도록 벽에 고정하였다. 이 관에 온도 70℃의 온수를 공급할 때 송수관에 발생하는 열응력은 몇 MPa인가? (단, 세로 탄성계수 $E = 210$ GPa, 선 팽창계수 $\alpha = 1.12 \times 10^{-5}$으로 한다.)

**해설** 송수관이 가열에 의하여 자유로이 늘어난다면 변형량 $\lambda$는

$$\lambda = \alpha L(t_2 - t_1) = 1.12 \times 10^{-5} \times 200 \times (70 - 10) = 0.1344 \text{ cm}$$

그러나 문제에서는 1 mm, 즉 0.1 cm의 변형을 허용하도록 되어 있으므로 실제 열응력을 발생시키는 변형량 $\lambda'$는

$$\lambda' = \lambda - 0.1 = 0.1344 - 0.1 = 0.0344 \text{ cm}$$

따라서, 열응력 $\sigma$는 $E = 210$ GPa $= 210 \times 10^9$ N/m²이므로

$$\sigma = E\varepsilon = E \frac{\lambda'}{L} = 210 \times 10^9 \times \frac{0.0344}{200} = 36.12 \times 10^6 \text{ N/m}^2 = 36.12 \text{ MPa}$$

## 6-8 ● 허용응력과 안전율

기계의 부품, 건축 구조물 등 하중을 받는 모든 구조물들은 사용할 때 파괴되거나 영구 변형을 일으키지 않고 안전하게 유지될 수 있도록 하여야 한다. 따라서 하중을 견디

어야 하는 구조물의 파괴나 영구 변형을 피하려면, 구조물의 사용하중은 실제로 지지할 수 있는 하중보다 적어야 한다. 여기서 보통 사용 중에 발생하는 응력을 **사용응력**($\sigma_w$)이라 하고, 사용응력으로 선정한 안전한 범위의 상한(上限) 응력을 **허용응력**($\sigma_a$)이라고 한다. 그림 1-21은 극한강도(최대 인장강도)와 허용응력 및 사용응력을 응력-변형률 선도에 나타낸 것이며, 극한강도를 $\sigma_{max}$라 하면 이들 응력 간의 관계는 다음과 같아야 한다.

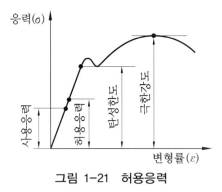

**그림 1-21 허용응력**

$$\sigma_{max} > \sigma_a \geqq \sigma_w \quad \cdots\cdots\cdots\cdots\cdots\cdots\cdots\cdots\cdots\cdots\cdots\cdots\cdots\cdots\cdots\cdots\cdots (1-40)$$

표 1-12는 응력 및 하중의 종류에 따른 철강의 허용응력 값을 나타낸 것이다.

재료가 견디는 가장 큰 응력인 극한강도와 허용응력과의 비를 **안전율**(safety factor), 또는 **안전계수**라 한다. 즉, 안전율을 $S$라 하면 허용응력은 극한강도보다 반드시 작아야 하므로 안전율은 항상 1보다 큰 수치를 가지며, 식 (1-41)에서 허용응력 대신 사용응력을 사용하는 경우도 있다.

**표 1-12 철강의 허용응력** (단위 : MPa)

| 응력 | 하중 | 연강($C \leqq 0.25\%$) | 중경강($C \leqq 0.5\%$) | 주철 | 주강 |
|---|---|---|---|---|---|
| 인장<br>응력 | 정하중 | 90~120 | 120~180 | 30 | 60~120 |
| | 편진 반복하중 | 54~70 | 70~108 | 18 | 36~72 |
| | 양진 반복하중 | 48~60 | 60~90 | 15 | 30~60 |
| 압축<br>응력 | 정하중 | 90~120 | 120~180 | 90 | 90~150 |
| | 편진 반복하중 | 54~70 | 70~108 | 50 | 54~90 |
| 굽힘<br>응력 | 정하중 | 90~120 | 120~180 | 45 | 72~120 |
| | 편진 반복하중 | 54~70 | 70~108 | 27 | 45~72 |
| | 양진 반복하중 | 45~60 | 60~90 | 19 | 38~60 |
| 전단<br>응력 | 정하중 | 72~100 | 100~144 | 30 | 48~96 |
| | 편진 반복하중 | 43~56 | 60~86 | 18 | 29~58 |
| | 양진 반복하중 | 36~48 | 48~72 | 18 | 24~48 |
| 비틀림<br>응력 | 정하중 | 60~100 | 100~144 | 30 | 48~96 |
| | 편진 반복하중 | 36~56 | 60~86 | 18 | 29~58 |
| | 양진 반복하중 | 30~48 | 48~72 | 15 | 24~48 |

$$S = \frac{\sigma_{\max}}{\sigma_a} \quad\cdots\cdots\cdots (1-41)$$

　설계자는 항복강도, 극한강도, 피로강도, 크리프 강도(creep strength) 등의 설계 목적에 따라 재료의 설계 기준 강도를 정하고, 적절한 안전율로 허용응력을 결정하게 된다. 표 1-13은 주요 재료가 여러 가지 하중을 받을 때의 안전율에 대한 예를 나타낸 것이다.

　안전율을 결정할 때에는 다음 사항을 종합적으로 고려하여야 한다.

① 하중과 응력 계산의 부정확성

② 재료의 재질 및 모양의 불균일

③ 부품 가공 방법의 잘못과 정밀도의 저하

④ 사용 중 예측하지 못하는 상황의 발생

⑤ 사용 장소에 따른 온도의 변화와 부식, 마모 등의 발생

표 1-13  안전율의 수치 예

| 재 료 | 정하중 | 동하중 | | |
|---|---|---|---|---|
| | | 편진 반복하중 | 양진 반복하중 | 충격 하중 |
| 일반 구조용 강 | 3 | 5 | 8 | 12 |
| 주 강 | 3.5 | 5 | 8 | 15 |
| 주철, 취성 금속 | 4 | 6 | 10 | 15 |
| 동, 연 금속 | 5 | 6 | 10 | 15 |
| 목 재 | 7 | 10 | 15 | 20 |
| 석 재 | 15 | 25 | – | – |

**Q 예제  1-23**

길이 $2\,\mathrm{m}$, 극한강도 $\sigma_{\max} = 420\,\mathrm{MPa}$, 탄성계수 $E = 210\,\mathrm{GPa}$의 강봉이 인장하중을 받아 $1\,\mathrm{mm}$ 늘어났다. 이때의 안전율은 얼마인가?

**해설** 먼저 사용응력 $\sigma_w$를 구하면,

$$\sigma_w = E\varepsilon = E\frac{\lambda}{L} = 210 \times 10^9 \times \frac{1 \times 10^{-3}}{2} = 105\,\mathrm{MPa}$$

$$\therefore S = \frac{\sigma_{\max}}{\sigma_a} = \frac{\sigma_{\max}}{\sigma_w} = \frac{420}{105} = 4$$

**Q 예제 1-24**

바깥지름 30 cm, 최대 압축응력 450 MPa인 주철관으로 압축하중 100 kN의 하중을 지지하려고 한다. 주철관의 두께를 구하여라.(단, 안전율은 15로 한다.)

**해설** 먼저 허용응력 $\sigma_a$를 구하면,

$$\sigma_a = \frac{\sigma_{max}}{S} = \frac{450}{15} = 30\,\text{MPa} = 3\,\text{kN/cm}^2$$

주철관의 바깥지름을 $d_2$, 안지름을 $d_1$이라 하면 사용응력 $\sigma_w(=\sigma_a)$는

$$\sigma_w = \frac{P}{A} = \frac{P}{\dfrac{\pi(d_2{}^2 - d_1{}^2)}{4}} = \frac{4P}{\pi(d_2{}^2 - d_1{}^2)}$$ 에서 $d_2{}^2 - d_1{}^2 = \dfrac{4P}{\pi\sigma_w}$ 이므로

$$d_1 = \sqrt{d_2{}^2 - \frac{4P}{\pi\sigma_w}} = \sqrt{30^2 - \frac{4 \times 100}{3.14 \times 3}} = 29.28\,\text{cm}$$

$$\therefore\ t = \frac{d_2 - d_1}{2} = \frac{30 - 29.28}{2} = 0.36\,\text{cm} = 3.6\,\text{mm}$$

**Q 예제 1-25**

지름 18 mm의 로프(rope)에 1200 N의 하중을 매달았을 때 허용응력에 도달하였다. 이 로프의 극한강도가 38.7 MPa일 때, 안전율을 구하여라.

**해설** $$\sigma_w = \sigma_a = \frac{P}{A} = \frac{4P}{\pi d^2} = \frac{4 \times 1200}{3.14 \times 0.018^2} = 4.72 \times 10^6\,\text{N/m}^2 = 4.72\,\text{MPa}$$

$$\therefore\ S = \frac{\sigma_{max}}{\sigma_a} = \frac{38.7}{4.72} = 8.2$$

## 6-9 ○ 최대 주응력과 최대 전단응력

  내압(內壓)을 받는 용기 또는 회전체, 보(beam) 등과 같은 요소에는 인장력과 압축력이 동시에 작용하게 된다. 따라서 이에 대응한 응력도 인장응력과 압축응력이 같은 면에 동시에 발생하게 되는데, 이와 같이 여러 **단순 응력**들이 합성된 응력을 **조합응력** (combined stress)이라고 한다. 특히, 2축 방향으로 발생하는 응력을 **2축 응력**(biaxial stress), 3축 방향으로 발생하는 응력을 **3축 응력**(triaxial stress)이라고 한다. 실제로 대부분의 기계요소는 2축 또는 3축 응력 상태로 되어 있는 경우가 많으며, 이들 응력은 다음의 최대 주응력설과 최대 전단응력설에 의한 식으로 해석한다.

그림 1-22와 같이 수직응력 $\sigma_x$와 $\sigma_y$가 발생하고 동시에 전단응력 $\tau_{xy}$가 발생하는 경우 **최대 주응력**을 $\sigma_{\max}$라 하면

$$\sigma_{\max} = \frac{1}{2}(\sigma_x + \sigma_y) + \frac{1}{2}\sqrt{(\sigma_x - \sigma_y)^2 + 4\tau_{xy}^2} \quad \cdots\cdots\cdots\cdots\cdots\cdots\cdots (1-42)$$

**최대 전단응력**을 $\tau_{\max}$라 하면

$$\tau_{\max} = \frac{1}{2}\sqrt{(\sigma_x - \sigma_y)^2 + 4\tau_{xy}^2} \quad \cdots\cdots\cdots\cdots\cdots\cdots\cdots\cdots\cdots (1-43)$$

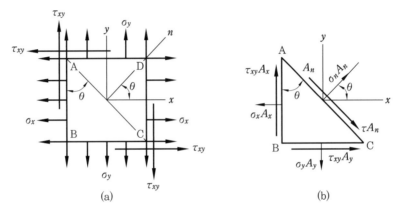

(a)                    (b)

그림 1-22  조합응력

**Q 예제** 1-26

그림과 같은 평면 응력 상태에서 최대 전단응력을 구하여라.

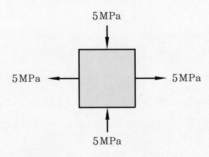

**해설** $\tau_{\max} = \frac{1}{2}\sqrt{(\sigma_x - \sigma_y)^2 + 4\tau_{xy}^2}$ 에서, $\tau_{xy} = 0$ 이므로

$\tau_{\max} = \frac{1}{2}\sqrt{(\sigma_x - \sigma_y)^2} = \frac{1}{2}(\sigma_x - \sigma_y) = \frac{1}{2}\{5 - (-5)\} = 5\,\text{MPa}$

**6-10 ○ 응력 집중**

균일 단면을 갖는 재료에 하중이 작용되면 그 재료의 단면에 발생하는 응력은 그림 1-23(a)와 같이 균일하게 분포하는 것으로 해석할 수 있다. 그러나 재료의 일부분에 구멍(hole)이나 노치(notch), 필릿(fillet) 등이 있어 단면적이 급격히 변화하면, 그 단면에 발생하는 응력은 그림 1-23(b), (c)와 같이 불균일(不均一)하게 분포하게 되며, 재료의 어느 한 곳에 큰 응력이 발생하게 된다. 이와 같이 재료가 하중을 받을 때 단면적이 급격히 변화하는 곳에서 큰 응력이 발생하는 현상을 응력 집중(應力集中, stress concentration)이라고 한다.

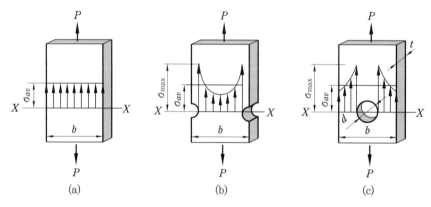

그림 1-23  응력 집중

그림 1-23(c)에서 판 두께를 $t$, 구멍의 지름을 $d$라고 하면, 응력 집중을 고려하지 않았을 때 $X-X$ 단면에서의 평균 응력 $\sigma_{av}$는

$$\sigma_{av} = \frac{P}{(b-d)t}$$ ················································· (1-44)

가 된다. 그러나 실제 응력 분포는 구멍 가까운 부분에서 최대가 되고, 구멍에서 멀리 떨어질수록 응력 값은 줄어들어 가장 먼 곳에서 최소가 된다. 이때 응력 집중 부위의 응력을 **최대 응력**이라고 한다. 또한, 최대 응력 $\sigma_{max}$과 평균 응력 $\sigma_{av}$와의 비를 **응력 집중계수**(factor of stress concentration) 또는 **형상계수**(form factor)라고 부르며, 이것을 $K_t$로 표시하면 다음과 같다.

$$K_t = \frac{\sigma_{\max}}{\sigma_{av}} \left.\rule{0pt}{2.5em}\right\} \quad \cdots\cdots\cdots\cdots\cdots\cdots\cdots\cdots\cdots\cdots\cdots\cdots\cdots\cdots\cdots\cdots (1\text{-}45)$$
$$\sigma_{\max} = K_t \cdot \sigma_{av}$$

응력 집중계수는 수학적으로 접근하기가 쉽지 않아 간단한 모델을 제외하고는 실험에 의해 그 값들을 구하며, 이것으로부터 최대 응력을 구하고 있다. 그림 1-24는 구멍이 뚫려 있는 판이 인장하중을 받고 있을 때 단면의 치수와 응력 집중계수와의 관계를 나타낸 것이다.

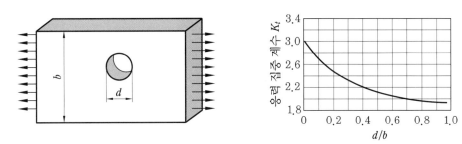

그림 1-24  구멍이 뚫려 있는 판의 응력 집중계수

**Q 예제** 1-27

노치가 있는 재료에 하중이 작용되어 1.8 MPa의 평균 응력이 발생하였다. 응력 집중계수가 2라면 최대 응력은 몇 MPa인가?

**해설** $\sigma_{\max} = K_t \sigma_{av} = 2 \times 1.8 = 3.6\,\mathrm{MPa}$

## 6-11 ○ 피로한도

기계를 구성하고 있는 각 부품은 일정한 정하중을 받는 경우보다 주기적으로 변화하는 반복하중을 받는 경우가 많다. 이렇게 장시간 동안 반복하중을 받으면 재료는 극한강도보다 작은 탄성한도 이하에서도 파괴되는 경우가 있다. 이와 같은 파괴를 **피로파괴** (疲勞破壞, fatigue failure)라고 한다.

　그림 1-25는 반복 굽힘 하중을 가했을 때 발생되는 굽힘 응력과 반복 횟수의 관계를 나타낸 선도로 이를 **S-N 곡선**(또는 S-N 선도)이라고 한다. 그림에서 알 수 있듯이 응력의 값은 반복 횟수가 많아질수록 작아짐을 알 수 있으며, 응력의 값이 어느 일정한 값에 도달하면 반복 횟수가 많아져도 더 이상 작아지지 않게 되는데, 이때의 응력 값을 피로한도(疲勞限度, fatigue limit)라고 한다. 강재(鋼材)의 경우는 $10^7$회 정도에서 피로파괴를 일으키지 않는 피로한도에 도달하게 된다.

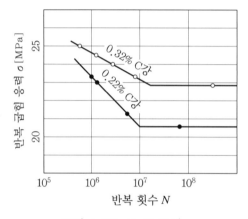

그림 1-25　S-N 곡선

1. 그림과 같이 한 점에 $F_1$, $F_2$, $F_3$, $F_4$가 작용할 때 합력의 크기 $F$와 이 합력이 $x$축과 이루는 각(방향) $\alpha$를 구하여라.

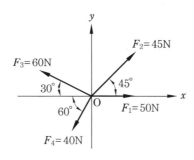

2. 그림과 같이 세 힘 $W$, $T_1$, $T_2$가 O점에 작용하여 평형이 되는 경우 $T_1$, $T_2$의 값을 구하여라.

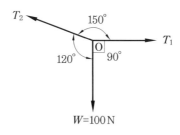

3. 그림과 같이 물체를 $F=10\text{N}$으로 $S=20\text{m}$ 이동하는 경우 한 일을 구하면 몇 J인가?

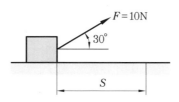

4. 150 kW의 엔진을 장착한 자동차가 80 km/h의 속도로 달리고 있다. 공기의 저항과 타이어 접촉면에서의 마찰을 무시할 때, 이 자동차를 달리게 하는 힘을 구하여라.

5. 연강의 인장강도를 400 MPa이라 할 때, 지름 10 mm인 연강 봉은 몇 kN의 인장하중에 견딜 수 있는가?

6. 두께 2 mm인 연강판에 한 변의 길이가 25 mm인 사각형의 구멍을 펀치 프레스 (punch press)로 뚫으려고 한다. 펀치에 얼마의 힘이 가해져야 하는가? (단, 연강판의 파괴 전단응력은 300 MPa이다.)

7. 지름 2 mm의 강선(wire) 50개로 꼬아서 만든 로프가 9 kN의 인장하중을 받고 있다. 강선 1개에 발생하는 응력을 구하여라.

8. 정사각형의 봉에 10 kN의 인장하중이 작용할 때, 이 사각봉 단면의 한 변 길이를 구하여라.(단, 하중은 축 방향으로 작용하며 이때 발생한 인장응력은 1 MPa이다.

9. 원형 단면 봉을 압축하였더니 20 cm로 되었다. 수축률이 0.007일 때, 변형 전의 길이를 구하여라.

10. 길이 60 cm, 단면 1 cm × 1 cm인 정사각형 알루미늄 봉에 인장하중 10 kN이 걸리면 인장하중에 의해 늘어난 길이는 얼마인가?(단, 알루미늄의 세로 탄성계수 $E = 20$ GPa이다.)

11. 단면 50 mm × 50 mm이고, 길이 100 mm인 탄소 강재가 있다. 여기에 10 kN의 인장력을 길이 방향으로 주었을 때, 0.4 mm가 늘어났다면 변형률은 얼마인가?

12. 길이 40 cm, 세로 탄성계수 200 GPa인 재료가 하중을 받아 0.2 mm의 변형이 발생하였다. 이 재료에 발생된 응력(MPa)을 구하여라.

13. 2000 N의 인장하중을 받는 연강 봉을 안전하게 사용하기 위한 지름을 구하여라.(단, 연강 봉의 극한 강도는 3.6 MPa, 안전율은 4로 한다.)

14. 단면적이 500 mm²인 봉에 6 kN의 추를 달았더니, 허용 인장응력에 도달하였다. 이 봉의 인장강도가 60 MPa이라 할 때, 안전계수는 얼마인가?

15. 단면이 5 cm × 10 cm인 목재가 4 kN의 압축하중을 받고 있다. 안전율을 8로 하면 실제 사용응력은 허용응력의 몇 %가 되는가?(단, 목재의 극한강도는 50 MPa이다.)

16. 그림과 같이 정사각형 단면에 $\sigma_x = 2$ MPa의 인장응력과 $\sigma_y = 1$ MPa의 압축응력이 발생하고, 동시에 $\tau_{xy} = 1.5$ MPa의 전단응력이 발생할 때 최대 주응력과 최대 전단응력을 구하여라.

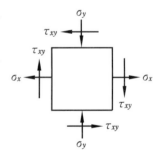

# 나 사

# 나 사

# 1. 나사의 원리와 각부 명칭

## 1-1 ○ 나사의 원리

나사(screw)는 체결용, 거리 조정용, 전동용으로 쓰이는 중요한 기계요소이다. 그림 2-1(a)와 같이 원통에 직각삼각형 ABC를 감았을 때, 빗변 AB가 그리는 곡선을 **나선**(螺線, helix)이라 한다. 나사는 그림 2-1(b)와 같이 나선에 따라 삼각형, 사각형 또는 사다리꼴 등의 단면을 생성시킨 것으로서 나사의 높은 부분을 산, 낮은 부분을 골이라고 한다.

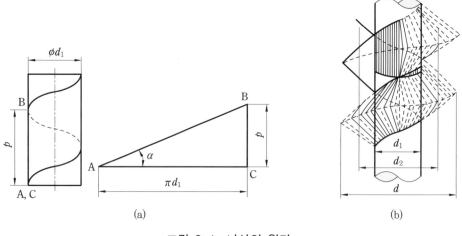

(a)                    (b)

그림 2-1 나사의 원리

나사에는 그림 2-2와 같이 원통의 바깥표면에 산이 있는 **수나사**와 속이 빈 원통의 안쪽에 산이 있는 **암나사**가 있으며, 이들 수나사와 암나사가 서로 결합하여 상대적 회전운동을 함으로써 물체를 고정하거나 이동시킬 수 있다. 이때, 나사를 한 바퀴 회전시켰을

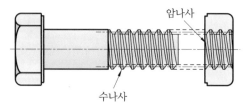

그림 2-2 수나사와 암나사

때 축 방향으로 이동한 거리를 **리드**(lead)라고 하며, 그림 2-1(a)에서 $\overline{BC}\,(=p)$를 말

한다. 여기서 $p$는 나사산과 산 사이의 거리로 **피치**(pitch)라고 한다.

또한 나사는 나선 방향에 따라 그림 2-3과 같이 **오른나사**(right hand screw)와 **왼나사**(left hand screw)로 구분할 수 있다. 오른나사는 나선의 방향이 오른쪽이 높고 왼쪽이 낮은 나사로 오른쪽 방향으로 돌릴 때 전진하며 가장 널리 사용되는 나사이다. 왼나사는 오른나사와 다르게 나선의 방향이 왼쪽이 높고 오른쪽이 낮은 나사로 왼쪽 방향으로 돌릴 때 전진한다. 왼나사는 회전축이나 턴 버클(turn buckle)과 같은 특별한 목적에 사용된다.

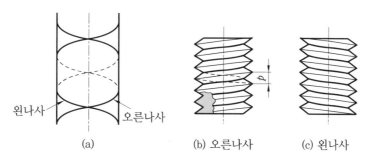

그림 2-3  오른나사와 왼나사

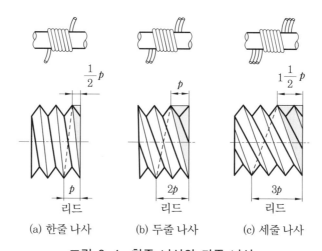

그림 2-4  한줄 나사와 다줄 나사

그림 2-4는 한줄 나사와 다줄 나사를 나타낸 것으로 원통에 줄 하나를 감은 것과 같이 만든 나사를 **한줄 나사**, 두 줄 또는 세 줄을 동시에 감은 것과 같이 만든 나사를 두 줄, 세 줄 나사라고 한다. 특히 이들 두 줄 이상의 나사를 **다줄 나사**라고 하며, 다줄 나사는 리드가 크기 때문에 회전수를 적게 하여 빨리 죄거나 풀 때 사용한다.

나사의 줄 수를 $n$, 피치를 $p$, 리드를 $l$이라고 하면 이들의 관계는 다음 식과 같다.

$$l = np \quad \cdots\cdots\cdots\cdots\cdots\cdots\cdots\cdots\cdots\cdots\cdots\cdots\cdots\cdots\cdots\cdots\cdots\cdots (2\text{-}1)$$

즉, 한줄 나사의 리드 $l=1 \times p=p$이고, 두줄 나사의 리드 $l=2 \times p=2p$가 된다.

**Q 예제 2-1**

세줄 나사에서 피치가 1.5 mm일 때 2회전시키면 몇 mm 이동하는가?

**해설** 먼저, 리드 $l$을 구하면

$$l=np=3 \times 1.5=4.5 \, mm$$

따라서 2회전 동안 이동한 거리를 $L$이라 하면

$$L=2l=2 \times 4.5=9 \, mm$$

## 1-2 ◦ 나사의 각부 명칭

그림 2-5는 나사의 각부 명칭을 나타낸 것으로 수나사의 산봉우리에 접하는 가상적 인 원기둥의 지름을 **바깥지름**$(d)$이라 하며, 수나사의 골 밑에 접하는 가상적인 원기둥 의 지름을 **골의 지름**$(d_1)$이라고 한다.

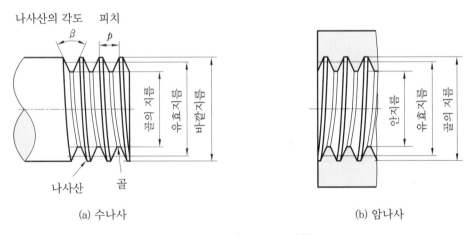

그림 2-5  나사의 각부 명칭

또한, 나사산의 홈 폭과 산의 폭이 같아지는 가상적인 원기둥의 지름을 **유효지름**$(d_2)$ 이라 하며 다음 식으로 구한다.

$$d_2 \fallingdotseq \frac{d+d_1}{2} \quad\cdots\cdots\cdots\cdots\cdots\cdots\cdots\cdots\cdots\cdots\cdots\cdots\cdots\cdots\cdots\cdots\cdots\cdots (2-2)$$

나사산의 봉우리와 골과의 거리를 **나사산의 높이**$(h)$라 하며 다음과 같다.

$$h = \frac{d - d_1}{2} \quad \cdots\cdots\cdots\cdots\cdots\cdots\cdots\cdots\cdots\cdots\cdots\cdots\cdots\cdots\cdots\cdots\cdots\cdots\cdots\cdots\cdots\cdots\cdots\cdots (2-3)$$

이 밖에 나사산의 경사면을 **플랭크**(flank)라 하며, 나사산의 서로 이웃한 플랭크가 만드는 각을 **나사산의 각도**($\beta$)라 한다.

그림 2-1에서 직각삼각형의 빗변과 밑변이 이루는 각 $\alpha$를 **리드각**이라 하며, 리드각이 클수록 피치가 커져 리드도 따라서 커진다. 그림 2-6은 나사의 바깥지름, 골의 지름, 유효지름에 따른 리드각을 나타낸 것으로 나사에서 리드각은 보통 유효지름에서의 리드각($\alpha$)을 말한다.

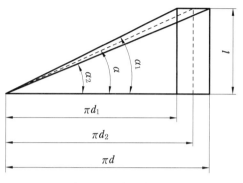

그림 2-6  나사의 리드각

$$\left. \begin{array}{l} \tan\alpha = \dfrac{l}{\pi d_2} \\[2mm] \therefore\ \alpha = \tan^{-1}\dfrac{l}{\pi d_2} \end{array} \right\} \quad \cdots\cdots\cdots\cdots\cdots\cdots\cdots\cdots\cdots\cdots\cdots\cdots\cdots\cdots (2-4)$$

**Q 예제  2-2**

유효지름이 22.052 mm, 피치가 3 mm인 한줄 나사의 리드각을 구하여라.

**해설** 먼저 리드 $l$을 구하면

$$l = p = 3\ \text{mm}$$

$$\therefore\ \alpha = \tan^{-1}\frac{l}{\pi d_2} = \tan^{-1}\frac{3}{3.14 \times 22.052} ≒ 2.48°$$

# 2. 나사의 종류와 용도

나사는 사용목적에 따라 결합용 나사와 운동용 나사로 분류하고, 나사산의 모양에 따라서는 삼각나사, 사각나사, 사다리꼴나사, 톱니나사, 둥근나사, 볼나사 등으로 분류한다. 또한 피치와 나사 지름의 비율에 따라 보통나사와 가는나사, 사용하는 호칭(呼稱)에 따라서는 미터계 나사와 인치계 나사로 분류한다.

## 2-1 ○ 결합용 나사

부품을 서로 결합하는데 쓰이는 나사로 그림 2-7과 같이 나사산의 단면이 정삼각형인 삼각나사를 주로 사용하며, 호칭 방법에 따라 미터 나사와 인치 나사로 분류한다.

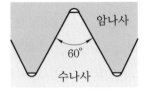

그림 2-7 삼각나사

### (1) 미터 나사(metric thread)

호칭은 수나사의 바깥지름과 피치를 mm로 나타내며 나사산의 각도는 60°이다. 미터 나사에는 표 2-1과 같이 호칭지름에 대하여 피치를 1종류만 정하고 있는 **미터 보통나사**와, 표 2-2와 같이 같은 호칭 지름에 대하여 1종류의 피치 또는 여러 종류의 피치를 정하고 있는 **미터 가는나사**가 있다. 미터 가는나사는 미터 보통나사와 비교하였을 때 피치가 나사 지름에 비하여 작은 것으로서 리드각 $\alpha$도 작다. 따라서 같은 호칭지름의 보통나사에 비하여 골의 지름이 크므로 강도가 커지고, 나사에 의한 조정을 세밀하게 할 수 있다.

### (2) 유니파이 나사(unified thread)

1948년 미국, 영국, 캐나다의 3국 협정에 의하여 제정된 나사로 실질적으로 세계의 표준나사로 볼 수 있으며, **ISO 인치 나사**(1962년에 ISO에서 채택) 또는 **ABC 나사**라고도 한다. 호칭은 수나사의 바깥지름을 인치로 나타내며, 피치는 1인치 사이의 나사산 수로 나타낸다. 나사산의 각도는 미터 나사와 같이 60°이며 표 2-3과 표 2-4와 같이 **유니파이 보통나사**와 **유니파이 가는나사**가 있다.

### (3) 관용 나사(pipe thread, gas thread)

관을 연결할 때 사용하는 나사로 유체(流體)의 누설(漏泄)을 방지하고 관의 강도 저하를 막기 위하여 호칭지름에 비하여 산의 높이를 낮게 만든 나사로서 미터 가는나사보다도 피치가 작다. 호칭은 인치 나사의 호칭 방법과 같고 나사산의 각도는 55°이다. 관용 나사에는 그림 2-8(a)와 같이 **관용 평행 나사**와 내밀성(內密性)을 더 좋게 할 목적으로 사용되는 그림 (b)의 **관용 테이퍼 나사**가 있으며, 관용 테이퍼 나사의 테이퍼 값은 $\frac{1}{16}$이다. 표 2-5와 표 2-6은 관용 평행 나사와 관용 테이퍼 나사의 규격을 나타낸 것이다.

(a) 관용 평행 나사

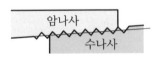

(b) 관용 테이퍼 나사

그림 2-8 관용 나사

## 표 2-1  미터 보통나사(KS B 0201)

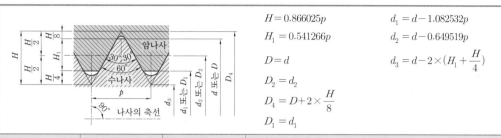

$$H = 0.866025p \qquad d_1 = d - 1.082532p$$
$$H_1 = 0.541266p \qquad d_2 = d - 0.649519p$$
$$D = d \qquad d_3 = d - 2 \times \left(H_1 + \frac{H}{4}\right)$$
$$D_2 = d_2$$
$$D_4 = D + 2 \times \frac{H}{8}$$
$$D_1 = d_1$$

| 나사의 호칭 | 피치 $p$ | 접촉높이 $H_1$ | 암나사 | | |
| --- | --- | --- | --- | --- | --- |
| | | | 골의 지름 $D$ | 유효지름 $D_2$ | 안지름 $D_1$ |
| | | | 수나사 | | |
| | | | 바깥지름 $d$ | 유효지름 $d_2$ | 골의 지름 $d_1$ |
| M 1 | 0.25 | 0.135 | 1.000 | 0.838 | 0.729 |
| M 1.1 | 0.25 | 0.135 | 1.100 | 0.938 | 0.829 |
| M 1.2 | 0.25 | 0.135 | 1.200 | 1.038 | 0.929 |
| M 1.4 | 0.3 | 0.162 | 1.400 | 1.205 | 1.075 |
| M 1.6 | 0.35 | 0.189 | 1.600 | 1.373 | 1.221 |
| M 1.8 | 0.35 | 0.189 | 1.800 | 1.573 | 1.421 |
| M 2 | 0.4 | 0.217 | 2.000 | 1.740 | 1.567 |
| M 2.2 | 0.45 | 0.244 | 2.200 | 1.908 | 1.713 |
| M 2.5 | 0.45 | 0.244 | 2.500 | 2.208 | 2.013 |
| M 3 | 0.5 | 0.271 | 3.000 | 2.675 | 2.459 |
| M 3.5 | 0.6 | 0.325 | 3.500 | 3.110 | 2.850 |
| M 4 | 0.7 | 0.279 | 4.000 | 3.545 | 3.242 |
| M 4.5 | 0.75 | 0.406 | 4.500 | 4.013 | 3.688 |
| M 5 | 0.8 | 0.433 | 5.000 | 4.480 | 4.134 |
| M 6 | 1 | 0.541 | 6.000 | 5.350 | 7.647 |
| M 7 | 1 | 0.541 | 7.000 | 6.350 | 5.917 |
| M 8 | 1.25 | 0.677 | 8.000 | 7.188 | 6.647 |
| M 9 | 1.25 | 0.677 | 9.000 | 8.188 | 7.647 |
| M 10 | 1.5 | 0.812 | 10.000 | 9.026 | 8.376 |
| M 11 | 1.5 | 0.812 | 11.000 | 10.026 | 9.376 |
| M 12 | 1.75 | 0.947 | 12.000 | 10.863 | 10.106 |
| M 14 | 2 | 1.083 | 14.000 | 12.701 | 11.835 |
| M 16 | 2 | 1.083 | 16.000 | 14.701 | 13.835 |
| M 18 | 2.5 | 1.353 | 18.000 | 16.376 | 15.294 |
| M 20 | 2.5 | 1.353 | 20.000 | 18.376 | 17.294 |
| M 22 | 2.5 | 1.353 | 22.000 | 20.376 | 19.294 |
| M 24 | 3 | 1.624 | 24.000 | 22.051 | 20.752 |
| M 27 | 3 | 1.624 | 27.000 | 25.051 | 23.752 |
| M 30 | 3.5 | 1.894 | 30.000 | 27.727 | 26.211 |
| M 33 | 3.5 | 1.894 | 33.000 | 30.727 | 29.211 |
| M 36 | 4 | 2.165 | 36.000 | 33.402 | 31.670 |
| M 39 | 4 | 2.165 | 39.000 | 36.402 | 34.670 |
| M 42 | 4.5 | 2.436 | 42.000 | 39.077 | 37.129 |
| M 45 | 4.5 | 2.436 | 45.000 | 42.077 | 40.129 |
| M 48 | 5 | 2.706 | 48.000 | 44.752 | 42.587 |
| M 52 | 5 | 2.706 | 52.000 | 48.752 | 46.587 |
| M 56 | 5.5 | 2.977 | 56.000 | 52.428 | 50.646 |
| M 60 | 5.5 | 2.977 | 60.000 | 56.428 | 54.046 |
| M 64 | 6 | 3.248 | 64.000 | 60.103 | 57.505 |
| M 68 | 6 | 3.248 | 68.000 | 64.103 | 61.505 |

### 표 2-2 미터 가는나사(KS B 0204)

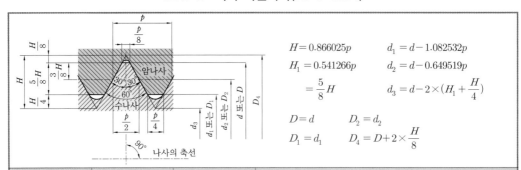

$$H = 0.866025p \qquad d_1 = d - 1.082532p$$
$$H_1 = 0.541266p \qquad d_2 = d - 0.649519p$$
$$= \frac{5}{8}H \qquad d_3 = d - 2 \times \left(H_1 + \frac{H}{4}\right)$$
$$D = d \qquad D_2 = d_2$$
$$D_1 = d_1 \qquad D_4 = D + 2 \times \frac{H}{8}$$

| 나사의 호칭 | 피치 $p$ | 접촉높이 $H_1$ | 암나사 | | |
|---|---|---|---|---|---|
| | | | 골의 지름 $D$ | 유효지름 $D_2$ | 안지름 $D_1$ |
| | | | 수나사 | | |
| | | | 바깥지름 $d$ | 유효지름 $d_2$ | 골의 지름 $d_1$ |
| M 1 | 0.2 | 0.108 | 1.000 | 0.870 | 0.783 |
| M 1.1 | 0.2 | 0.108 | 1.100 | 0.970 | 0.883 |
| M 1.2 | 0.2 | 0.108 | 1.200 | 1.070 | 0.983 |
| M 1.4 | 0.2 | 0.108 | 1.400 | 1.270 | 1.183 |
| M 1.6 | 0.2 | 0.108 | 1.600 | 1.470 | 1.383 |
| M 1.8 | 0.2 | 0.108 | 1.800 | 1.670 | 1.583 |
| M 2 | 0.25 | 0.135 | 2.000 | 1.838 | 1.729 |
| M 2.2 | 0.25 | 0.135 | 2.200 | 2.038 | 1.929 |
| M 2.5 | 0.35 | 0.189 | 2.500 | 2.273 | 2.121 |
| M 3 | 0.35 | 0.189 | 3.000 | 2.773 | 2.621 |
| M 3.5 | 0.35 | 0.189 | 3.500 | 3.273 | 3.121 |
| M 4 | 0.5 | 0.271 | 4.000 | 3.675 | 3.459 |
| M 4.5 | 0.5 | 0.271 | 4.500 | 4.175 | 3.959 |
| M 5 | 0.5 | 0.271 | 5.000 | 4.675 | 4.459 |
| M 5.5 | 0.5 | 0.271 | 5.500 | 5.175 | 4.959 |
| M 6 | 0.75 | 0.406 | 6.000 | 5.513 | 5.188 |
| M 7 | 0.75 | 0.406 | 7.000 | 6.513 | 6.188 |
| M 8 | 1 | 0.541 | 8.000 | 7.350 | 6.917 |
| M 8 | 0.75 | 0.406 | 8.000 | 7.513 | 7.188 |
| M 9 | 1 | 0.541 | 9.000 | 8.350 | 7.917 |
| M 9 | 0.75 | 0.406 | 9.000 | 8.513 | 8.188 |
| M 10 | 1.25 | 0.677 | 10.000 | 9.188 | 8.647 |
| M 10 | 1 | 0.541 | 10.000 | 9.350 | 8.917 |
| M 10 | 0.75 | 0.406 | 10.000 | 9.513 | 9.188 |
| M 11 | 1 | 0.541 | 11.000 | 10.350 | 9.917 |
| M 11 | 0.75 | 0.406 | 11.000 | 10.513 | 10.188 |
| M 12 | 1.5 | 0.812 | 12.000 | 11.026 | 10.376 |
| M 12 | 1.25 | 0.677 | 12.000 | 11.188 | 10.647 |
| M 12 | 1 | 0.541 | 12.000 | 11.350 | 10.917 |
| M 14 | 1.5 | 0.812 | 14.000 | 13.026 | 12.376 |
| M 14 | 1.25 | 0.677 | 14.000 | 13.188 | 12.647 |
| M 14 | 1 | 0.541 | 14.000 | 13.350 | 12.917 |
| M 15 | 1.5 | 0.812 | 15.000 | 14.026 | 13.376 |
| M 15 | 1 | 0.541 | 15.000 | 14.350 | 13.917 |
| M 16 | 1.5 | 0.812 | 16.000 | 15.026 | 14.376 |
| M 16 | 1 | 0.541 | 16.000 | 15.350 | 14.917 |

## 표 2-3 유니파이 보통나사(KS B 0203)

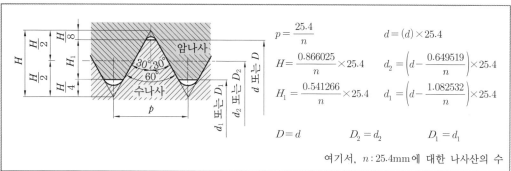

$$p = \frac{25.4}{n} \qquad\qquad d = (d) \times 25.4$$

$$H = \frac{0.866025}{n} \times 25.4 \qquad d_2 = \left(d - \frac{0.649519}{n}\right) \times 25.4$$

$$H_1 = \frac{0.541266}{n} \times 25.4 \qquad d_1 = \left(d - \frac{1.082532}{n}\right) \times 25.4$$

$$D = d \qquad\qquad D_2 = d_2 \qquad\qquad D_1 = d_1$$

여기서, $n$ : 25.4mm에 대한 나사산의 수

| 나사의 호칭 | | 나사산 수(25.4 mm에 대하여) $n$ | 피치 $p$ (참고) | 접촉 높이 $H_1$ | 암나사 | | |
|---|---|---|---|---|---|---|---|
| | | | | | 골의 지름 $D$ | 유효지름 $D_2$ | 안지름 $D_1$ |
| 1 | 참고 | | | | 수나사 | | |
| | | | | | 바깥지름 $d$ | 유효지름 $d_2$ | 골의 지름 $d_1$ |
| No.1-64 UNC | 0.0730 | 64 | 0.2969 | 0.215 | 1.854 | 1.593 | 1.426 |
| No.2-56 UNC | 0.0860 | 56 | 0.4536 | 0.246 | 2.184 | 1.890 | 1.694 |
| No.3-48 UNC | 0.0990 | 48 | 0.5292 | 0.286 | 2.515 | 2.172 | 1.941 |
| No.4-40 UNC | 0.1120 | 40 | 0.6350 | 0.344 | 2.845 | 2.433 | 2.156 |
| No.5-40 UNC | 0.1250 | 40 | 0.6350 | 0.344 | 3.175 | 2.764 | 2.487 |
| No.6-32 UNC | 0.1380 | 32 | 0.7938 | 0.430 | 3.505 | 2.990 | 2.647 |
| No.8-32 UNC | 0.1640 | 32 | 0.7938 | 0.430 | 4.166 | 3.650 | 3.307 |
| No.10-24 UNC | 0.1900 | 24 | 1.0583 | 0.573 | 4.826 | 4.138 | 3.680 |
| No.12-24 UNC | 0.2160 | 24 | 1.0583 | 0.573 | 5.486 | 4.798 | 4.341 |
| 1/4-20 UNC | 0.2500 | 20 | 1.2700 | 0.687 | 6.350 | 5.524 | 4.976 |
| 5/16-18 UNC | 0.3125 | 18 | 1.4111 | 0.764 | 7.938 | 7.021 | 6.411 |
| 3/8-16 UNC | 0.3750 | 16 | 1.5875 | 0.859 | 9.525 | 8.494 | 7.805 |
| 7/16-14 UNC | 0.4375 | 14 | 1.8143 | 0.982 | 11.112 | 9.934 | 9.149 |
| 1/2-13 UNC | 0.5000 | 13 | 1.9538 | 1.058 | 12.700 | 11.430 | 10.584 |
| 9/16-12 UNC | 0.5625 | 12 | 2.1167 | 1.146 | 14.288 | 12.913 | 11.996 |
| 5/8-11 UNC | 0.6250 | 11 | 2.3091 | 1.250 | 15.875 | 14.376 | 13.376 |
| 3/4-10 UNC | 0.7500 | 10 | 2.5400 | 1.375 | 19.050 | 17.399 | 16.299 |
| 7/8-9 UNC | 0.8750 | 9 | 2.8222 | 1.528 | 22.225 | 20.391 | 19.169 |
| 1-8 UNC | 1.000 | 8 | 3.1750 | 1.718 | 25.400 | 23.338 | 21.963 |
| 1 1/6-7 UNC | 1.1250 | 7 | 3.6286 | 1.964 | 28.575 | 26.218 | 24.648 |
| 1 1/4-7 UNC | 1.2500 | 7 | 3.6286 | 1.964 | 31.750 | 29.393 | 27.823 |
| 1 3/8-6 UNC | 1.3760 | 6 | 4.2333 | 2.291 | 34.925 | 32.174 | 30.343 |
| 1 1/2-6 UNC | 1.5000 | 6 | 4.2333 | 2.291 | 38.100 | 35.349 | 33.518 |
| 1 3/4-5 UNC | 1.7500 | 5 | 5.0800 | 2.750 | 44.450 | 41.151 | 38.951 |
| 2-4 1/2 UNC | 2.000 | 4.5 | 5.6444 | 3.055 | 50.800 | 47.135 | 44.689 |
| 2 1/4-4 1/2 UNC | 2.2500 | 4.5 | 5.6444 | 3.055 | 57.150 | 55.485 | 51.039 |
| 2 1/2-4 UNC | 2.2500 | 4 | 6.3500 | 3.437 | 63.150 | 59.375 | 56.627 |
| 2 3/4-4 UNC | 2.7500 | 4 | 6.3500 | 3.437 | 69.850 | 65.725 | 62.977 |
| 3-4 UNC | 3.000 | 4 | 6.3500 | 3.437 | 76.200 | 72.075 | 69.327 |
| 3 1/4-4 UNC | 3.2500 | 4 | 6.3500 | 3.437 | 82.550 | 78.425 | 75.677 |
| 3 1/2-4 UNC | 3.5000 | 4 | 6.3500 | 3.437 | 88.900 | 84.775 | 82.027 |
| 3 3/4-4 UNC | 3.7500 | 4 | 6.3500 | 3.437 | 95.259 | 91.125 | 88.377 |
| 4-4 UNC | 4.0000 | 4 | 6.3500 | 3.437 | 101.600 | 97.475 | 94.727 |

※ 참고란은 나사의 호칭방법을 10진법으로 표시한 것이다.

### 표 2-4 유니파이 가는나사(KS B 0206)

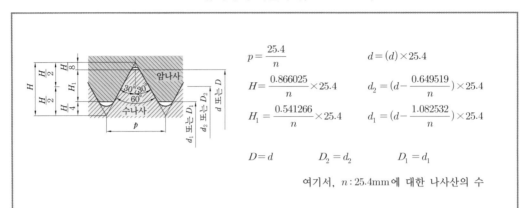

$$p = \frac{25.4}{n} \qquad\qquad d = (d) \times 25.4$$

$$H = \frac{0.866025}{n} \times 25.4 \qquad d_2 = (d - \frac{0.649519}{n}) \times 25.4$$

$$H_1 = \frac{0.541266}{n} \times 25.4 \qquad d_1 = (d - \frac{1.082532}{n}) \times 25.4$$

$$D = d \qquad D_2 = d_2 \qquad D_1 = d_1$$

여기서, $n$ : 25.4mm에 대한 나사산의 수

| 나사의 호칭 | | 나사산 수 (25.4mm에 대하여) $n$ | 피치 $p$ (참고) | 접촉 높이 $H_1$ | 암나사 | | |
|---|---|---|---|---|---|---|---|
| | | | | | 골의 지름 $D$ | 유효지름 $D_2$ | 안지름 $D_1$ |
| | | | | | 수나사 | | |
| 1 | 참고 | | | | 바깥지름 $d$ | 유효지름 $d_2$ | 골의 지름 $d_1$ |
| No.0-80 UNF | 0.0600 | 80 | 0.3175 | 0.172 | 1.524 | 1.318 | 1.181 |
| No.1-72 UNF | 0.0730 | 72 | 0.3528 | 0.191 | 1.854 | 1.626 | 1.473 |
| No.2-64 UNF | 0.0860 | 64 | 0.3969 | 0.215 | 2.184 | 1.928 | 1.755 |
| No.3-56 UNF | 0.0990 | 56 | 0.4536 | 0.246 | 2.515 | 2.220 | 2.024 |
| No.4-48 UNF | 0.1120 | 48 | 0.5292 | 0.286 | 2.845 | 2.502 | 2.271 |
| No.5-44 UNF | 0.1250 | 44 | 0.5773 | 0.312 | 3.175 | 2.709 | 2.551 |
| No.6-40 UNF | 0.1380 | 40 | 0.6350 | 0.344 | 3.505 | 3.094 | 2.817 |
| No.8-36 UNF | 0.1640 | 36 | 0.7056 | 0.382 | 4.166 | 3.708 | 3.401 |
| No.10-32 UNF | 0.1900 | 32 | 0.7938 | 0.430 | 4.826 | 4.310 | 3.967 |
| No.12-28 UNF | 0.2160 | 28 | 0.9071 | 0.491 | 5.486 | 4.897 | 4.503 |
| 1/4-28 UNF | 0.2500 | 28 | 0.9071 | 0.491 | 6.350 | 5.761 | 5.367 |
| 5/16-24 UNF | 0.3125 | 24 | 1.0583 | 0.573 | 7.938 | 4.249 | 6.792 |
| 3/8-24 UNF | 0.3750 | 24 | 1.0583 | 0.573 | 9.525 | 8.837 | 8.379 |
| 7/16-20 UNF | 0.4375 | 20 | 1.2700 | 0.687 | 11.112 | 10.287 | 9.738 |
| 1/2-20 UNF | 0.5000 | 20 | 1.2700 | 0.687 | 12.700 | 11.874 | 11.326 |
| 9/16-18 UNF | 0.5625 | 18 | 1.4111 | 0.764 | 14.288 | 13.371 | 12.761 |
| 5/8-18 UNF | 0.6250 | 18 | 1.4111 | 0.764 | 15.875 | 14.958 | 14.348 |
| 3/4-18 UNF | 0.7500 | 16 | 1.5875 | 0.859 | 19.050 | 18.019 | 17.330 |
| 7/8-14 UNF | 0.8750 | 14 | 1.8143 | 0.982 | 22.225 | 21.046 | 20.262 |
| 1-12 UNF | 1.0000 | 12 | 2.1167 | 1.146 | 25.400 | 24.026 | 23.109 |
| 1 1/8-12 UNF | 1.1250 | 12 | 2.1167 | 1.146 | 28.575 | 27.201 | 26.284 |
| 1 1/4-12 UNF | 1.2500 | 12 | 2.1167 | 1.146 | 31.750 | 30.376 | 29.459 |
| 1 3/8-12 UNF | 1.3760 | 12 | 2.1167 | 1.146 | 34.925 | 33.551 | 32.634 |
| 1 1/2-12 UNF | 1.5000 | 12 | 2.1167 | 1.146 | 38.100 | 36.726 | 35.809 |

※ 참고란은 나사의 호칭방법을 10진법으로 표시한 것이다.

### 표 2-5 관용 평행 나사(KS B 0221)

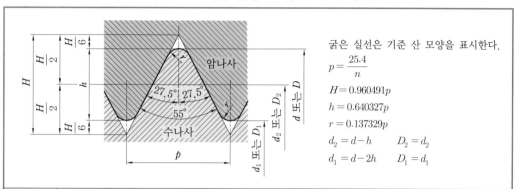

굵은 실선은 기준 산 모양을 표시한다.

$$p = \frac{25.4}{n}$$

$H = 0.960491p$

$h = 0.640327p$

$r = 0.137329p$

$d_2 = d - h \qquad D_2 = d_2$

$d_1 = d - 2h \qquad D_1 = d_1$

| 나사의 호칭 | 나사산 수 (25.4mm에 대하여) $n$ | 피치 $p$ (참고) | 접촉 높이 $H_1$ | 골의 둥글기 $r$ | 암나사 골의 지름 $D$ | 암나사 유효지름 $D_2$ | 암나사 안지름 $D_1$ |
|---|---|---|---|---|---|---|---|
| | | | | | 수나사 바깥지름 $d$ | 수나사 유효지름 $d_2$ | 수나사 골의 지름 $d_1$ |
| G 1/16 | 28 | 0.9071 | 0.581 | 0.12 | 7.723 | 7.142 | 6.561 |
| G 1/8 | 28 | 0.9071 | 0.581 | 0.12 | 9.728 | 9.147 | 8.566 |
| G 1/4 | 19 | 1.3368 | 0.586 | 0.18 | 13.517 | 12.301 | 11.445 |
| G 3/8 | 19 | 1.3368 | 0.856 | 0.18 | 16.662 | 15.806 | 14.950 |
| G 1/2 | 14 | 1.8143 | 1.162 | 0.25 | 20.955 | 19.793 | 18.631 |
| G 5/8 | 14 | 1.8143 | 1.162 | 0.25 | 22.911 | 21.749 | 20.587 |
| G 3/4 | 14 | 1.8143 | 1.162 | 0.25 | 26.411 | 25.279 | 24.117 |
| G 7/8 | 14 | 1.8143 | 1.162 | 0.25 | 30.201 | 29.039 | 27.877 |
| G 1 | 11 | 2.3091 | 1.479 | 0.32 | 33.249 | 31.770 | 30.291 |
| G 1 1/4 | 11 | 2.3091 | 1.479 | 0.32 | 37.897 | 36.418 | 34.939 |
| G 1 1/8 | 11 | 2.3091 | 1.479 | 0.32 | 41.910 | 40.431 | 38.952 |
| G 1 1/2 | 11 | 2.3091 | 1.479 | 0.32 | 47.803 | 46.324 | 44.845 |
| G 1 2/4 | 11 | 2.3091 | 1.479 | 0.32 | 53.746 | 52.267 | 50.788 |
| G 2 | 11 | 2.3091 | 1.479 | 0.32 | 59.614 | 58.135 | 56.656 |
| G 2 1/4 | 11 | 2.3091 | 1.479 | 0.32 | 65.710 | 62.752 | 64.231 |
| G 2 1/2 | 11 | 2.3091 | 1.479 | 0.32 | 75.184 | 73.705 | 72.226 |
| G 2 3/4 | 11 | 2.3091 | 1.479 | 0.32 | 81.534 | 80.055 | 78.567 |
| G 3 | 11 | 2.3091 | 1.479 | 0.32 | 87.884 | 86.405 | 84.926 |
| G 3 1/2 | 11 | 2.3091 | 1.479 | 0.32 | 100.330 | 98.851 | 97.372 |
| G 4 | 11 | 2.3091 | 1.479 | 0.32 | 113.030 | 111.551 | 110.072 |
| G 4 1/2 | 11 | 2.3091 | 1.479 | 0.32 | 125.730 | 124.251 | 122.772 |
| G 5 | 11 | 2.3091 | 1.479 | 0.32 | 138.430 | 136.951 | 135.472 |
| G 5 1/2 | 11 | 2.3091 | 1.479 | 0.32 | 151.130 | 149.651 | 148.172 |
| G 6 | 11 | 2.3091 | 1.479 | 0.32 | 163.830 | 162.351 | 160.872 |

## 표 2-6 관용 테이퍼 나사(KS B 0222)

테이퍼 수나사 및 테이퍼 암나사에 대하여
적용하는 기본 산모양

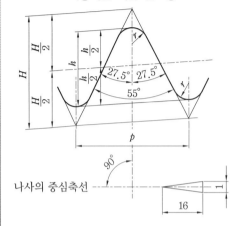

평행 암나사에 대하여 적용하는 기본 산모양

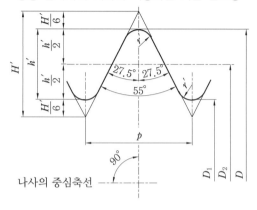

굵은 실선은 기본 산모양을 나타낸다.

$$p = \frac{25.4}{n}$$
$$H = 0.960237p$$
$$h = 0.640327p$$
$$r = 0.137278p$$

굵은 실선은 기본 산모양을 나타낸다.

$$p = \frac{25.4}{n}$$
$$H' = 0.960491p$$
$$h' = 0.640327p$$
$$r' = 0.137329p$$

테이퍼 수나사와 테이퍼 암나사 또는 평행 암나사와의 끼워맞춤

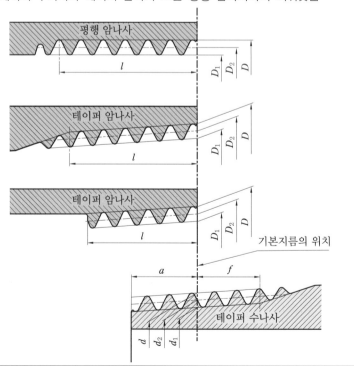

| 나사의 호칭 | 나사산수 (25.4 mm에 대하여) $n$ | 피치 $p$ (참고) | 접촉 높이 $H_1$ | 골의 둥글기 $r$ | 암나사 | | |
|---|---|---|---|---|---|---|---|
| | | | | | 골의 지름 $D$ | 유효지름 $D_2$ | 안지름 $D_1$ |
| | | | | | 수나사 | | |
| | | | | | 바깥지름 $d$ | 유효지름 $d_2$ | 골의 지름 $d_1$ |
| R 1/16 | 28 | 0.9071 | 0.581 | 0.12 | 7.723 | 7.142 | 6.561 |
| R 1/8 | 28 | 0.9071 | 0.581 | 0.12 | 9.728 | 9.147 | 8.566 |
| R 1/4 | 19 | 1.3368 | 0.586 | 0.18 | 13.517 | 12.301 | 11.445 |
| R 3/8 | 19 | 1.3368 | 0.856 | 0.18 | 16.662 | 15.806 | 14.950 |
| R 1/2 | 14 | 1.8143 | 1.162 | 0.25 | 20.955 | 19.793 | 18.631 |
| R 3/4 | 14 | 1.8143 | 1.162 | 0.25 | 22.911 | 21.749 | 20.587 |
| R 1 | 11 | 2.3091 | 1.479 | 0.32 | 33.249 | 31.770 | 30.291 |
| R 1 1/4 | 11 | 2.3091 | 1.479 | 0.32 | 37.897 | 36.418 | 34.939 |
| R 1 1/2 | 11 | 2.3091 | 1.479 | 0.32 | 47.803 | 46.324 | 44.845 |
| R 2 | 11 | 2.3091 | 1.479 | 0.32 | 59.614 | 58.135 | 56.656 |
| R 2 1/2 | 11 | 2.3091 | 1.479 | 0.32 | 75.184 | 73.705 | 72.226 |
| R 3 | 11 | 2.3091 | 1.479 | 0.32 | 87.884 | 86.405 | 84.926 |
| R 4 | 11 | 2.3091 | 1.479 | 0.32 | 113.030 | 111.551 | 110.072 |
| R 5 | 11 | 2.3091 | 1.479 | 0.32 | 151.130 | 149.651 | 148.172 |
| R 6 | 11 | 2.3091 | 1.479 | 0.32 | 163.830 | 162.351 | 160.872 |

## 2-2 ○ 운동용 나사

### (1) 사각나사(square thread)

그림 2-9와 같이 나사산의 단면이 정사각형에 가까운 나사로서 큰 축하중, 특히 교번하중을 받는 데 사용되는 운동용 나사이다. 미끄럼 접촉에 의한 운동용 나사 중 효율은 가장 좋으나 가공이 어렵고 자동 조심(自動調心, self-aligning) 작용이 없으므로 높은 정밀도의 나사로는 적합하지 않다.

사각나사는 주로 나사 프레스(screw press), 바이스(vise), 나사 잭(screw jack), 선반의 이송나사(feed screw) 등에 사용된다.

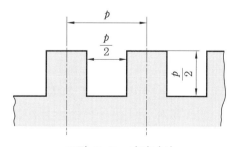

그림 2-9  사각나사

## (2) 사다리꼴 나사(trapezoidal thread)

그림 2-10과 같이 나사산의 모양이 사다리꼴인 나사로서 **애크미 나사**(acme thread)라고도 한다. 사각나사보다 효율은 떨어지지만 가공이 쉽고 또한 강도가 높아 널리 이용되고 있다. 특히 마멸에 대해서도 조정하기 쉬우므로 선반의 리드 스크루(lead screw)와 같은 공작기계의 이송나사로 널리 쓰인다. 사다리꼴 나사에는 미터계와 인치계의 두 종류가 있으며 나사산의 각도는 미터계 30°, 인치계 29°이다.

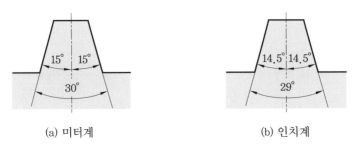

(a) 미터계        (b) 인치계

그림 2-10 사다리꼴 나사

## (3) 톱니나사(buttress thread)

그림 2-11과 같이 나사산의 모양이 톱니 모양인 나사로서 한 쪽 방향으로만 축하중을 받을 때 사용되는 운동용 나사이다. 하중을 받는 면은 수직에 가까우나 가공을 용이하게 하기 위하여 3°의 경사를 주며, 나사산의 각도는 30°인 것과 45°인 것이 있다. 바이스, 나사 잭 등에 사용된다.

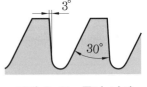

그림 2-11 톱니 나사

## (4) 둥근나사(round thread)

둥근나사는 그림 2-12와 같이 나사산과 골을 반지름이 같은 원호로 이은 모양을 하고 있으며 **원형 나사** 또는 **너클 나사**(knucle thread)라고도 한다. 박판의 원통을 전조(轉造, form rolling)하여 만들며, 전구의 꼭지쇠, 또는 먼지나 모래 등이 들어가기 쉬운 경우에 사용된다. 원호의 접속점인 변곡점에서의 접선이 만드는 각은 피치에 따라 달라지기도

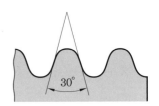

그림 2-12 둥근나사

하지만 KS의 전기부문 규격에서는 75°~93°로 하고 있다. 이동나사로 사용하는 것은 원호의 접속부에 직선부분을 넣는 것이 좋으며, DIN 규격에서는 30°사다리꼴 나사의 산봉우리와 골 밑을 같은 반지름의 원호로 이은 모양을 규정하고 있다.

## (5) 볼나사(ball screw)

볼나사는 그림 2-13(a)와 같이 나사 축과 너트의 사이에 여러 개의 볼을 넣어서 볼이 나선 홈을 따라 구름 운동을 하면서 순환하도록 한 나사이다. 따라서 볼나사는 종래(從來)의 미끄럼마찰을 구름마찰로 변환시켜 마찰을 최소화한 나사로서 90 % 이상의 높은 전달 효율을 갖고 있으며, 백래시(backlash)도 작아 정밀 이송 장치, 공작기계의 이송 나사 등에 널리 사용되고 있다.

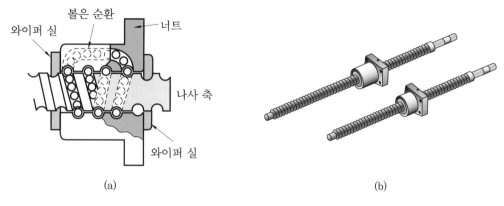

그림 2-13  볼나사

볼나사에서 볼은 나사 피치의 0.6배가 되는 지름의 볼을 사용하며, 다음과 같은 방법으로 백래시를 제거한다.

① 나사 홈을 볼보다 3~5 % 큰 반지름을 갖는 반원형으로 하고 45°의 접촉각을 갖도록 조립한다.

② 가공이 어렵지만 그림 2-14(a)와 같이 오지브(ogive)형의 나사 홈을 사용하여 적당한 볼을 선택한 후, 그림 (b)와 같이 이중 너트로 예압(豫壓)을 부여한다.

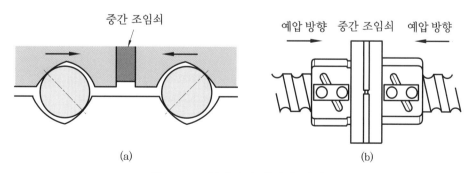

그림 2-14  볼나사의 백래시 제거

# 3. 나사의 규격과 등급

**3-1** ◦ 나사의 규격

　나사는 기계요소들 중 가장 많이 사용되는 부품으로서 사용의 호환성(互換性)이 요구 되므로, 나사의 모양, 지름, 피치 등에 대하여 표준 규격화하고 있는데, 나사의 종류와 크기를 일정한 약속에 의하여 표시하는 것을 **나사의 호칭**(呼稱)이라 한다.

　나사의 호칭은 나사의 종류 기호와 함께 수나사의 바깥지름으로 표시하며, 암나사에 있어서는 끼워 맞춰지는 수나사의 바깥지름으로 표시한다. 표 2-7은 나사의 종류, 기호 및 나사의 호칭에 대한 표시방법을 나타낸 것이다.

**표 2-7　나사의 종류, 기호 및 나사의 호칭에 대한 표시방법**

| 구 분 | | 나사의 종류 | | 나사 종류 기호 | 나사의 호칭에 대한 표시 방법 | 관련 규격 |
|---|---|---|---|---|---|---|
| 일반용 | ISO 규격에 있는 것 | 미터 보통나사 | | M | M8 | KS B 0201 |
| | | 미터 가는나사 | | | M8×1 | KS B 0204 |
| | | 미니어처 나사 | | S | S0.5 | KS B 0228 |
| | | 유니파이 보통나사 | | UNC | 3/8-16UNC | KS B 0203 |
| | | 유니파이 가는나사 | | UNF | NO. 8-36UNF | KS B 0206 |
| | | 미터 사다리꼴 나사 | | Tr | Tr10×2 | KS B 0229 |
| | | 관용 테이퍼 나사 | 테이퍼 수나사 | R | R3/4 | KS B 0222 |
| | | | 테이퍼 암나사 | Rc | Rc3/4 | |
| | | | 평행 암나사 | Rp | Rp3/4 | |
| | | 관용 평행나사 | | G | G1/2 | KS B 0221 |
| | ISO 규격에 없는 것 | 30° 사다리꼴 나사 | | TM | TM18 | KS B 0227 |
| | | 29° 사다리꼴 나사 | | TW | TW20 | KS B 0226 |
| | | 관용 테이퍼 나사 | 테이퍼 나사 | PT | PT7 | KS B 0222 |
| | | | 평행 암나사 | PS | PS7 | |
| | | 관용 평행나사 | | PF | PF7 | KS B 0221 |

## (1) 나사의 표시방법 구성

| 나사산의 감김 방향 | 나사산의 줄 수 | 나사의 호칭 | — | 나사의 등급 |

## (2) 나사의 호칭방법

① 피치를 mm로 표시하는 나사의 경우

| 나사의 종류 표시기호 | 나사의 지름을 표시하는 숫자 | × | 피치 |

동일한 지름에 대하여 피치가 하나만 규정되어 있는 나사에서는 원칙적으로 피치를 생략한다.

② 피치를 1인치 당 산의 수로 표시하는 나사의 경우(단, 유니파이 나사는 제외)

| 나사의 종류 표시기호 | 나사의 지름을 표시하는 숫자 | 산 | 1인치당 산의 수 |

동일한 지름에 대하여 피치가 하나만 규정되어 있는 나사에서는 원칙적으로 산의 수를 생략한다. 또한 혼동될 우려가 없을 때는 '산' 대신에 하이픈(hyphen) '-'을 사용할 수 있다.

③ 유니파이 나사의 경우

| 나사의 지름을 표시하는 숫자 또는 번호 | — | 1인치당 산의 수 | 나사의 종류 표시기호 |

④ 나사의 표시 예

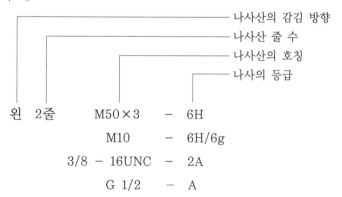

```
                                        나사산의 감김 방향
                                        나사산 줄 수
                                        나사산의 호칭
                                        나사의 등급

  왼  2줄    M50×3   -   6H
             M10     -   6H/6g
      3/8 - 16UNC    -   2A
        G 1/2        -   A
```

## 3-2 ⊶ 나사의 등급

나사의 정밀도를 나타내는 나사의 등급은 KS에서 주로 체결용으로 사용하는 나사에 대하여 수나사의 바깥지름, 유효지름, 골지름의 치수 차 및 공차(公差, allowance)에 의하여 규정하고 있다.

표 2-8은 미터 보통나사와 유니파이 나사의 등급을 나타낸 것이다.

표 2-8  나사의 등급

| 명칭 | | | 나사의 등급 | | |
|---|---|---|---|---|---|
| 나사의 종류 | 구 분 | | | | |
| | JIS | | 1급 | 2급 | 3급 |
| 미터 보통나사 | KS ISO | 수나사 | 4h | 6h, 6g | 8g |
| | | 암나사 | 4H, 5H | 5H, 6H | 7H |
| 유니파이 나사 | KS ISO | 수나사 | 3A | 2A | 1A |
| | | 암나사 | 3B | 2B | 1B |
| 용 도 | | | 정밀용 | 일반기계용 | 건축공사용 |

# 4. 나사의 설계

## 4-1 ⊶ 나사를 돌리는 데 필요한 힘과 토크

나사를 죈다는 것은 그림 2-15(a)와 같이 $W$의 무게를 갖는 물체에 나사의 축선(軸線)과 직각방향으로 힘 $P$를 가하여 밀어 올리거나 밀어 내리는 것과 같이 생각할 수 있다. 사각나사와 삼각나사에서의 역학적 관계는 다음과 같다.

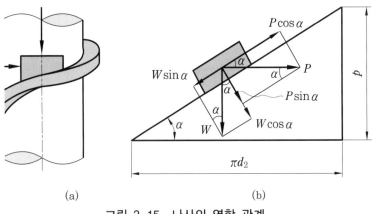

(a)                    (b)

그림 2-15  나사의 역학 관계

## (1) 사각나사

그림 2-15(b)에서 $W$는 축 방향 하중, $P$는 유효지름 위치에서 나사를 돌리는 데 필요한 힘, $d_2$는 유효지름, $\alpha$는 리드각, $\mu$는 나사산 접촉면에서의 마찰계수, $\rho$는 마찰각($\mu = \tan\rho$), $p$는 피치일 때, 경사면에서 힘의 평형상태를 유지한다면 경사면 방향의 모든 힘의 합과 마찰력(정지력)이 같아야 하므로

$$P\cos\alpha - W\sin\alpha = \mu(W\cos\alpha + P\sin\alpha)$$
$$P(\cos\alpha - \mu\sin\alpha) = W(\mu\cos\alpha + \sin\alpha)$$
$$\therefore P = W \cdot \frac{\mu\cos\alpha + \sin\alpha}{\cos\alpha - \mu\sin\alpha}$$
$$= W \cdot \frac{\tan\rho \cdot \cos\alpha + \sin\alpha}{\cos\alpha - \tan\rho \cdot \sin\alpha}$$

가 된다. 위 식에서 분모, 분자를 각각 $\cos\alpha$로 나누면

$$P = W \cdot \frac{\tan\rho + \dfrac{\sin\alpha}{\cos\alpha}}{1 - \tan\rho \cdot \dfrac{\sin\alpha}{\cos\alpha}} = W \cdot \frac{\tan\rho + \tan\alpha}{1 - \tan\rho \cdot \tan\alpha} \quad \text{................................(A)}$$

여기서, 두 각의 합과 차에 관한 공식 $\tan(x \pm y) = \dfrac{\tan x \pm \tan y}{1 \mp \tan x \cdot \tan y}$ 로부터

$$P = W\tan(\rho + \alpha) \quad \text{.........................................................(2-5)}$$

가 된다. 또, $\tan\alpha = \dfrac{p}{\pi d_2}$, $\tan\rho = \mu$이므로 식 (A)를 다시 쓰면

$$P = W \cdot \frac{\mu + \dfrac{p}{\pi d_2}}{1 - \dfrac{\mu p}{\pi d_2}} = W \cdot \frac{\mu\pi d_2 + p}{\pi d_2 - \mu p} \quad \text{................................(2-6)}$$

식 (2-5)와 (2-6)에서 나사면에서의 마찰력을 이기고 나사를 돌리는 데 필요한 토크(torque) $T$는

$$T = P \cdot \frac{d_2}{2} \text{에서}$$

$$T = W \cdot \tan(\rho + \alpha)\frac{d_2}{2} = W \cdot \frac{\mu\pi d_2 + p}{\pi d_2 - \mu p} \cdot \frac{d_2}{2} \quad \text{.................} \quad (2\text{-}7)$$

또, 나사를 푼다는 것은 방향이 반대이므로 나사를 푸는 힘 $P'$는 식 (2-5)에서

$$P' = -W \cdot \tan(\alpha - \rho) = W \cdot \tan(\rho - \alpha) \quad \text{.....................} \quad (2\text{-}8)$$

따라서 나사를 푸는 데 필요한 토크 $T'$는

$$T' = P' \cdot \frac{d_2}{2} = W \cdot \frac{d_2}{2}\tan(\rho - \alpha) \quad \text{...................} \quad (2\text{-}9)$$

또, 식 (2-8)에서

$\rho = \alpha$ 이면 $P' = 0$

$\rho > \alpha$ 이면 $P' > 0$  즉, 나사를 푸는 데 힘이 필요하고,

$\rho < \alpha$ 이면 $P' < 0$  즉, 나사는 저절로 풀린다.

따라서 나사가 저절로 풀리지 않기 위한 **나사의 자립조건**은

$$\rho \geqq \alpha \quad \text{.............................................} \quad (2\text{-}10)$$

이어야 한다.

그림 2-16과 같이 축 방향으로 $W$의 축하중을 받는 나
사 잭(screw jack)에서 팔의 길이 $L$인 핸들을 $F$의 힘으
로 돌릴 때 필요한 토크 $T_s$는

$$T_s = FL$$

이다. $T_s$는 식 (2-7)의 나사 접촉면에서의 마찰력을 이
기고 돌리는 데 필요한 토크 $T$와 최소한 같거나 커야 하
므로

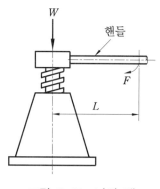

**그림 2-16 나사 잭**

$$\left.\begin{aligned}T_s = FL &= W\tan(\rho + \alpha) \cdot \frac{d_2}{2} \\ &= W \cdot \frac{\mu\pi d_2 + p}{\pi d_2 - \mu p} \cdot \frac{d_2}{2}\end{aligned}\right\} \quad \text{.................} \quad (2\text{-}11)$$

식 (2-11)로부터 핸들에 가하는 힘 $F$, 또는 핸들의 길이 $L$을 구할 수 있다.

또, 그림 2-17과 같이 길이 $L$인 스패너로 너트(또는 볼트)를 $F$의 힘으로 돌리면 볼트에는 축 방향으로 $W$의 인장력이 발생하게 되고, 이 힘에 의하여 물체와 접촉하고 있는 너트 자리면에도 $W$의 압축력이 작용하게 된다. 이때, 너트 자리면의 평균 반지름을 $R$, 마찰계수를 $\mu'$라 하면, 스패너를 돌리는 데 필요한 토크 $T_s$는 너트와 볼트의 나사 접촉면에서의 마찰력을 이기고 회전시키는 데 필요한 토크 $T$와, 너트 자리면에서 발생하는 마찰력을 이기고 회전시키는 데 필요한 토크 $T_n$을 합한 값보다 최소한 같거나 커야 한다. 따라서

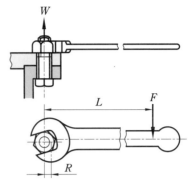

**그림 2-17 볼트와 너트의 체결**

$$T = W \tan(\rho + \alpha) \cdot \frac{d_2}{2} = W \cdot \frac{\mu \pi d_2 + p}{\pi d_2 - \mu p} \cdot \frac{d_2}{2}$$

$$T_n = \mu' W R$$

이므로, 스패너를 돌리는 데 필요한 토크 $T_s$는

$$T_s = FL = T + T_n \quad \cdots\cdots\cdots\cdots\cdots\cdots\cdots\cdots\cdots\cdots\cdots\cdots\cdots\cdots (2\text{-}12)$$

위 식으로부터 핸들에 가하는 힘 $F$, 또는 핸들의 길이 $L$을 구할 수 있다.

## (2) 삼각나사

삼각나사의 산은 사각나사와 다르게 경사면으로 되어 있다. 그림 2-18에서 나사의 축선 방향으로 작용하는 힘 $W$는 경사면에 $\dfrac{W}{\cos\beta}$의 힘으로 작용하게 되므로 마찰력은 다음과 같다.

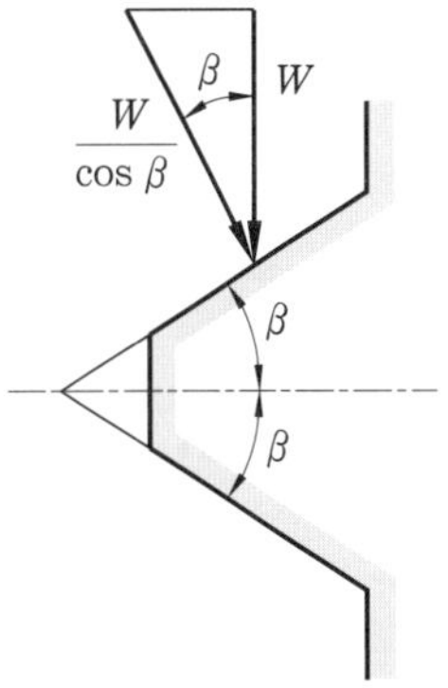

$$\text{마찰력} = \mu \cdot \frac{W}{\cos\beta} = \mu' W$$

여기서, $\mu' = \dfrac{\mu}{\cos\beta} = \tan\rho'$를 **상당 마찰계수**라 하며, $\rho'$를 **상당 마찰각**이라고 한다.

따라서 나사를 죄는 데 필요한 힘 $P$는 식 (2-5)에서

$$P = W \tan(\rho' + \alpha) \quad \cdots\cdots\cdots\cdots\cdots\cdots\cdots\cdots\cdots\cdots\cdots\cdots (2\text{-}13)$$

**그림 2-18
삼각나사의 수직력**

가 되고, 나사를 푸는 데 필요한 힘 $P'$는

$$P' = W \tan(\rho' - \alpha) \quad \text{······························(2-14)}$$

가 된다.

### Q 예제 2-3

20 kN을 올리는 나사 잭이 있다. 그 피치가 5 mm, 핸들의 길이가 75 cm 일 때 이것을 올리려면 핸들 끝에 몇 N 의 힘을 작용시켜야 하는가? (단, 나사의 유효지름은 44.752 mm 이고 마찰계수는 0.1이다.)

**해설** 먼저, 나사의 유효지름 위치에서 나사를 돌리는 데 필요한 힘 $P$ 를 구하면

$$P = W \cdot \frac{\mu \pi d_2 + p}{\pi d_2 - \mu p} = 20000 \times \frac{0.1 \times 3.14 \times 44.752 + 5}{3.14 \times 44.752 - 0.1 \times 5} = 2721.32 \, \text{N}$$

핸들의 길이를 $L$, 핸들 끝에 작용시킬 힘을 $F$ 라 하면 나사를 돌려서 죄는 데 필요한 토크(torque) $T$ 는

$$T = P \cdot \frac{d_2}{2} = FL \text{에서}$$

$$F = P \cdot \frac{d_2}{2L} = 2721.32 \times \frac{44.752}{2 \times 750} = 81.19 \, \text{N}$$

### 4-2 ○ 나사의 효율($\eta$)

나사를 회전시키면서 한 일량 중 마찰에 의해 손실된 일량을 제외한 유효한 일로 소비된 것이 몇 %인가를 나타내는 비율을 나사의 효율($\eta$)이라고 한다.

$$\eta = \frac{\text{나사가 이룬 일량}}{\text{나사에 준 일량}} = \frac{\text{마찰이 없는 경우의 회전력}}{\text{마찰이 있는 경우의 회전력}}$$

① 사각나사

$$\eta = \frac{W \tan \alpha}{W \tan(\rho + \alpha)} = \frac{\tan \alpha}{\tan(\rho + \alpha)} \quad \text{······························(2-15)}$$

사각나사에서 나사가 스스로 풀리지 않는 한계는 $\rho \geqq \alpha$이므로 식 (2-15)에서

$$\eta = \frac{\tan \rho}{\tan(\rho + \rho)} = \frac{\tan \rho}{\tan 2\rho}$$

위 식에 **배각의 공식** $\tan 2x = \dfrac{2\tan x}{1-\tan^2 x}$ 를 적용시키면

$$\eta = \frac{\tan\rho}{\dfrac{2\tan\rho}{1-\tan^2\rho}} = \frac{1-\tan^2\rho}{2} = \frac{1}{2} - \frac{1}{2}\tan^2\rho < 0.5$$

즉, 사각나사에서 자립상태를 유지하기 위해서는 나사의 효율은 반드시 50 % 이하이 어야 한다.

② 삼각나사

삼각나사에서의 효율은 식 (2-15)에서 마찰각 $\rho$대신 상당 마찰각 $\rho'$를 대입하여 다음과 같이 구한다.

$$\eta = \frac{W\tan\alpha}{W\tan(\rho'+\alpha)} = \frac{\tan\alpha}{\tan(\rho'+\alpha)} \quad \cdots\cdots\cdots\cdots\cdots\cdots\cdots (2-16)$$

**Q 예제 2-4**

유효지름이 37 mm 인 사각나사에서 피치 6 mm, 나사산의 높이 3 mm, 마찰계수가 0.1이라 할 때, 이 나사의 효율(%)을 구하여라.

**해설** $\tan\alpha = \dfrac{p}{\pi d_2} = \dfrac{6}{\pi \times 37} = 0.052$에서, $\alpha = \tan^{-1}0.052 = 2.977°$ 이고

$\mu = \tan\rho$에서 $\rho = \tan^{-1}\mu = \tan^{-1}0.1 = 5.711°$ 이므로

$\eta = \dfrac{\tan\alpha}{\tan(\alpha+\rho)} = \dfrac{0.052}{\tan(2.977°+5.711°)} = 0.34 = 34\%$

## 4-3 ● 나사의 강도

### (1) 볼트(bolt)의 강도와 치수

① 축 방향으로 하중을 받는 경우

그림 2-19의 아이볼트(eyebolt)와 같이 축 방향으로만 하중 $W$를 받는 경우 골지름을 $d_1$이라 하면 인장응력 $\sigma_w$는

$$\sigma_w = \frac{W}{\dfrac{\pi d_1^2}{4}} = \frac{4W}{\pi d_1^2}$$

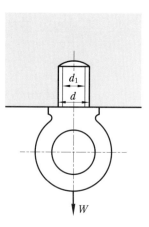

**그림 2-19 축 방향으로 하중을 받는 경우**

따라서 볼트 재료의 허용 인장응력을 $\sigma_a$라 하면 $\sigma_a \geqq \sigma_w$이어야 하므로

$$d_1 = \sqrt{\frac{4W}{\pi \sigma_a}}$$

미터나사의 경우 M5 이상에서는 $d_1 \geqq 0.8d$ 이므로 위 식을 바깥지름 $d$에 대하여 다시 쓰면

$$0.8d = \sqrt{\frac{4W}{\pi \sigma_a}}$$

$$\therefore d = \sqrt{\frac{4W}{0.8^2 \times \pi \sigma_a}} = \sqrt{\frac{2W}{\sigma_a}} \quad \cdots\cdots (2-17)$$

② 축 하중과 비틀림 모멘트를 동시에 받는 경우

스크루 잭(screw jack)이나 나사 프레스(screw press) 또는 볼트와 너트로 체결된 상태에서 너트나 볼트를 돌리면 나사면에서의 마찰로 인해 볼트는 축하중과 비틀림 모멘트를 동시에 받는다. 이때는 식 (2-17)에서 볼트가 $\left(1 + \dfrac{1}{3}\right)$배의 축하중을 받는 것으로 보고 볼트의 바깥지름 $d$를 구한다. 즉

$$d = \sqrt{\frac{2 \times \left(1 + \dfrac{1}{3}\right) W}{\sigma_a}} = \sqrt{\frac{8W}{3\sigma_a}} \quad \cdots\cdots (2-18)$$

③ 축과 직각방향으로 하중을 받는 경우

볼트는 보통 인장하중을 받는 곳에 사용되고 있지만, 때로는 그림 2-20과 같이 전단하중을 받는 경우도 있다. 이때는 되도록 나사부가 아닌 원통부가 전단을 받도록 설계한다.(리머 볼트)

그림에서 원통부 지름을 $d$, 전단하중을 $W$라 하면, 이때 볼트에 발생하는 전단응력 $\tau$는

$$\tau = \frac{W}{\frac{\pi d^2}{4}} = \frac{4W}{\pi d^2}$$

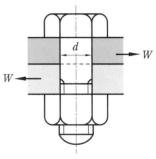

따라서 볼트 재료의 허용 전단응력을 $\tau_a$라 하면 $\tau_a \geqq \tau$
이어야 하므로

$$d = \sqrt{\frac{4W}{\pi \tau_a}} \quad \cdots\cdots\cdots\cdots\cdots\cdots\cdots\cdots\cdots\cdots (2\text{-}19)$$

그림 2-20 전단하중을 받는
볼트

## (2) 너트(nut)의 높이 설계(사각나사)

그림 2-21과 같이 사각나사에서 축하중 $W$가 나사면에 균등하게 분포된다고 가정하
고, 나사산 수를 $n$, 나사산의 접촉높이를 $h$, 피치를 $p$라 할 때, 나사산 접촉면의 평균
면 압력 $p_m$은

$$p_m = \frac{W}{n \cdot \frac{\pi(d^2 - d_1^2)}{4}} = \frac{W}{n\pi \cdot \frac{(d-d_1)}{2} \cdot \frac{(d+d_1)}{2}} = \frac{W}{n\pi h d_2}$$

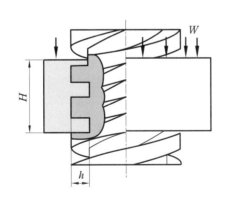
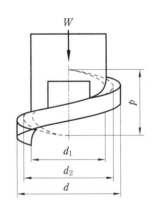

그림 2-21 너트의 높이 설계

이므로, 나사산 수 $n$은

$$n = \frac{W}{\pi d_2 h p_m}$$

가 된다. 따라서 너트 높이 $H$는 다음과 같다.

$$H = np = \frac{Wp}{\pi d_2 h p_m} \quad \text{.................................................................} (2\text{-}20)$$

표 2-9는 볼트와 너트의 재료별 허용 접촉면 압력을 나타낸 것이다.

**표 2-9 볼트 및 너트의 허용 접촉면 압력**

| 재　료 | | 허용 접촉면 압력(MPa) | |
|---|---|---|---|
| 볼　트 | 너　트 | 결합용 | 운동용 |
| 연　강 | 연강 또는 청동 | 30 | 10 |
| 경　강 | 연강 또는 청동 | 40 | 13 |
| 경　강 | 주　철 | 15 | 5 |

**Q 예제 2-5**

그림과 같은 연강재 훅(hook)으로 하중 $W = 50\,\text{kN}$을 지지하기 위한 나사부의 바깥지름 $d$를 구하여라.(단, 연강재 훅의 허용 인장응력은 $60\,\text{MPa}$이다.)

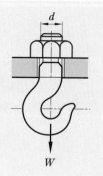

**해설** $d = \sqrt{\dfrac{2W}{\sigma_a}} = \sqrt{\dfrac{2 \times 50 \times 10^3}{60}} = 40.82 \fallingdotseq 41\,\text{mm}$

**Q 예제 2-6**

$40\,\text{kN}$의 축 방향 하중과 비틀림을 동시에 받는 체결용 나사의 바깥지름을 구하여라. (단, 나사의 허용 인장응력은 $48\,\text{MPa}$이다.)

**해설** $d = \sqrt{\dfrac{8W}{3\sigma_a}} = \sqrt{\dfrac{8 \times 40 \times 10^3}{3 \times 48}} = 47.14 \fallingdotseq 48\,\text{mm}$

**Q 예제 2-7**

$25\,\text{kN}$의 축하중을 받는 사각나사가 너트로 지지되고 있다. 이 나사의 유효지름은 $39.08\,\text{mm}$, 피치 $6\,\text{mm}$, 너트와 접촉하고 있는 산의 높이가 $2.5\,\text{mm}$, 나사산의 허용 접촉면 압력이 $10\,\text{MPa}$일 때, 너트의 높이를 구하여라.

**해설** $H = \dfrac{Wp}{\pi d_2 h p_m} = \dfrac{25 \times 10^3 \times 6}{3.14 \times 39.08 \times 2.5 \times 10} = 48.9 \fallingdotseq 49\,\text{mm}$

# 5. 나사 부품

나사 부품에는 체결용 볼트와 너트, 각종 멈춤나사(set screw), 홈 붙이 작은나사 등이 있으며, 필요에 따라 이것들과 함께 사용되는 와셔(washer), 풀림 방지 부품 등이 있다. 나사 부품의 대부분은 KS 규격으로 제정되어 있다.

## 5-1 ο 볼 트

### (1) 6각 볼트

볼트는 주로 6각 볼트가 가장 많이 사용되고 있으며, 재료로는 인장강도 $\sigma = 340 \sim 450$ MPa, 연신율 15~30 %의 냉간 인발재 연강이 사용되고 있다. 그러나 부식을 염려할 때에는 황동, 청동 또는 스테인리스 강(stainless steel) 등을 사용하면 된다.

볼트는 모양, 기능, 용도 등에 따라 여러 가지로 분류할 수 있으며, 육각 볼트에는 그림 2-22와 같이 **호칭지름 6각 볼트, 유효지름 6각 볼트, 온나사 6각 볼트** 등 3종류가 있다.

(a) 호칭지름 6각 볼트　　(b) 유효지름 6각 볼트　　(c) 온나사 6각 볼트

그림 2-22　6각 볼트 종류

① 호칭지름 6각 볼트 : 볼트의 축 부분이 나사부와 원통부로 되어 있고, 원통부의 지름이 대략 호칭지름과 같은 6각 볼트이다.
② 유효지름 6각 볼트 : 볼트의 축 부분이 나사부와 원통부로 되어 있고, 원통부의 지름이 대략 유효지름과 같은 6각 볼트이다.
③ 온나사 6각 볼트 : 볼트의 전체가 나사부로 되어 있는 6각 볼트이다.

또 등급은 표 2-10과 같이 부품 등급(나사 등급)과 기계적 성질의 강도 구분을 조합한 것으로 나타낸다.

표 2-10  6각 볼트의 등급과 강도 구분

| 볼트의 종류 | 재 료 | 등 급 | |
|---|---|---|---|
| | | 부품 등급 | 강도 구분 |
| 호칭지름 6각 볼트 | 강 | A, B | 8.8 |
| | | C | 4.6, 4.8 |
| | 스테인리스강 | A, B | A2-70 |
| | 비철금속 | A, B | - |
| 유효지름 6각 볼트 | 강 | B | 5.8, 8.8 |
| | 스테인리스강 | | A2-70 |
| | 비철금속 | | - |
| 온나사 6각 볼트 | 강 | A, B | 8.8 |
| | | C | 4.6, 4.8 |
| | 스테인리스강 | A, B | A2-70 |
| | 비철금속 | A, B | - |

표 2-10의 강도 구분에서 8.8의 8은 호칭 인장강도(MPa)의 $\frac{1}{100}$ 값으로서 볼트의 인장강도가 800 MPa 이상을 나타내는 것이며, 소수점 아래 8은 호칭 항복강도(MPa)가 호칭 인장강도의 80 %임을 의미한다. 특히 800 MPa 이상의 강도를 갖는 볼트를 **고장력**(高張力) **볼트**라고 하며, 철골 구조물, 교량 등에 사용하고 있다.

또, 스테인리스강 재료의 A2-70에서 A는 오스테나이트(austenite), 숫자 2는 화학적 성분을 나타내는 값으로 1~5가 있으며, 70은 최소 인장강도 700 MPa의 $\frac{1}{10}$을 의미한다. 표 2-11은 고장력 볼트의 기계적 성질을 나타낸 것이다.

표 2-11  고장력 볼트의 기계적 성질

| 등 급 | 항복강도 (MPa) | 인장강도 (MPa) | 장기응력(MPa) | |
|---|---|---|---|---|
| | | | 허용 인장응력 | 허용 전단응력 |
| F8T | 640 | 800~1000 | 245 | 120 |
| F10T | 900 | 1000~1200 | 305 | 150 |
| F11T | 990 | 1100~1300 | 325 | 160 |
| F13T | 1170 | 1300~1500 | 380 | 180 |

## (2) 죔 볼트

두 물체 이상을 체결하여 조이는 죔 볼트에는 사용방법에 따라 다음의 세 가지 종류가 있다.

### ① 관통 볼트(through bolt)

그림 2-23(a)와 같이 체결하려는 2개의 부분에 구멍을 뚫고, 여기에 볼트를 관통시킨 다음 너트로 죄어 체결한다.

### ② 탭 볼트(tap bolt)

그림 2-23(b)와 같이 체결하려는 부분이 두꺼워서 관통 구멍을 뚫을 수 없을 때, 너트를 사용하지 않고 체결하려는 상대 쪽에 암나사를 내고 머리 붙이 볼트로 나사 박음하여 체결한다.

### ③ 스터드 볼트(stud bolt)

그림 2-23(c)와 같이 관통 볼트를 사용할 수 없을 때 사용하는 것으로서, 둥근 봉의 양끝에 나사를 깎은 머리 없는 볼트로 한 쪽 끝을 암나사 부분에 미리 반영구적으로 나사 박음하고, 다른 끝에는 너트를 끼워서 체결한다.

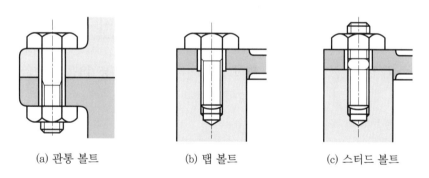

(a) 관통 볼트          (b) 탭 볼트          (c) 스터드 볼트

**그림 2-23 죔 볼트의 종류**

## (3) 특수 볼트

특수 볼트에는 그림 2-24와 같이 사용하는 목적에 따라 여러 종류가 있다.

### ① 아이 볼트(eye bolt)

그림 2-24(a)와 같이 볼트 머리 부분에 고리(ring)가 달려 있어 기계 설비 등 큰 중량물을 들어 올리거나 이동할 때, 로프(rope)나 체인(chain) 또는 훅(hook)을 걸 수 있도록 한 볼트이다.

### ② 나비 볼트(wing bolt)

그림 2-24(b)와 같이 볼트의 머리 부분을 나비 모양으로 하여 스패너(spanner)와 같은 공구 없이도 손으로 조이고 풀 수 있게 한 볼트이다.

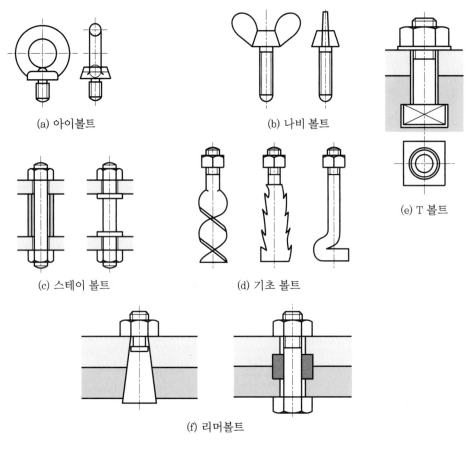

(a) 아이볼트    (b) 나비 볼트    (e) T 볼트

(c) 스테이 볼트    (d) 기초 볼트

(f) 리머볼트

그림 2-24   특수 볼트

③ 스테이 볼트(stay bolt)

간격 유지 볼트라고도 하며, 두 물체 사이의 거리를 일정한 간격으로 유지시킬 때 사용한다. 스테이 볼트는 그림 2-24(c)와 같이 중간에 링(ring)을 끼우는 방법과 볼트에 원하는 간격 위치에 턱을 만들어 사용하는 방법이 있다.

④ 기초 볼트(foundation bolt)

기계나 구조물 등을 콘크리트 바닥에 설치하는 데 사용한다. 볼트가 콘크리트에 묻혔을 때 빠져나오지 않도록 그림 2-24(d)와 같이 한쪽 끝을 여러 가지 형태로 만들고, 다른 한쪽 끝은 수나사로 되어 있어 기계나 구조물을 설치한 후 너트 등으로 고정할 수 있게 되어 있다.

⑤ T 볼트

그림 2-24(e)와 같이 나사부 반대쪽을 T자 형태로 만들어 공작기계의 테이블(table) T홈에 끼워서 원하는 위치에 공작물과 바이스(vise)를 고정시킬 때 사용한다.

⑥ 리머 볼트(reamer bolt)

전단력을 받는 곳에 사용하는 볼트로서, 전단면이 나사 부에 걸리지 않도록 하여야 하며, 볼트의 굽힘을 방지하기 위하여 볼트 구멍은 리머 다듬질하여 중간 또는 억지 끼워 맞춤을 한다.

## 5-2 ○ 너 트

### (1) 6각 너트

가장 많이 사용하는 너트로 6각 모양으로 되어 있으며, 그림 2-25(a)와 같이 다양한 종류의 너트가 있다.

### (2) 특수 너트

① 사각 너트(square nut)

겉모양이 사각형인 너트로서, 주로 목재에 많이 사용한다.

② 6각 캡 너트(cap nut)

나사면에서 증기나 기름이 새는 것을 방지하거나, 외부에서 먼지 등이 들어가는 것을 방지하기 위하여 사용한다.

③ 아이 너트(eye nut)

머리에 링(ring)이 달린 너트로서, 아이볼트와 같은 목적으로 쓰인다.

④ 나비 너트(wing nut)

나비 모양의 손잡이를 붙여 스패너와 같은 공구를 사용하지 않고 손으로 조이고 풀 수 있는 너트이다.

⑤ 와셔 붙이 너트(washer nut)

너트의 밑면에 넓은 원형의 플랜지(flange)가 붙어 있는 너트로서 볼트 구멍이 큰 경우, 또는 접촉 면압(面壓)을 작게 하고자 하는 경우에 와셔의 역할을 겸한 너트이다.

⑥ T너트

T자 모양의 너트로서, T홈 볼트와 같은 목적으로 쓰인다.

⑦ 원형 너트(ring nut)

다음의 홈붙이 둥근 너트와 같은 목적에 사용된다.

① 1종 　 ② 2종 　 ③ 3종 　 ④ 4종

(a) 6각 너트 　　　　　　　　　　 (b) 4각 너트 　　 (c) 6각 캡 너트

(d) 아이 너트 　　 (e) 나비 너트 　　 (f) 와셔 붙이 너트 　 (g) T 너트 　　 (h) 원형 너트

(i) 홈붙이 둥근 너트 　 (j) 슬리브 너트 　 (k) 손잡이 너트

오른나사 　　　　　　　　 왼나사

(l) 플레이트 너트 　　　　 (m) 턴 버클 　　　　 (n) 스프링 판 너트

그림 2-25 너트의 종류

⑧ 홈붙이 둥근 너트(grooved ring nut)

원주 둘레에 홈이 파져 있는 너트로 베어링과 같이 수평 또는 수직 등 정확한 위치로 부품을 지지하려고 할 때, 또는 너트를 외부에 돌출시키지 않으려고 할 때 사용된다. 그러나 이 너트를 죄는 데에는 이에 맞는 특수한 스패너가 필요하다.

⑨ 슬리브 너트(sleeve nut)

머리 밑에 슬리브가 있는 너트로서, 수나사 중심선의 편심을 방지하는 데 사용한다.

⑩ 손잡이 너트(thumb nut)

나비 너트와 같은 목적에 사용되며 측면에 널링(knurling) 가공을 하거나, 손으로 잡기 편리하게 가공한 너트이다.

⑪ 플레이트 너트(plate nut)

암나사를 깎을 수 없는 얇은 판에 리벳(rivet)으로 설치하여 사용하는 너트이다.

⑫ 턴 버클(turn buckle)

그림 2-25(m)과 같이 양 끝의 암나사가 오른나사 및 왼나사로 깎여 있어서 이를 오른쪽으로 돌리면 양끝의 수나사가 안으로 끌려 들어옴으로써 수나사에 연결된 로프 등을 팽팽하게 유지할 수 있게 된다.

⑬ 스프링 판 너트

스프링 판을 굽혀서 만든 것으로서 나사 없이 수나사에 끼울 수 있으며, **스피드 너트**(speed nut)라고도 한다.

## 5-3 • 그밖의 나사

### (1) 작은 나사(cap screw or machine screw)

그림 2-26과 같이 볼트의 축 지름이 8mm 이하인 작은 나사로서, 보통 머리 부에는 드라이버(driver)로 죌 수 있도록 일자(ㅡ) 홈 또는 십자(十) 홈이 파여 있다. 힘을 많이 받지 않는 작은 부품을 체결하는 데 사용되며, 주로 연강, 또는 구리 합금 등의 재질로 되어 있다.

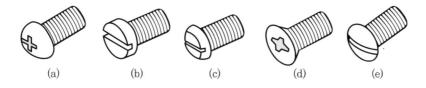

(a)　　　　(b)　　　　(c)　　　　(d)　　　　(e)

(a) 십자(+) 홈 둥근머리 작은나사　　　(b) 일자(ㅡ) 홈 납작머리 작은나사
(c) 냄비머리 작은나사　　　　　　　　(d) 십자 홈 접시머리 작은나사
(e) 홈달린 둥근접시머리 작은나사

그림 2-26  작은 나사

### (2) 멈춤 나사(set screw)

**누름 나사**라고도 하며, 나사 끝이 담금질되어 있다. 그림 2-27과 같이 축에 설치되는 회전체(기어, 풀리 등)의 위치 조정 또는 고정용으로 사용된다. 나사 끝의 마찰, 걸림 등에 의하여 정지작용을 하기 때문에 큰 힘을 받지 못한다.

일자홈    육각 구멍붙이 너트    사각

그림 2-27 멈춤 나사

### (3) 나사 못(wood screw)

그림 2-28과 같이 나사 부가 긴 원추 모양으로 되어 있고, 목재와 같이 연(軟)한 재료에 나사를 박을 때 사용한다.

### (4) 태핑 나사(tapping screw)

그림 2-29와 같이 침탄(浸炭) 담금질한 일종의 작은 나사로서, 암나사 쪽은 나사 구멍만을 뚫고 스스로 나사를 내면서 죄는 것이다.

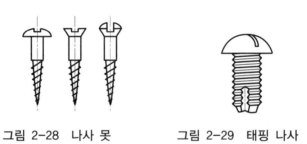

그림 2-28 나사 못        그림 2-29 태핑 나사

## 5-4 ○ 와 셔

너트나 볼트 밑에 끼워서 함께 죄어지는 것을 와셔(washer)라고 한다. 그림 2-30은 와셔의 종류를 나타내며, 다음과 같은 경우에 사용한다.

① 볼트 구멍이 클 때[그림 2-31(a)]
② 너트가 닿는 자리 면이 거칠거나, 기울어져 있을 때[그림 2-31(b)]
③ 자리 면의 재료가 연질(경금속, 플라스틱, 목재 등)이어서 볼트의 체결 압력에 견디기 어려울 때[그림 2-31(c)]

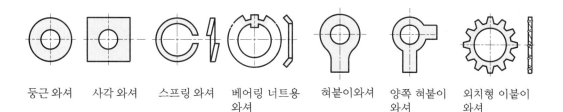

둥근 와셔　사각 와셔　스프링 와셔　베어링 너트용 와셔　혀붙이와셔　양쪽 혀붙이 와셔　외치형 이붙이 와셔

그림 2-30　와셔의 종류

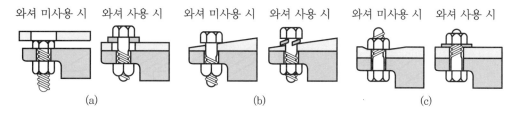

와셔 미사용 시　와셔 사용 시　와셔 미사용 시　와셔 사용 시　와셔 미사용 시　와셔 사용 시

(a)　　　　　(b)　　　　　(c)

그림 2-31　와셔의 사용 예

# 6. 너트의 풀림 방지

볼트에 체결된 너트는 나사의 접촉면 또는 너트의 접촉면에 생기는 마찰력에 의하여 고정되어 있다. 그러나 너트가 진동이나 충격을 받게 되면 순간적으로 접촉면의 압력이 감소하여 마찰력이 거의 없어지고, 결국 너트는 풀리게 되어 체결력을 잃게 된다. 따라서 다음과 같은 방법에 의하여 너트의 풀림을 방지한다.

① 와셔를 이용한 방법 : 그림 2-32(a)와 같이 스프링 와셔나 이붙이 와셔, 혀붙이 와셔 등의 특수 와셔를 사용하여 너트가 풀리지 못하게 한다.

② 로크 너트(lock nut)를 이용한 방법 : 그림 2-32(b)와 같이 2개의 너트를 충분히 죈 다음, 아래 너트를 약간 풀어 2개의 너트가 서로 미는 상태를 만들어서 나사면의 접촉 압력을 크게 하여 너트가 풀리지 않도록 한다. 이때 아래쪽의 너트를 **로크 너트**라 한다.

③ 자동 죔 너트를 이용한 방법 : 그림 2-32(c)와 같이 너트의 끝 부분을 분할시켜 탄성력에 의해 볼트를 조여 나사면의 접촉 압력을 유지시켜 너트가 풀리지 않도록 한다.

④ 핀, 작은 나사, 멈춤 나사를 이용한 방법 : 그림 2-32(d)와 같이 너트와 볼트에 핀 등을 사용하여 너트가 풀리지 못하게 한 것으로, 이 방법은 너트가 죄어져 끝나는 위치에 제한을 받고, 볼트의 강도가 약해지는 단점이 있다.

⑤ 철사(wire)를 이용한 방법 : 그림 2-32(e)와 같이 철사로 주위에 있는 너트와 서로 연결하여 감아 매어서 너트가 풀리지 않도록 한다.

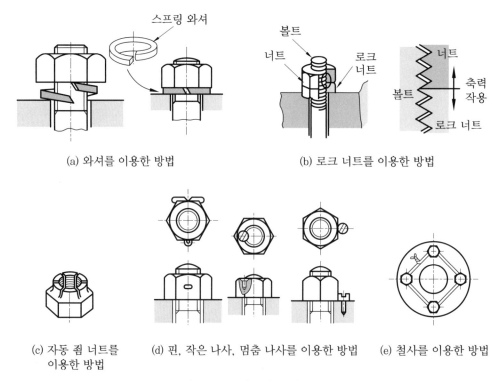

(a) 와셔를 이용한 방법

(b) 로크 너트를 이용한 방법

(c) 자동 죔 너트를 이용한 방법

(d) 핀, 작은 나사, 멈춤 나사를 이용한 방법

(e) 철사를 이용한 방법

**그림 2-32  너트의 풀림 방지**

1. 피치가 1 mm인 2줄 나사에서 90° 회전시키면 나사가 움직인 거리는 몇 mm인가?

2. 유효지름 50 mm로서 30 mm를 전진하는데 2회전을 요하는 사각나사로 하중 $W$를 들어올리는 데 사용하려고 한다. 200 mm 레버를 가진 스패너로 40 N의 힘으로 너트를 돌릴 때, 들어올릴 수 있는 하중 $W$를 구하여라.(단, 마찰계수 $\mu = 0.13$, 너트 자리면의 평균 반지름은 40 mm이다.)

3. 유효지름이 63.5 mm, 피치가 3.17 mm인 나사 잭으로 8000 N의 무게를 들어올리려고 할 때, 레버를 돌리는 힘이 30 N, 마찰계수가 0.1이라면 레버 길이는 몇 mm로 하여야 하는가?

4. 피치가 6 mm인 사각나사에 3 kN의 하중이 걸리고 있다. 여기에 7 J의 토크가 작용할 때 이 나사의 효율은 얼마인가?

5. 5000 N을 지탱할 수 있는 훅 나사 부의 바깥지름은 몇 mm인가?(단, 허용응력은 60 MPa이다.)

6. 150 kN의 인장하중을 받는 볼트의 바깥지름을 구하여라.(단, 안전율은 3, 최대 인장응력은 540 MPa이다.)

7. M22 볼트(골의 지름 19.294 mm)가 오른쪽 그림과 같이 두 장의 강판을 고정하고 있다. 체결 볼트의 허용 전단응력이 39.25 MPa이라면, 최대 몇 kN까지의 하중을 받을 수 있는가?

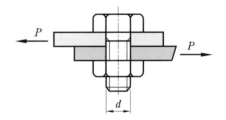

8. 안지름 400 mm, 내압(內壓) 0.1 MPa의 실린더 커버를 12개의 볼트로 체결하려고 한다. 볼트의 바깥지름은 몇 mm이어야 하는가?(단, 볼트의 허용 인장응력은 4.5 MPa 이다.)

9. 40 kN의 축 방향 하중과 비틀림을 동시에 받는 체결용 나사의 바깥지름을 구하여라.(단, 허용 인장응력은 48 MPa이다.)

10. 35 kN의 하중이 걸리는 나사 프레스에서 나사의 바깥지름이 100 mm, 골의 지름이 80 mm, 피치가 16 mm이다. 나사의 재료가 연강일 때 이에 끼울 강재의 너트 높이를 결정하여라.(단, 연강재의 허용 접촉면 압력은 10 MPa이다.)

11. 미터나사의 피치가 3 mm이고 유효지름이 22.051 mm일 때, 나사의 효율을 구하여라.(단, 마찰계수는 0.105이다.)

12. 10 kN의 하중을 올리는 나사 잭의 나사 축 바깥지름을 구하여라.(단, 나사 축의 허용응력은 60 MPa이고, 비틀림 응력은 수직응력의 $\frac{1}{3}$ 정도로 본다.)

# 키, 코터 및 핀

# 키, 코터 및 핀

# 1. 키

키(key)는 그림 3-1과 같이 축(軸)에 기어(gear), 풀리(pulley), 플라이휠(flywheel), 커플링(coupling) 등의 회전체를 고정시키고, 축과 회전체를 일체(一體)로 하여 회전을 전달시키는 기계요소로서 축 재료보다 약간 경도가 높은 재료로 만든다.(HB 250 정도, SM20C ~SM45C 이상)

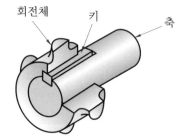

그림 3-1  키에 의한 동력 전달

## 1-1 ○ 키의 종류와 특징

### (1) 안장 키(saddle key)

그림 3-2(a)와 같이 축에는 전혀 홈을 파지 않고 보스(boss)에만 기울기 $\frac{1}{100}$ 의 키 홈을 만들어서 키를 때려 박아, 키와 축의 밀착 면에서 발생하는 마찰력으로 토크를 전달한다. 축의 강도를 저하시키지 않고 임의의 위치에 보스를 고정할 수 있다는 이점이 있으나, 마찰력에만 의지해 토크를 전달하기 때문에 큰 토크를 전달할 수 없다.

참고 보스(boss) : 핸들, 기어, 풀리 등의 회전체를 축에 끼울 때 끼우는 구멍의 가장자리를 두껍게 돌출시킨 부분, 즉 축과 접하고 있는 부분을 말한다.

### (2) 평 키(flat key)

납작 키라고도 하며 보스에는 기울기 $\frac{1}{100}$ 의 키 홈을 만들고 그림 3-2(b)와 같이 축에는 단지 키의 폭만큼 평평하게 깎아서 키를 때려 박는다. 안장 키보다 큰 토크를 전달할 수 있으나 축의 회전 방향이 교대로 변화하는 경우에는 헐거워질 우려가 있다.

### (3) 묻힘 키(sunk key)

가장 널리 사용되는 일반적인 키로서 평행 키와 경사 키가 있다. 그림 3-2(c)와 같이 축과 보스 양쪽에 모두 키 홈을 파서 회전을 전달시키므로 큰 하중을 받는 곳에 사용되며, 단면 모양으로는 정사각형 또는 직사각형이 있다. 묻힘 키는 폭×높이($b \times h$)로 호칭한다.

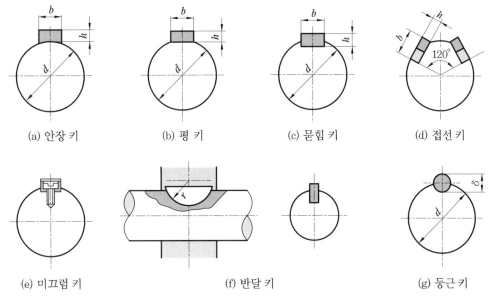

(a) 안장 키　　(b) 평 키　　(c) 묻힘 키　　(d) 접선 키

(e) 미끄럼 키　　(f) 반달 키　　(g) 둥근 키

**그림 3-2  키의 종류**

① 평행 키(parallel key)

키의 상하면(上下面)이 평행한 키이다. 축 방향으로 이동할 염려가 있으므로 키의 윗면에 멈춤 나사를 끼워 고정하며, 키를 미리 부착하므로 **심음 키**(set key)라고도 한다.

② 경사 키(taper key)

키의 윗면과 보스 키 홈의 윗면에 $\frac{1}{100}$의 기울기를 붙여 키를 때려 박기 때문에 **때려 박음 키**(driving key)라고도 한다. 경사키에는 머리가 있는 것(**비녀 키**; gibheaded key)과 없는 것이 있다. 경사 키를 사용하게 되면 보스의 중심과 축의 중심이 편심(偏心, eccentricity) 되므로 정밀도를 요하는 곳에는 부적합하다.

## (4) 접선 키(tangential key)

그림 3-2(d)와 같이 서로 반대 방향의 기울기를 갖는 2개의 키를 한 쌍으로 하여 축의 접선 방향에 때려 박은 키로서 강력한 토크를 전달하는 데 사용된다. 축과 보스의 키 홈을 묻힘 키보다 깊지 않게 할 수 있어 축의 강도를 덜 저하시킨다. 회전 방향이 한쪽 방향일 때는 1조(組, group)로 설치하나, 양쪽 방향의 경우는 중심각이 120°로 되는 위치에 2조를 설치한다. 특히, 단면이 정사각형인 키를 90°로 배치한 것을 **케네디 키**

(kennedy key)라고 한다. 키가 전달할 수 있는 토크의 크기는, 접선 키 > 묻힘 키 > 평키 > 안장 키 순이다.

## (5) 미끄럼 키(sliding key)

**페더 키**(feather key) 또는 **안내 키**라고도 하며 토크를 전달하면서 보스가 축 방향으로 미끄러질 수 있도록 한, 기울기가 없는 키이다. 일반적으로는 그림 3-2(e)와 같이 평행 키를 축에 작은 나사로 고정하여 사용하지만 보스 쪽에 키를 고정하여 사용하는 경우도 있다.

## (6) 반달 키(woodruff key)

그림 3-2(f)와 같이 축에 반달 모양의 홈을 파고 보스에는 기울기를 붙인 키 홈을 만들어 반달 모양의 키를 넣어 사용한다. 이 키는 원형 부분에서 자유로이 움직일 수 있으므로 축과 보스를 잘 들어맞게 할 수 있다. 자동차, 전동기, 공작기계 등의 테이퍼 축에 사용되나 홈의 깊이가 커 축의 강도를 저하시킬 우려가 있다.

## (7) 둥근 키(round key)

**핀 키**(pin key)라고도 하며 그림 3-2(g)와 같이 드릴 및 리머에 의하여 보스를 축에 끼운 상태로 구멍을 뚫고, 원형 단면의 작은 핀을 때려 박아 토크를 전달하는 키로서 테이퍼 핀 또는 평행 핀을 사용한다. 키 홈 때문에 축이 손상되는 일이 적으며, 가공이 쉽고 호환성을 필요로 하지 않기 때문에 핸들과 같이 전달 토크가 작은 경우 널리 사용된다.

## (8) 원뿔 키(cone key)

그림 3-3과 같이 축과 보스의 양쪽에 모두 키 홈을 파지 않고 보스 구멍을 테이퍼 구멍으로 하여 속이 빈 원뿔을 끼워서 마찰력만으로 토크를 전달하는 키로서, 축과 보스가 편심되지 않고 축의 어느 위치에나 설치할 수 있는 특징이 있다.

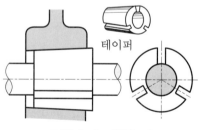

**그림 3-3 원뿔 키**

## 1-2 ● 스플라인 축과 세레이션

### (1) 스플라인

큰 토크를 전달할 때, 축에 2개 이상의 키를 사용하는 것은 바람직하지 않으므로, 그림 3-4(a)와 같이 미끄럼 키를 축과 일체(一體)로 하여 축 둘레에 몇 개의 등간격으로 배치한 스플라인 축(splined shaft)을 사용한다.(보통 스플라인 줄 수는 6개, 8개, 10개이다.) 이때, 스플라인 축에 끼워지는 상대방의 보스는 축 방향으로 이동할 수도 있다. 기어 변속 장치의 축으로서 공작기계, 자동차, 항공기 등의 동력 전달 기구에 널리 사용되고 있으며, 단면의 모양에 따라 각형(角形) 스플라인과 인벌류트 스플라인(involute spline)이 있다.

스플라인 홈
스플라인

(a) 스플라인 축　　　　　　　　　(b) 보스

**그림 3-4　스플라인**

### (2) 세레이션

그림 3-5와 같이 스플라인 축의 이[齒]를 삼각형의 산 모양으로 한 것을 세레이션(serration)이라고 한다. 이 높이를 낮게 하여 잇수를 많게 함으로써 비교적 작은 지름에 사용할 수 있으며, 같은 축 지름에서 스플라인 축보다 큰 회전력을 전달시킬 수 있다. 세레이션은 축과 보스가 끼워져 있을 뿐 축 방향으로는 이동할 수 없다.

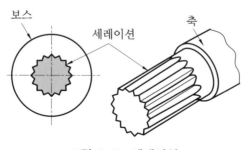

보스
세레이션
축

**그림 3-5　세레이션**

## 1-3 ○ 묻힘 키의 설계

키에 의해 토크를 전달할 때, 키에는 전단력과 압축력이 작용하게 된다. 따라서 키를 설계할 때에는 이들 전단력과 압축력에 대해 충분히 저항할 수 있도록 치수를 결정해야 한다. 여기에서는 일반적으로 가장 많이 사용되는 묻힘 키에 대해 설명하기로 한다.

그림 3-6에서 축 지름을 $d$, 키의 유효길이를 $l$, 키의 폭을 $b$, 키의 높이를 $h$, 키의 압축응력을 $\sigma_c$, 키의 전단응력을 $\tau_s$, 축의 전단응력(비틀림응력)을 $\tau_d$, 키에 작용하는 접선력(압축력)을 $P$, 키의 전달 토크(＝축의 전달 토크)를 $T$, 축의 극단면계수를 $Z_p$라 하면

① 키의 전달 토크

$$T = P \cdot \frac{d}{2} \quad \cdots\cdots\cdots (3\text{-}1)$$

② 키의 전단응력

위 식에서 $P = \dfrac{2T}{d}$ 이므로

$$\tau_s = \frac{P}{bl} = \frac{\dfrac{2T}{d}}{bl} = \frac{2T}{bld} \quad \cdots\cdots\cdots (3\text{-}2)$$

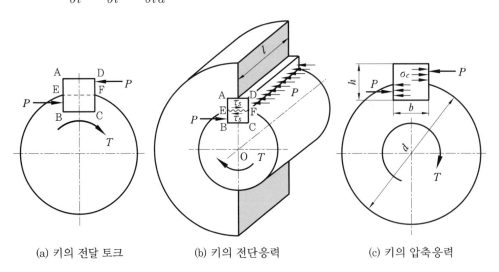

| (a) 키의 전달 토크 | (b) 키의 전단응력 | (c) 키의 압축응력 |

**그림 3-6  묻힘 키의 설계**

식 (3-2)에서 키에 발생되는 전단응력 $\tau_s$는 키 재료의 허용 전단응력 $\tau_a$보다 작거나 같아야 한다. 즉, $\tau_s \leq \tau_a$이어야 한다. 따라서

$$bl = \frac{2T}{\tau_s d} = \frac{2T}{\tau_a d}$$

③ 키의 압축응력

$$\sigma_c = \frac{P}{\frac{h}{2}l} = \frac{2P}{hl} = \frac{2 \cdot \frac{2T}{d}}{hl} = \frac{4T}{hld} \quad \cdots\cdots\cdots\cdots\cdots\cdots\cdots\cdots (3\text{-}3)$$

키의 전단응력에서와 마찬가지로 $\sigma_c \leq \sigma_a$이어야 하므로

$$hl = \frac{4T}{\sigma_c d} = \frac{4T}{\sigma_a d}$$

지금 축이 전달할 수 있는 토크 $T = \tau_d Z_P = \tau_d \cdot \frac{\pi d^3}{16}$가 전부 키의 전단 저항으로 전달된다고 가정하면, 식(3-2)에서

$$T = \tau_d \cdot \frac{\pi d^3}{16} = \frac{1}{2}\tau_s bld$$

$$\therefore \frac{b}{d} = \frac{\pi}{8} \cdot \frac{d}{l} \cdot \frac{\tau_d}{\tau_s} \quad \cdots\cdots\cdots\cdots\cdots\cdots\cdots\cdots\cdots\cdots (3\text{-}4)$$

보통 키의 길이 $l$은 때려 박을 때의 **좌굴**(挫屈, buckling)을 고려하여 $l = (1.2 \sim 1.5)d$로 잡으므로 $l = 1.5d$로 하고, $\tau_s = \tau_d$로 하면 식 (3-4)로부터

$$\frac{b}{d} = \frac{\pi}{8} \cdot \frac{d}{1.5d}$$

$$\therefore b = \frac{\pi}{12}d \fallingdotseq \frac{1}{4}d \quad \cdots\cdots\cdots\cdots\cdots\cdots\cdots\cdots\cdots\cdots (3\text{-}5)$$

**Q 예제 3-1**

폭×높이가 $10\,\text{mm} \times 8\,\text{mm}$, 길이 $80\,\text{mm}$ 되는 성크 키를 지름 $40\,\text{mm}$의 축에 장착하여 동력을 전달할 때, 최대 몇 kW를 전달할 수 있는가? (단, 키의 허용 전단응력은 $300\,\text{MPa}$이고, 축의 회전수는 $100\,\text{rpm}$ 이다.)

**해설** 먼저 키가 전달할 수 있는 토크 $T$를 구하면

$$T = \frac{bld\tau_a}{2} = \frac{10 \times 80 \times 40 \times 300}{2} = 4800 \times 10^3\,\text{N} \cdot \text{mm} = 4800\,\text{J}$$

이다. 따라서 전달동력 $H$를 구하면

$$H = \frac{2\pi nT}{60} = \frac{2 \times 3.14 \times 100 \times 4800}{60} = 50240\,\text{W} = 50.24\,\text{kW}$$

**Q 예제 3-2**

풀리의 지름이 200 mm, 전동축의 지름 50 mm에 사용하는 묻힘 키가 $b \times h \times l = 15 \times 10 \times 100$ mm 일 때, 풀리의 바깥 둘레에 5000 N의 힘을 작용하면 키에 생기는 전단응력은 몇 MPa인가?

**해설** 풀리 지름을 $D$, 축 지름을 $d$, 풀리 둘레에 작용하는 접선력을 $P_1$, 축 둘레에 작용하는 접선력을 $P_2$라 하면 전달 토크 $T$는

$$T = P_1 \cdot \frac{D}{2} = P_2 \cdot \frac{d}{2} = 5000 \times \frac{200}{2} = 5 \times 10^5 \, \text{N} \cdot \text{mm}$$

$$\therefore \tau_s = \frac{2T}{bld} = \frac{2 \times 5 \times 10^5}{15 \times 100 \times 50} = 13.33 \, \text{N/mm}^2 = 13.33 \, \text{MPa}$$

# 2. 코 터

코터(cotter)는 한쪽 또는 양쪽에 기울기가 있는 평판 모양의 쐐기로서 축 방향으로 인장력 또는 압축력을 받는 2개의 축을 일시적으로 결합시킬 때 사용하는 결합 요소이며, 피스톤 로드, 크로스헤드(crosshead) 등에 사용된다.

그림 3-7과 같이 로드(rod)를 소켓(socket)에 끼우고 코터 구멍에 코터를 때려 박아서 연결한다. 코터의 재료는 축보다 약간 경도가 높은 것을 사용하고, 코터의 기울기는 자주 분해하는 것은 $\frac{1}{5} \sim \frac{1}{10}$, 일반적인 것에는 $\frac{1}{20} \sim \frac{1}{25}$, 영구 결합의 경우는 $\frac{1}{50} \sim \frac{1}{100}$로 한다.

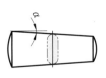
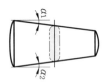

그림 3-7 코터 이음        그림 3-8 코터의 기울기

## 2-1 ○ 코터의 자립 조건

그림 3-8에서 코터의 기울기 각을 $\alpha$, 마찰각을 $\rho$ 라고 하면 사용 중 코터가 저절로 빠지지 않기 위해서는 다음의 자립 조건을 갖추어야 한다.

① 한쪽에 기울기가 있는 코터

$$\alpha \leq 2\rho \quad \text{\dotfill} \quad (3-6)$$

② 양쪽에 기울기가 있는 코터($\alpha = \alpha_1 = \alpha_2$)

$$\alpha \leq \rho \quad \text{\dotfill} \quad (3-7)$$

보통 양쪽 기울기의 코터보다 한쪽 기울기의 코터가 많이 사용된다.

## 2-2 ○ 코터 이음의 강도

코터 이음에서 그림 3-9와 같이 축 방향으로 작용하는 외력을 $P$, 축 지름을 $d_0$, 로드 지름(소켓의 안지름)을 $d$, 소켓의 바깥지름을 $D$, 코터의 두께를 $b$, 코터의 폭을 $h$ 라 하면 코터 이음의 강도는 다음의 여러 가지를 생각할 수 있다.

### (1) 압축응력

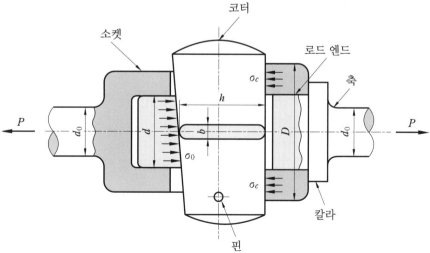

그림 3-9  코터 이음의 압축응력

① 코터와 로드가 접하는 부분에 발생하는 압축응력($\sigma_0$)

$$\sigma_0 = \frac{P}{bd} \quad\text{.................................................................................} (3\text{-}8)$$

② 코터와 소켓의 접촉 면에 발생하는 압축응력($\sigma_c$)

$$\sigma_c = \frac{P}{b(D-d)} \quad\text{.........................................................} (3\text{-}9)$$

## (2) 인장응력

① 축의 인장응력($\sigma_t$)

$$\sigma_t = \frac{P}{\dfrac{\pi d_0^{\,2}}{4}} = \frac{4P}{\pi d_0^{\,2}} \quad\text{.........................................} (3\text{-}10)$$

② 로드 유효 단면적 부분의 인장응력($\sigma_t{}'$)

$$\sigma_t{}' = \frac{P}{\dfrac{\pi d^2}{4} - bd} \quad\text{..........................................} (3\text{-}11)$$

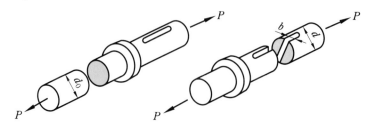

그림 3-10 로드의 인장 파괴

## (3) 전단응력

코터의 전단응력을 $\tau$, 로드 끝의 전단응력을 $\tau_r$, 소켓 끝의 전단응력을 $\tau_s$라 하면

$$\left.\begin{array}{l} \tau = \dfrac{P}{2bh} \\[2mm] \tau_r = \dfrac{P}{2h_1 d} \\[2mm] \tau_s = \dfrac{P}{2h_2(D-d)} \end{array}\right\} \quad\text{......................................} (3\text{-}12)$$

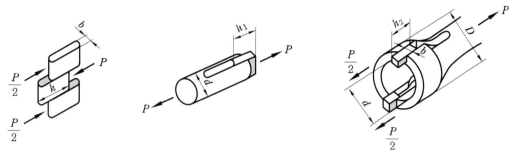

그림 3-11  코터 이음의 전단 파괴

**Q 예제** 3-3

두 축의 코터 이음에서 코터의 두께($b$)×폭($h$)=10×50mm이고 허용 전단응력이 20 MPa이다. 이때 축 방향으로 가할 수 있는 하중은 몇 kN 인가?

**해설** $\tau = \dfrac{P}{2bh}$ 에서  $P = 2bh\tau = 2 \times 10 \times 50 \times 20 = 20000\ \text{N} = 20\ \text{kN}$

# 3. 핀 및 너클 핀 이음

## 3-1 ○ 핀 (pin)

핀은 그림 3-12와 같이 부품의 위치 결정 및 탈락 방지와 작은 회전력을 전달할 때 키 대용으로 사용하는 기계요소로서, 그림 3-13과 같이 **평행 핀**(parallel pin), **테이퍼 핀**(taper pin), **분할 핀**(split pin), **스프링 핀**(spring pin) 등이 있다.

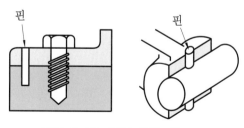

그림 3-12  핀의 사용 예

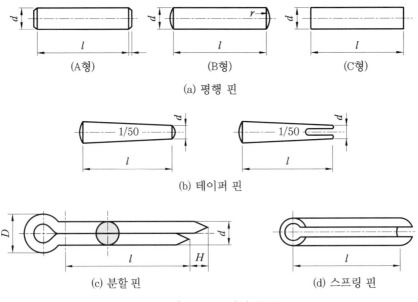

그림 3-13  핀의 종류

## (1) 평행 핀

그림 3-13(a)와 같이 끝 면의 모양에 따라 A형(45° 모따기)과 B형, C형 등이 있으며, 호칭은 지름으로 나타낸다.

## (2) 테이퍼 핀

그림 3-13(b)와 같이 보통 $\frac{1}{50}$ 의 테이퍼를 가지는 것으로, 끝이 갈라진 것과 갈라지지 않은 것이 있다. 작은 쪽의 지름을 호칭 지름으로 나타낸다.

## (3) 분할 핀

그림 3-13(c)와 같이 한쪽 끝이 두 가닥으로 갈라진 핀으로, 너트의 풀림을 방지하거나 축에 끼워진 부품이 빠지는 것을 막는 용도 등에 쓰인다. 사용 방법은 핀을 넣은 뒤 핀의 양 쪽 끝을 굽혀서 핀이 빠져나오지 못하도록 하고, 호칭 지름은 핀이 들어가는 구멍의 지름으로 나타내며, 호칭 길이는 짧은 쪽으로 한다.

## (4) 스프링 핀

그림 3-13(d)와 같이 스프링 핀은 세로 방향으로 갈라져 있으므로 재료의 탄성을 이용하여 바깥지름보다 작은 구멍에 끼워 넣어 기계 부품을 결합하는 데 사용한다. 호칭 지름은 핀이 들어가는 구멍의 지름으로 나타낸다.

## 3-2 ◦ 너클 핀 이음

너클 핀 이음은 그림 3-14와 같이 축의 한쪽을 요크(yoke)로 하고, 이에 로드를 넣어 코터 대신에 핀을 끼워, 축 방향의 인장하중을 받는 2개의 축을 연결하는 데 사용한다.

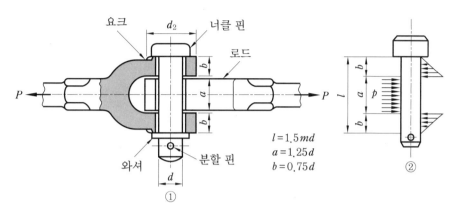

$l = 1.5\,md$
$a = 1.25\,d$
$b = 0.75\,d$

그림 3-14 핀 이음

### (1) 핀의 지름

핀의 지름을 $d$, 핀에 작용하는 외력을 $P$, 접촉면 압력을 $p$, 핀 재료의 푸아송 수 (Poisson's number)를 $m\left(\dfrac{1}{m} \fallingdotseq \dfrac{d}{a}\right)$이라 하면, $p = \dfrac{P}{ad}$ 에서 $a = \dfrac{P}{pd}$ 이므로

$$d = \frac{a}{m} = \frac{\dfrac{P}{pd}}{m} = \frac{P}{mpd}$$

$$d^2 = \frac{P}{mp}$$

$$\therefore\ d = \sqrt{\frac{P}{mp}} \quad \cdots\cdots\cdots\cdots\cdots\cdots\cdots\cdots\cdots\cdots\cdots\cdots\cdots\cdots\cdots\cdots (3\text{–}13)$$

### (2) 핀의 전단응력

핀의 전단응력을 $\tau$라 하면, 핀의 전단 파괴면은 2곳이므로

$$\tau = \frac{P}{2 \times \dfrac{\pi d^2}{4}} = \frac{2P}{\pi d^2} \quad \cdots\cdots\cdots\cdots\cdots\cdots\cdots\cdots\cdots\cdots\cdots\cdots\cdots (3\text{–}14)$$

1. 지름 40 mm인 축이 폭 10 mm, 길이 50 mm인 묻힘 키로 200 J의 토크를 전달하고 있다. 키에 발생하는 전단응력을 구하여라.

2. 지름 50 mm인 연강 축에 폭 15 mm, 높이 10 mm의 묻힘 키를 사용하여 350 rpm으로 40 kW를 전달하려고 할 때, 묻힘 키의 길이는 몇 mm정도가 적당한가? (단, 키의 허용 전단응력은 50 MPa이고, 키의 전단 저항만으로 동력을 전달한다.)

3. 지름 160 mm인 축에 폭 38 mm, 높이 24 mm, 길이 300 mm인 묻힘 키를 설치하여 토크를 전달하고 있다. 키의 허용 전단응력이 60 MPa이라면 몇 J의 토크를 전달할 수 있겠는가?

4. 평벨트 풀리의 지름이 600 mm, 축의 지름이 50 mm라 하고, 풀리를 폭$(b)$×높이$(h) = 8\,\text{mm} \times 7\,\text{mm}$의 묻힘키로 축에 고정하고 벨트 장력에 의해 풀리의 외주(外周)에 2 kN의 힘이 작용한다면, 키의 길이는 몇 mm 이상이어야 하는가? (단, 키의 허용 전단응력은 50 MPa로 하고, 전단응력만을 고려하여 계산한다.)

5. 940 J의 토크를 전달하는 지름 50 mm인 축에 안전하게 사용할 수 있는 키의 최소 길이는 약 몇 mm인가? (단, 묻힘 키의 폭과 높이 $b \times h = 12\,\text{mm} \times 8\,\text{mm}$이고, 키의 허용 전단응력은 78.4 MPa이다.)

6. 성크 키의 길이가 150 mm, 키에 작용하는 전단하중은 60 kN, 키의 폭 $b$와 높이 $h$의 관계는 $b = 1.5h$라고 할 때, 키의 허용 전단응력이 20 MPa이면 키의 높이는 약 몇 mm 이상이어야 하는가?

7. 회전수 1500 rpm, 축의 지름 110 mm인 묻힘 키를 설계하려고 한다. $b$(폭)×$h$(높이)×$l$(길이) $= 28\,\text{mm} \times 18\,\text{mm} \times 300\,\text{mm}$일 때, 묻힘 키가 전달할 수 있는 최대 동력은 몇 kW인가? (단, 키의 허용 전단응력은 40 MPa이며, 키의 허용 전단응력만을 고려한다.)

8. 코터 이음에서 코터에 가해지는 압축력이 12000 N, 코터의 두께가 10 mm, 폭이 20 mm일 때, 코터에 발생하는 전단응력을 구하여라.

9. 축 방향으로 15 kN의 인장하중을 받는 두 개의 축을 너클 핀으로 연결하려고 한다. 핀의 푸아송 수가 1.5, 허용 접촉면 압력이 20 MPa이라면 핀 지름은 몇 mm이어야 하는가?

# 리벳 이음

제 4 장

# 제4장 리벳 이음

## 1. 리벳 이음의 개요

리벳 이음(riveted joint)은 리벳(rivet)을 사용하여 2개 이상의 판(板) 또는 형강(形鋼, shape steel) 등을 접합하는 영구적인 체결요소이다. 작업이 간단하기 때문에 교량(橋梁), 철골 구조물, 경합금(輕合金) 구조물(항공기의 기체) 등에 널리 사용되고 있으며, 기밀(氣密)을 요하는 압력용기, 선박(船舶), 보일러 등에도 사용되고 있다. 그러나 최근에는 용접기술의 발달로 주로 용접 이음을 한다. 다음은 리벳 이음의 특징들이다.

① 용접 이음과는 달리 초응력(初應力)에 의한 잔류 변형이 생기지 않는다.
② 구조물 등에서 현장 조립할 때에는 용접이음보다 작업이 용이하다.
③ 경합금과 같이 용접이 곤란한 재료에는 신뢰성이 있다.

## 2. 리베팅

리베팅(riveting)이란 그림 4-1과 같이 접합시킬 재료를 구멍에 맞추어서 겹쳐 놓고 리벳을 끼운 다음 제2의 머리를 성형하여 체결하는 작업을 말한다. 이때 리벳의 길이 $l$은 일반적으로 다음 식에 의하여 결정한다.

$$l = (접합시킬 \ 판의 \ 전체 \ 두께)$$
$$+ (1.3 \sim 1.6)d \ \text{..............} \ (4-1)$$

여기서 $d$는 리벳의 지름이다.

리벳 구멍은 펀칭(punching) 또는 드릴링(drilling)으로 하며, 리벳의 지름보다 1~1.5 mm 크게 뚫는다. 특히 기밀을 요할 때는 리벳 구멍을 리머(reamer) 다듬질하고, 그림 4-2와 같이 **코킹**(caulking) 또는 **풀러링**(fullering) 작업을 한다. 이때 유의할 점은 리벳

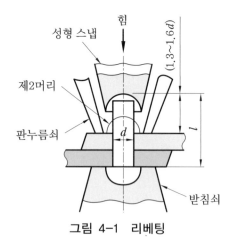

그림 4-1 리베팅

구멍에서 판(板)의 가장자리까지의 거리가 너무 멀거나 판의 두께가 얇으면 코킹에 의하여 판이 오히려 튀어 오르게 되어 기밀의 효과가 감소되므로 두께가 5 mm 이하일 때는 코킹을 하지 않고 판 사이에 종이, 석면 등의 패킹(packing)을 넣어서 기밀을 유지시킨다.

리베팅에는 재결정 온도 이하인 상온(常溫)에서 시행하는 **냉간 리베팅**(cold riveting)과, 재결정 온도 이상의 적열상태(赤熱狀態)로 가열해서 시행하는 **열간 리베팅**(hot riveting)이 있다. 특히 열간 리베팅에서는 리벳 작업 후에 리벳의 길이가 수축하므로 판을 세게 죄게 되어 기밀의 효과를 얻을 수 있다.

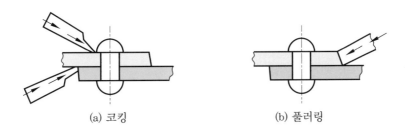

(a) 코킹                    (b) 풀러링

그림 4-2  코킹과 풀러링

# 3. 리벳 이음의 분류

## 3-1  o 사용 목적에 의한 분류

사용 목적에 따른 리벳 이음의 종류에는 보일러, 압력용기 등과 같이 강도와 기밀을 필요로 하는 리벳 이음과, 교량, 건축물, 기중기, 일반 구조물 등과 같이 강도를 필요로 하는 리벳 이음, 물, 가스 등의 탱크, 굴뚝과 같이 주로 기밀을 필요로 하는 리벳 이음 등이 있다.

## 3-2 o 판(板)의 이음 방법에 의한 분류

### (1) 겹치기 이음(lap joint)

그림 4-3(a)와 같이 결합하려고 하는 강판을 서로 겹쳐 포개어 잇는 방법으로서, 가스와 유체 용기의 이음 또는 보일러의 원주 이음 등에 사용된다.

## (2) 맞대기 이음(butt joint)

그림 4-3(b)와 같이 결합하려고 하는 강판의 양쪽 끝을 맞추고, 한쪽 또는 양쪽에 덮개 판을 대고 리베팅하는 형식으로 보일러의 세로 방향 이음과 구조물 등에 사용된다.

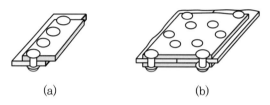

(a)  (b)

그림 4-3  리벳 이음의 종류

## 3-3 ○ 리벳의 배열 방법에 의한 분류

리벳 이음이 2열 이상일 때, 리벳의 배열 방법에 따라 그림 4-4(a)와 같이 나란하게 이음을 하는 평행형 리벳 이음과 그림 4-4(b)와 같이 서로 어긋나게 이음을 하는 지그재그형 리벳 이음이 있다.

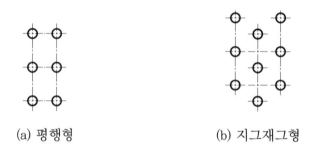

(a) 평행형  (b) 지그재그형

그림 4-4  리벳의 배열 방법

## 3-4 ○ 리벳의 줄 수에 의한 분류

리벳의 줄 수에 따라 한 줄 리벳 이음과 여러 줄 리벳 이음(2줄, 3줄, …)이 있다.

참고 리벳 이음 명칭의 예

1줄 리벳 겹치기 이음, 양쪽 덮개판 2줄 리벳 맞대기 이음(지그재그형) 등

# 4. 리벳 이음의 강도와 효율

**4-1** ○ **리벳 이음의 강도**

리벳 이음에서 리벳을 설계할 때에는 파괴가 일어나지 않도록 강도를 고려하여 치수를 결정한다. 이때 리벳 이음의 강도는 단위 길이(피치)에 대하여 해석하는 것이 편리하며, 일반적으로 판에 인장력이 작용하여 파괴되는 경우 다음의 5가지 경우를 고려하여야 한다.

① 리벳의 전단          ② 판의 절단
③ 리벳 또는 리벳 구멍의 압축          ④ 판 끝의 전단
⑤ 판 끝의 갈라짐

1줄 겹치기 리벳 이음에서 1피치 당 인장하중을 $P$, 리벳의 피치를 $p$, 판 두께를 $t$, 리베팅 후의 리벳 지름(리벳 구멍의 지름)을 $d$라고 하면

## (1) 리벳이 전단에 의해서 파괴되는 경우

그림 4-5(a)에서

$$P = \frac{\pi d^2}{4}\, \tau_r \quad \cdots\cdots\cdots\cdots\cdots\cdots\cdots\cdots\cdots\cdots\cdots\cdots\cdots\cdots (4\text{-}2)$$

여기서, $\tau_r$은 리벳의 허용 전단응력이다.

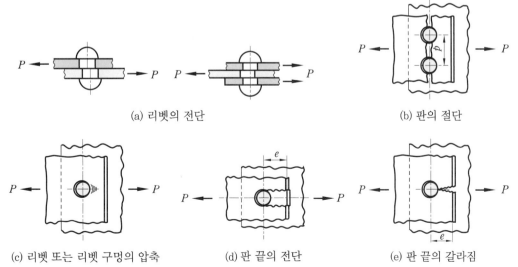

(a) 리벳의 전단          (b) 판의 절단

(c) 리벳 또는 리벳 구멍의 압축          (d) 판 끝의 전단          (e) 판 끝의 갈라짐

그림 4-5  리벳 이음의 파괴

양쪽 덮개판 맞대기 이음은 전단면이 2곳이나 2배로 하지 않고, 안전을 고려하여 1.8배로 한다.

$$P = 1.8 \times \frac{\pi d^2}{4} \tau_r \quad \text{........................} \quad (4\text{-}3)$$

## (2) 리벳 구멍 사이에서 판이 절단되는 경우

그림 4-5(b)에서

$$P = (p - d)t\sigma_t \quad \text{........................} \quad (4\text{-}4)$$

$\sigma_t$는 판의 허용 인장응력이다.

## (3) 리벳 또는 리벳 구멍이 압축 파괴되는 경우

그림 4-5(c)에서

$$P = dt\sigma_c \quad \text{........................} \quad (4\text{-}5)$$

$\sigma_c$는 리벳 또는 판의 허용 압축응력이다.

## (4) 판이 리벳의 폭으로 전단되는 경우

그림 4-5(d)에서

$$P = 2et\tau_s \quad \text{........................} \quad (4\text{-}6)$$

$\tau_s$는 판의 허용 전단응력이고 $e$는 리벳 중심에서 판 가장자리까지의 거리이다.

## (5) 판의 가장자리가 갈라지는 경우

그림 4-5(e)에서 판 길이 $d$에 분포하중 $P$가 작용하여 굽힘을 일으키는 것과 같으므로 최대굽힘 모멘트를 $M$, 단면계수를 $Z$, 굽힘응력을 $\sigma_b$라 하면

$$M = \frac{Pd}{8}, \quad Z = \frac{1}{6}t\left(e - \frac{d}{2}\right)^2 \text{이므로}$$

$$M = \sigma_b Z \text{에서}$$

$$\frac{Pd}{8} = \sigma_b \cdot \frac{1}{6}t\left(e - \frac{d}{2}\right)^2$$

$$\therefore \ P = \frac{\sigma_b t(2e - d)^2}{3d} \quad \text{........................} \quad (4\text{-}7)$$

이상에서 판에 작용된 인장하중, 즉 앞의 각 식에서 저항력 $P$ 가 모두 같은 값이 되도록 치수를 결정하여 설계하는 것이 가장 좋으나, 이것을 모두 만족시킬 수가 없으므로 보통 경험치(經驗値)를 기초로 설계하고, 그 강도를 앞의 식들로 검토한다.

식 (4-2)의 리벳의 전단저항과 식 (4-4)의 판의 인장저항을 같도록 하면

$$\frac{\pi d^2}{4}\tau_r = (p-d)t\sigma_t$$

$$\therefore \ p = d + \frac{\pi d^2 \tau_r}{4t\sigma_t} \ \cdots\cdots (4-8)$$

리벳의 전단면이 $n$개일 때에는

$$p = d + \frac{\pi d^2 n \tau_r}{4t\sigma_t} \ \cdots\cdots (4-9)$$

다음은 경험에 의한 최대 피치($p_{\max}$)와 최소 피치($p_{\min}$)를 구하는 식들이다.

최대 피치 $p_{\max} \leqq ct + 42$

최소 피치 $p_{\min} \geqq 2.5d$

여기서 $c$는 1피치 내의 리벳 수와 이음 방법에 따른 상수 값으로 표 4-1과 같다.

**표 4-1  $c$의 값**

| 피치($p$) 내의 리벳 수 | 겹치기 이음 | 양쪽 덮개판 맞대기 이음 |
|---|---|---|
| 1 | 1.30 | 1.75 |
| 2 | 2.60 | 3.50 |
| 3 | 3.45 | 4.60 |
| 4 | 4.15 | 5.50 |
| 5 | – | 6.00 |

또, 식 (4-2)의 리벳의 전단저항과 식 (4-5)의 리벳 또는 판의 압축저항을 같도록 하면

$$\frac{\pi d^2}{4}\tau_r = dt\sigma_c$$

$$\therefore \ d = \frac{4t\sigma_c}{\pi \tau_r} \ \cdots\cdots (4-10)$$

다음, 식 (4-2)의 리벳의 전단저항과 식 (4-7)의 판의 굽힘저항을 같도록 하면

$$\frac{\pi d^2}{4}\tau_r = \frac{\sigma_b t(2e-d)^2}{3d}$$

$$\therefore \ e = \frac{1}{2}\left(1 + \sqrt{\frac{3\pi d\tau_r}{4t\sigma_b}}\right)d$$

$\tau_r = 0.85\sigma_b$로 하고, $d > 2t$로 하는 일은 없으므로 $t = \dfrac{d}{2}$를 대입하면 위 식은

$$e = 1.5\,d \quad \cdots\cdots\cdots\cdots\cdots\cdots\cdots\cdots\cdots\cdots\cdots\cdots\cdots\cdots\cdots\cdots\cdots\cdots\cdots\cdots (4-11)$$

가 된다.

**Q 예제 4-1**

겹치기 리벳 이음에서 지름 20 mm의 리벳 1개가 24 kN의 전단력을 받을 때, 안전율을 구하여라.(단, 리벳의 허용 전단응력 $\tau_r = 380\,\mathrm{MPa}$이다.)

**해설** $P = \dfrac{\pi d^2}{4}\tau_r$에서 안전율 $S$를 고려하여 식을 다시 쓰면

$$P = \frac{\pi d^2}{4S}\tau_r$$

$$\therefore S = \frac{\pi d^2 \tau_r}{4P} = \frac{3.14 \times 20^2 \times 380}{4 \times 24 \times 10^3} = 4.97 ≒ 5$$

**Q 예제 4-2**

2줄 양쪽 덮개판 맞대기 리벳 이음에서 강판의 두께가 16 mm, 리벳의 지름이 23 mm일 때 피치는 약 몇 mm로 해야 하는가?(단, 강판의 허용 인장응력은 40 MPa이고, 리벳의 허용 전단응력은 30 MPa이다.)

**해설** 리벳이 전단에 의해서 파괴되는 경우에 대해서도 안전하고 리벳 구멍사이에서 판이 찢어지는 경우에 대해서도 안전해야 하므로 식 (4-3)과 (4-4)에서

$$P = 1.8 \times \frac{\pi d^2}{4}\tau_r = (p-d)t\sigma_t$$

그런데 여기서는 2줄 리벳 이음이므로 위 식을 다시 쓰면

$$P = 2 \times 1.8 \times \frac{\pi d^2}{4}\tau_r = (p-d)t\sigma_t$$

따라서,

$$p = \frac{2 \times 1.8\pi d^2 \tau_r}{4t\sigma_t} + d = \frac{2 \times 1.8 \times 3.14 \times 23^2 \times 30}{4 \times 16 \times 40} + 23 = 93.08\,\mathrm{mm}$$

**Q 예제** 4-3

100 kN 의 인장하중이 걸리는 1줄 겹치기 리벳 이음에서 리벳의 지름이 16 mm 일 때 몇 개의 리벳을 사용하여야 하는가? (단, 리벳의 허용 전단응력 $\tau_r = 65$ MPa이다.)

**해설** 리벳의 개수를 $z$라 하면 식 (4-2)에서

$$P = z \cdot \frac{\pi d^2}{4} \tau_r$$

$$\therefore z = \frac{4P}{\pi d^2 \tau_r} = \frac{4 \times 100 \times 10^3}{3.14 \times 16^2 \times 65} = 7.66 \, \text{개} \approx 8 \, \text{개}$$

## 4-2 ○ 리벳 이음의 효율

### (1) 판의 효율

리벳 구멍이 뚫린 판과 구멍이 없는 판과의 강도 비를 판의 효율이라 한다. 판의 효율을 $\eta_1$이라 하면

$$\eta_1 = \frac{(p-d)t\sigma_t}{pt\sigma_t} = \frac{p-d}{p} = 1 - \frac{d}{p} \quad \text{............................} (4-12)$$

가 된다. 따라서 판의 효율을 증가시키려면 피치를 크게 하면 된다.

### (2) 리벳의 효율

리벳의 전단강도에 대한 구멍이 없는 판과의 강도 비를 리벳의 효율이라고 한다. 리벳의 효율을 $\eta_2$라 하면

① 1면 전단의 경우

$$\eta_2 = \frac{\frac{\pi d^2}{4} \tau_r}{pt\sigma_t} \quad \text{............................} (4-13)$$

② 2면 전단의 경우

$$\eta_2 = \frac{1.8 \times \frac{\pi d^2}{4} \tau_r}{pt\sigma_t} \quad \text{............................} (4-14)$$

가 된다.

리벳 이음의 효율은 판의 효율 $\eta_1$과 리벳의 효율 $\eta_2$ 중 작은 값으로 나타내며, 이것이 그 리벳 이음의 강도를 결정한다.

## (3) 조합효율

2줄 또는 3줄의 양쪽 덮개판 리벳 이음과 같이 가장 바깥 줄의 판의 전단과, 제 2열의 리벳 사이의 강판이 동시에 절단이 일어나는 경우, 리벳 이음의 효율은 가장 큰 전단력을 받는 리벳의 효율과 가장 큰 인장력을 받는 판재의 효율을 합하여 나타내며 이 효율을 조합효율($\eta_3$) 또는 **연합효율**이라고 한다.

$$\eta_3 = \eta_1' + \eta_2'$$

여기서, $\eta_1'$는 각 줄에서 리벳의 수가 가장 많은 줄에서의 판의 효율, $\eta_2'$는 각 줄에서 리벳의 수가 가장 적은 줄에서의 리벳 효율이다.

그림 4-6과 같이 피치가 다른 리벳 이음에서 조합효율을 구하면 다음과 같다.

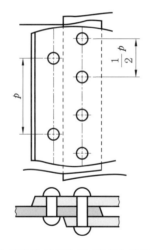
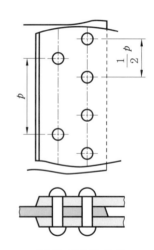
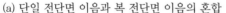

(a) 단일 전단면 이음과 복 전단면 이음의 혼합  (b) 복 전단면 이음

**그림 4-6  피치가 다른 맞대기 이음의 조합효율**

① 단일 전단면 이음과 복 전단면 이음의 혼합

$$\eta_1' = \frac{\sigma_t\left(\frac{p}{2}-d\right)t}{\sigma_t\left(\frac{p}{2}\right)t} = \frac{\frac{p}{2}-d}{\frac{p}{2}} = 1 - \frac{2d}{p}$$

$$\eta_2' = \frac{\dfrac{\pi d^2}{4} \cdot \tau_a}{p t \sigma_t}$$

$$\therefore \eta_3 = \left(1 - \frac{2d}{p}\right) + \frac{\dfrac{\pi d^2}{4} \cdot \tau_a}{p t \sigma_t} \quad \cdots\cdots\cdots\cdots\cdots\cdots\cdots\cdots\cdots\cdots\cdots\cdots\cdots\cdots\cdots (4\text{--}15)$$

② 복 전단면 이음

$$\eta_1' = \frac{\sigma_t\left(\dfrac{p}{2} - d\right)t}{\sigma_t\left(\dfrac{p}{2}\right)t} = \frac{\dfrac{p}{2} - d}{\dfrac{p}{2}} = 1 - \frac{2d}{p}$$

$$\eta_2' = \frac{1.8 \times \dfrac{\pi d^2}{4} \cdot \tau_a}{p t \sigma_t}$$

$$\therefore \eta_3 = \left(1 - \frac{2d}{p}\right) + \frac{1.8 \times \dfrac{\pi d^2}{4} \cdot \tau_a}{p t \sigma_t} \quad \cdots\cdots\cdots\cdots\cdots\cdots\cdots\cdots\cdots\cdots\cdots\cdots\cdots (4\text{--}16)$$

여러 줄 리벳 이음의 경우에는 식 (4–16)에 1 피치 사이에 있는 리벳의 수를 곱해서 계산한다.

**Q 예제 4-4**

1줄 겹치기 리벳 이음에서 리벳의 지름이 24 mm, 피치가 68 mm 일 때 강판의 효율을 구하여라.

**해설** $\eta_1 = 1 - \dfrac{d}{p} = 1 - \dfrac{24}{68} = 0.647 = 64.7\,\%$

# 5. 압력용기의 리벳 이음 및 강도

보일러 등과 같이 압력을 받고 있는 용기의 리벳 이음은 강도와 함께 기밀을 요하기 때문에 대개 코킹 또는 풀러링 작업을 하며, 근래에는 용접 이음 기술이 발달되어 리벳 이음을 대신하는 경향이 있다.

## 5-1 ◦ 강판의 두께

보일러와 같은 원통형의 압력용기를 만들 때에는 그림 4-7과 같이 강판을 원통형으로 감아서 리베팅(길이 이음 또는 세로 이음)하고, 이것을 길이 방향으로 연결하여 그 둘레에 리베팅(원주 이음)한 후, 이 원통의 양단을 끝판으로 막고 리베팅한다.

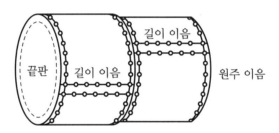

**그림 4-7 압력용기의 리벳 이음**

그림 4-8과 같이 압력용기에 내압(內壓) $p$가 작용할 때, 압력용기가 파괴되는 경우는 다음의 두 가지 경우를 생각할 수 있다.

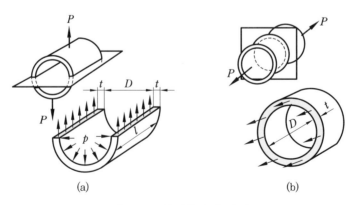

(a)                     (b)

**그림 4-8 압력용기의 파괴**

① 그림 (a)와 같이 원주 방향으로 작용하는 힘 $P$로 인하여 길이 이음을 한 리벳의 파괴, 또는 길이 방향으로의 판 파괴

② 그림 (b)와 같이 길이 방향으로 작용하는 힘 $P$로 인하여 원주 이음을 한 리벳의 파괴, 또는 원주 방향으로의 판 파괴

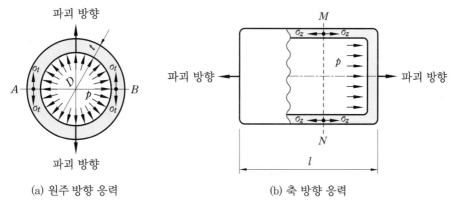

(a) 원주 방향 응력                    (b) 축 방향 응력

**그림 4-9  압력용기에 발생하는 응력**

그림 4-9(a)와 같이 내압 $p$가 작용하는 원통 용기에서 원주 방향으로 작용하는 힘에 의하여 판이 길이 방향으로 파괴되는 경우, 판 단면에 생기는 원주 방향 인장응력 $\sigma_t$는

$$\sigma_t = \frac{pDl}{2tl} = \frac{pD}{2t} \quad \cdots\cdots\cdots\cdots\cdots\cdots\cdots\cdots\cdots\cdots\cdots\cdots\cdots\cdots\cdots\cdots\cdots\cdots (4\text{-}17)$$

여기서, 인장응력 $\sigma_t$는 그림 (a)와 같이 원주 둘레를 따라 접선 방향으로 발생하는 응력으로 **후프 응력**(hoop stress)이라고 한다.

그림 4-9(b)에서 길이 방향으로 작용하는 힘에 의하여 판이 원주 방향으로 파괴되는 경우, 판 단면에 생기는 길이 방향 인장응력 $\sigma_z$는

$$\sigma_z = \frac{p\dfrac{\pi D^2}{4}}{\pi D t} = \frac{pD}{4t} \quad \cdots\cdots\cdots\cdots\cdots\cdots\cdots\cdots\cdots\cdots\cdots\cdots\cdots\cdots\cdots\cdots (4\text{-}18)$$

식 (4-17)과 (4-18)에서 $\sigma_t = 2\sigma_z$가 된다. 따라서 압력용기 강판의 두께는 식 (4-17)에 의하여 결정된다. 즉,

$$t = \frac{pD}{2\sigma_a} \quad \cdots\cdots\cdots\cdots\cdots\cdots\cdots\cdots\cdots\cdots\cdots\cdots\cdots\cdots\cdots\cdots\cdots\cdots\cdots\cdots\cdots\cdots (4\text{-}19)$$

여기서 $\sigma_a$는 판의 허용응력으로 $\sigma_a \geqq \sigma_t$이다. 실제로는 이음의 효율, 판의 부식 등을 고려하여 다음과 같은 식을 사용하고 있다.

$$t = \frac{pDS}{2\sigma_a \eta} + C \qquad \cdots\cdots (4\text{-}20)$$

여기서 $S$ 는 안전계수로서 표 4-2와 같으며, $\eta$ 는 리벳 이음의 효율(판의 이음 효율), $C$ 는 부식여유로 육용(陸用) 보일러에서는 $1\,\text{mm}$, 선박용(船舶用) 보일러에서는 $1.5\,\text{mm}$, 화학약품 또는 압력 용기에서는 부식의 정도에 따라 $1 \sim 7\,\text{mm}$로 잡는다.

표 4-2 보일러용 강판의 안전계수

| 구 분 | 겹치기 이음 | 맞대기 이음 | | |
|---|---|---|---|---|
| | | 한쪽 덮개판 이음 | 양쪽 덮개판 이음 | |
| | | | 2줄, 바깥쪽 덮개판 1줄 | 2줄 이상 |
| 손 리베팅 | 4.75 | 4.75 | 4.35 | 4.25 |
| 기계 리베팅 | 4.50 | 4.50 | 4.10 | 4.00 |

**Q 예제 4-5**

안지름이 $500\,\text{mm}$, 내압이 $12\,\text{MPa}$인 압력용기의 판 두께를 구하여라. (단, 판의 허용 인장응력 $\sigma_a = 3.5\,\text{GPa}$, 안전계수 4.7, 판의 이음 효율 58 %, 부식여유는 $1\,\text{mm}$이다.)

**해설** $t = \dfrac{pDS}{2\sigma_a \eta} + C = \dfrac{12 \times 500 \times 4.7}{2 \times 3.5 \times 10^3 \times 0.58} + 1 = 7.95\,\text{mm} \fallingdotseq 8\,\text{mm}$

## 5-2 ○ 리벳의 지름

압력 용기의 리벳 이음(보일러용 리벳 이음)에서 리벳의 지름 $d$ 는 다음의 **바하(Bach)실험식**을 널리 사용하고 있다.

### (1) 겹치기 리벳 이음의 경우

$$d = \sqrt{50t} - 4\,[\text{mm}] \qquad \cdots\cdots (4\text{-}21)$$

### (2) 양쪽 덮개판 리벳 이음의 경우

$$\left.\begin{array}{l} \text{1줄 리벳 이음}: d = \sqrt{50t} - 5\,[\text{mm}] \\[2mm] \text{2줄 리벳 이음}: d = \sqrt{50t} - 6\,[\text{mm}] \\[2mm] \text{3줄 리벳 이음}: d = \sqrt{50t} - 7\,[\text{mm}] \end{array}\right\} \qquad \cdots\cdots (4\text{-}22)$$

## 5-3 ◦ 피치

피치는 판의 강도뿐만 아니라 기밀, 작업조건 등을 고려해야 한다. 피치가 너무 크면 리벳 사이에 틈이 생겨 코킹, 풀러링 등을 할 수 없으므로, 압력용기의 리벳 이음에서 최대 피치($p_\mathrm{max}$)와 최소 피치($p_\mathrm{min}$)는 경험적으로 다음 식을 사용한다.

$$p_\mathrm{max} \leq c\,t + 42\,[\mathrm{mm}] \quad\text{(4-23)}$$

$$p_\mathrm{min} = 2.5\,d\,[\mathrm{mm}] \quad\text{(4-24)}$$

여기서 $c$는 계수로서 표 4-3과 같다.

표 4-3  계수 $c$의 값

| 피치 안의 리벳 수 | 겹치기 이음 | 양쪽 덮개판 맞대기 이음 |
|---|---|---|
| 1 | 1.30 | 1.75 |
| 2 | 2.60 | 3.50 |
| 3 | 3.45 | 4.60 |
| 4 | 4.15 | 5.50 |
| 5 | – | 6.00 |

# 6. 구조용 리벳 이음

교량, 크레인, 건축물 등과 같이 주로 힘의 전달과 강도를 필요로 하는 곳에 하는 리벳 이음으로, 리벳에는 전단력만이 작용하고 굽힘이나 인장력은 되도록 작용하지 않도록 하여야 한다. 구조용 리벳은 보일러용 리벳보다 지름이 일반적으로 커서 16~25 mm의 것이 많으며, 지름($d$)과 피치($p$)는 다음의 실험식을 사용하고 있다.

$$d = \sqrt{50t} - 2\,[\mathrm{mm}] \quad\text{(4-25)}$$

$$p = (3 \sim 8)d\,[\mathrm{mm}] \quad\text{(4-26)}$$

1. 겹치기 리벳 이음에서 지름 19 mm인 리벳 1개에 5 kN의 하중이 가해지고 있다. 리벳에 발생하는 전단응력을 구하여라.

2. 150 kN의 하중이 걸리는 양쪽 덮개판 맞대기 리벳 이음에서 리벳의 지름이 13 mm이고 허용 전단응력이 50 MPa이라면 몇 개의 리벳을 사용하면 되겠는가?

3. 한 줄 겹치기 리벳 이음에서 판 두께가 10 mm, 리벳의 지름이 20 mm, 판의 허용 인장응력이 60 MPa, 피치 100 mm일 때 작용시킬 수 있는 하중은 1피치 당 몇 kN인가?

4. 리벳 이음에서 전단저항과 인장저항이 같을 때 리벳의 피치는 60 mm, 리벳의 지름은 20 mm이다. 이때 강판의 두께를 구하여라. (단, 판의 허용 인장응력 $\sigma_a = 80$ MPa, 리벳의 허용 전단응력 $\tau_a = 50$ MPa이다.)

5. 판의 두께가 10 mm, 리벳의 지름이 20 mm인 양쪽 덮개판 맞대기 이음에서 리벳 길이는 몇 mm인가? (단, 덮개판의 두께는 6 mm이다.)

6. 두께 10 mm의 판을 지름 18 mm의 리벳으로 1열 겹치기 리벳 이음을 한다면 피치를 얼마로 하면 좋은가? (단, 판의 허용 인장응력을 43 MPa, 리벳의 허용 전단응력을 36 MPa로 한다.)

7. 한 줄 겹치기 리벳 이음에서 리벳의 지름이 20 mm, 판의 두께가 10 mm일 때 리벳의 전단응력과 판의 인장응력이 같다면 효율이 최대일 때 피치는 몇 mm인가?

8. 판의 두께가 12 mm, 리벳의 지름이 19 mm, 피치가 50 mm인 1줄 겹치기 리벳 이음에서 피치 당 12.5 kN의 하중이 작용할 때, 판의 인장응력과 판의 효율을 구하여라.

9. 안지름 400 mm, 최고 사용압력 10 MPa인 보일러에서 강판의 두께는 몇 mm로 하면 되겠는가? (단, 강판의 인장강도는 4 GPa, 안전율 5, 강판의 이음 효율은 60%이다.)

10. 안지름 1.8 m, 판의 두께 17 mm, 판의 극한강도 425 MPa인 보일러에서, 내압이 1.4 MPa, 판의 이음효율이 85 %일 때 극한강도에 대한 안전율을 구하여라.

# 용접 이음 제 5 장

# 용접 이음

## 1. 용접 이음의 개요

용접(鎔接, welding) 이음은 2개의 금속을 용융온도(鎔融溫度) 이상으로 가열하여 접합시키는 결합 방법으로 기존의 나사, 리벳 이음을 대신하는 영구 이음으로 널리 사용되고 있다. 그림 5-1은 용접부의 구성을 나타낸 것으로 용접봉과 모재(母材)의 일부가 용융하여 응고된 부분을 **용착부**(熔着部)라 하고, 용융은 되지 않지만 열에 의해서 조직과 특성이 변화한 모재 부분을 **열 영향부**라 한다. 다음은 용접 이음의 장점과 단점들이다.

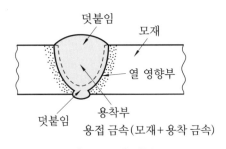

그림 5-1 용접부

### (1) 용접 이음의 장점

① 나사, 리벳 등의 결합요소가 필요 없어 무게를 줄일 수 있다.
② 다른 이음 방법에 비해 효율이 높다(거의 100 %).
③ 공정수가 적어서 생산성이 높다.
④ 재료 두께에 한도가 없고, 작업 시 리벳 이음보다 소음이 적다.
⑤ 기밀을 유지하기가 용이하다.

### (2) 용접 이음의 단점

① 단시간에 가열, 냉각이 일어나므로 용접부 부근의 금속 조직이 변하여 취성 파괴나 강도 저하의 위험이 있다.
② 잔류응력에 의한 변형의 위험이 있고, 용접재료의 재질에 제한이 있다(주철, 경금속 등은 양호한 용접을 얻기에는 어려운 문제들이 많다).

# 2. 용접의 종류

용접의 종류에는 가열에 사용하는 열원(熱源), 용접 환경, 방법 등에 따라 표 5-1과 같이 다양한 종류가 있으며, 용접부의 모양에 따라서는 그루브 용접, 필릿 용접, 플러그 용접, 비드 용접, 비드 용접 등이 있다.

**표 5-1  용접의 종류**

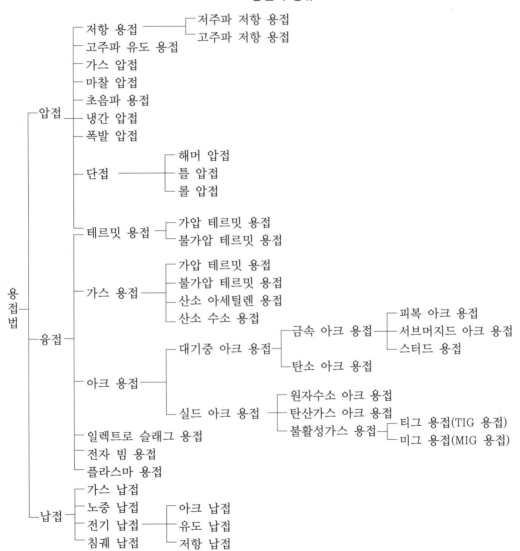

## (1) 그루브 용접(groove welding)

접합하고자 하는 모재 사이에 그림 5-2와 같이 여러 모양의 홈(groove)을 만들어 용접하는 이음이다.

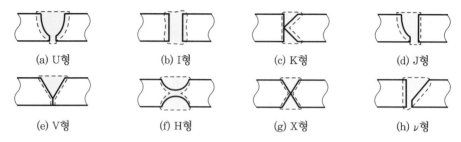

그림 5-2  그루브 용접의 종류

## (2) 필릿 용접(fillet welding)

대략 직교하는 2개의 면을 접합하는 용접으로 삼각형 단면을 가지며, 설계상 필릿 용접의 크기는 그림 5-3과 같이 사이즈(size) $h_1$, $h_2$로 표시한다. 이음의 루트(root)로부터 삼각형의 빗변에 직각으로 이르는 거리 $a$를 **이론 목 두께**(theoretical throat)라 하고, 용접부의 강도 계산에 사용된다.

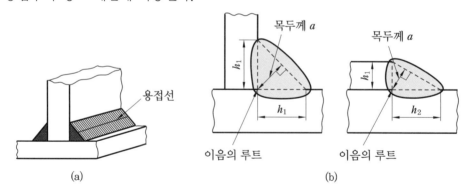

그림 5-3  필릿 용접

필릿 용접에는 그림 5-4와 같이 **전면 필릿 용접**과 **측면 필릿 용접**이 있다.

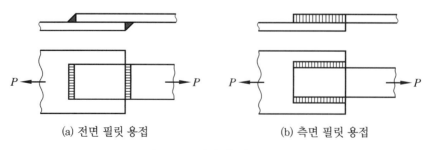

그림 5-4  필릿 용접의 종류

### (3) 플러그 용접(plug welding)

그림 5-5(a)와 같이 용접할 모재의 한쪽에 구멍을 뚫고, 판의 표면까지 가득히 용접하여 다른 쪽 모재와 접합하는 용접이다.

### (4) 비드 용접(bead welding)

그림 5-5(b)와 같이 모재에 홈을 만들지 않고 맞대어 그대로 그 위에 용착하는 용접이다.

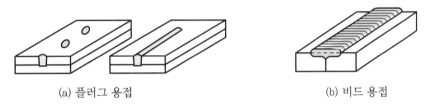

(a) 플러그 용접                    (b) 비드 용접

그림 5-5  플러그 용접과 비드 용접

# 3. 용접 이음의 강도 계산

## 3-1 ○ 맞대기 용접 이음

그림 5-6과 같은 맞대기 용접 이음에서 $P$를 인장하중, $a$를 목 두께, $t$를 모재의 두께, $l$을 용접 길이, $\sigma_t$를 용접부의 인장응력이라고 하면

$$P = \sigma_t a l = \sigma_t t l \quad \cdots\cdots\cdots\cdots\cdots\cdots\cdots\cdots\cdots\cdots\cdots\cdots\cdots\cdots\cdots\cdots (5-1)$$

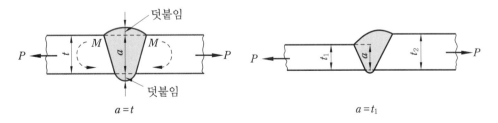

그림 5-6  맞대기 용접 이음

또 굽힘 모멘트 $M$이 작용하는 경우, 용접부의 굽힘응력을 $\sigma_b$, 단면계수를 $Z$라고 하면

$$M = \sigma_b Z = \sigma_b \cdot \frac{la^2}{6} = \sigma_b \cdot \frac{lt^2}{6} \quad \cdots\cdots (5-2)$$

**Q 예제 5-1**

두께가 3.2 mm, 용접 길이가 50 mm인 판을 맞대기 용접 이음했을 때, 30 kN의 인장 하중이 작용한다면 용접부에 발생하는 인장응력은 몇 MPa인가?

**해설** $P = \sigma_t t l$ 에서

$$\sigma_t = \frac{P}{tl} = \frac{30 \times 10^3}{3.2 \times 50} = 187.5 \text{ N/mm}^2 = 187.5 \text{ MPa}$$

## 3-2 ◦ 필릿 용접 이음

그림 5-7과 같은 필릿 용접 이음에서 필릿 단면에 내접하는 직각 이등변 삼각형을 생각하여 그 높이, 즉 목 두께 $a$를 용접치수(사이즈) $h$로 나타내면

$$a = h \cos 45° = \frac{h}{\sqrt{2}} = 0.707 h$$

가 된다.

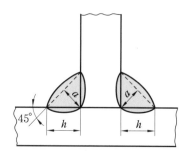

그림 5-7 목 두께와 사이즈의 관계

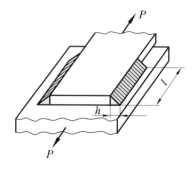

그림 5-8 측면 필릿 용접 이음

### (1) 측면 필릿 용접 이음의 경우

그림 5-8에서 목 단면적 $A$는

$$A = 2al = 2 \times (0.707h)l = 1.414hl$$

따라서 용접부의 전단응력을 $\tau$라고 하면,

$$P = A\tau = 1.414hl\tau \quad \cdots\cdots (5-3)$$

## (2) 전면 필릿 용접 이음의 경우

그림 5-9와 같은 전면 필릿 용접 이음에서 판면(板面)과 45°의 각도를 이루는 목 단면 내의 응력을 생각하면,

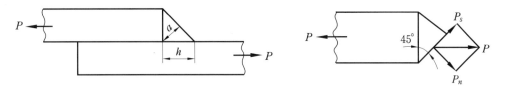

**그림 5-9  전면 필릿 용접 이음**

$$P_n = P\sin 45° = 0.707P(인장력)$$

$$P_s = P\cos 45° = 0.707P(전단력)$$

이고, 목 두께 $a$와 용접 치수(사이즈) $h$의 관계는

$$a = h\cos 45° = 0.707\,h$$

이다. 따라서 수직응력 $\sigma_n$과 전단응력 $\tau$는 각각

$$\sigma_n = \frac{P_n}{al} = \frac{0.707P}{0.707\,hl} = \frac{P}{hl}$$

$$\tau = \frac{P_s}{al} = \frac{0.707P}{0.707\,hl} = \frac{P}{hl}$$

가 된다. 따라서 최대 주응력설에 의해 용접부의 응력 $\sigma_t$를 구하면

$$\sigma_{\max} = \sigma_t = \frac{\sigma_n}{2} + \frac{1}{2}\sqrt{\sigma_n^2 + 4\tau^2} = \frac{1.618P}{hl} \quad\text{.......................}\quad (5\text{-}4)$$

그러나, 보통은 식 (5-4)에서 간단히 $P$를 목 단면적($al$)으로 나눈 값을 강도로 한다.

$$\sigma_t = \frac{P}{al} = \frac{P}{0.707\,hl} = \frac{1.414P}{hl} \quad\text{..............................}\quad (5\text{-}5)$$

그림 5-10과 같이 같은 목 두께와 용접 길이를 갖는 용접부가 2개소일 때에는 식 (5-5)에서

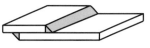

**그림 5-10  전면 필릿 용접 이음의 응력**

$$\sigma_t = \frac{P}{2al} = \frac{P}{2\times 0.707\,hl} = \frac{P}{1.414\,hl} = \frac{0.707P}{hl} \quad (5\text{-}6)$$

가 된다.

**Q 예제 5-2**

그림 5-8과 같은 측면 필릿 용접에서 $P = 50\,kN$, $h = 5\,mm$로 할 때 용접 길이 $l$은 몇 mm이어야 하는가?(단, 용접부의 허용 전단응력은 $100\,MPa$이다.)

**해설** $P = 1.414\,hl\tau$ 에서

$$l = \frac{P}{1.414\,h\tau} = \frac{50 \times 10^3}{1.414 \times 5 \times 100} = 70.72\,mm$$

# 4. 용접 이음 효율

모재의 강도와 용접부 강도와의 비(比)를 용접 이음 효율이라 한다. 용접 이음에서는 용접부의 설계강도에 미치는 조건이 많아 리벳 이음과 같이 효율을 표시하기가 곤란하다. 따라서 용접 이음 효율은 이음 형상의 치수에 의한 형상계수와 용접 상태의 좋고 나쁨에 따른 용접계수의 곱으로 나타낸다. 형상계수를 $K_1$, 용접계수를 $K_2$라 하면 용접 이음 효율 $\eta$는

$$\eta = K_1 \cdot K_2 \quad\text{·······························································} (5-7)$$

여기서 모재의 두께를 $t$, 목 두께를 $a$라 하면 $K_1$은

$$K_1 = \frac{a}{t} \quad\text{··································································} (5-8)$$

만일 $t = a$이면 $K_1 = 1$이 된다. 표 5-2는 정하중이 작용할 때의 형상계수 값을 나타낸 것이다.

표 5-2  정하중에 대한 형상계수

| 용접 이음의 종류 | 하중의 종류 | 형상계수($K_1$) |
|---|---|---|
| 맞대기 이음 | 인장하중 | 0.75 |
| 맞대기 이음 | 압축하중 | 0.85 |
| 맞대기 이음 | 굽힘하중 | 0.80 |
| 맞대기 이음 | 전단하중 | 0.65 |
| 필릿 이음 | 모든 경우 | 0.65 |

용접계수 $K_2$는 양호한 용접상태의 경우는 1로 취하며, 위보기 용접 등과 같이 용접 상태가 불확실하다고 판단되는 경우는 0.5로 취하기도 한다. 용접계수는 다음 식으로 구한다.

$$K_2 = \frac{용접부의\ 인장강도}{모재의\ 인장강도} \quad\text{..................................................................(5-9)}$$

1. 그림과 같은 전면 필릿 용접 이음에서 50000 N의 인장력이 작용하고, 용접부의 허용응력이 80 MPa일 때 용접부의 길이 $l$을 구하여라.

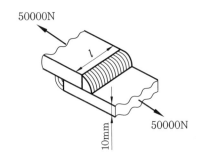

2. 그림과 같은 측면 필릿 용접 이음에서 용접부에 발생하는 전단응력을 구하여라.

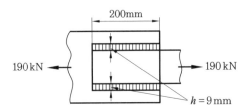

3. 허용 인장응력 100 MPa, 두께 10 mm인 강판에 용접 길이 150 mm로 맞대기 용접 이음을 할 때, 용접부에 가할 수 있는 하중의 크기를 구하여라.(단, 용접부의 허용 인장응력은 강판의 허용 인장응력과 같다.)

4. 판의 두께가 10 mm, 용접 길이가 300 mm인 판을 맞대기 용접했을 때, 판에 50 kN의 인장하중이 작용한다면 용접부에 생기는 인장응력은 몇 MPa인가?

5. 그림과 같은 겹치기 용접 이음에서 용접 치수(사이즈)가 15 mm이고, 용접선에 직각 방향으로 120 kN의 인장하중이 작용할 때, 용접부의 허용응력이 80 MPa이라면 용접 길이는 몇 mm이어야 하는가?

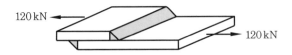

# 축

제 **6** 장

# 축

## 1. 축의 분류

축은 주로 회전운동에 의하여 동력을 전달하는 기계요소로서 베어링에 의하여 지지되며, 회전 또는 왕복, 요동운동(搖動運動)을 한다.

축은 작용 하중, 외부 형태, 단면의 모양 등에 의하여 다음과 같이 분류할 수 있다.

### 1-1 ○ 작용 하중에 따른 분류

#### (1) 전동축(傳動軸, transmission shaft)

그림 6-1과 같이 동력 발생 장치에서 발생한 동력을 각 기계에 전달시키는 것을 주목적으로 하는 회전축으로, 전동기에서 직접 동력을 받는 **주축**(主軸), 주축에서 동력을 전달받아 각 공장으로 분배하는 **선축**(線軸), 선축으로부터 동력을 전달받아 각 기계로 동력을 전달시키는 **중간축**(中間軸으)로 나누어지며, 전동축은 주로 비틀림과 굽힘 하중을 동시에 받는다.

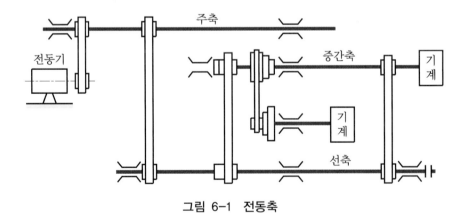

그림 6-1 전동축

#### (2) 스핀들(spindle)

그림 6-2와 같이 기어나 풀리 등을 장착하고 회전을 전달하는 축으로 주로 비틀림

하중을 받으며 형상치수가 정밀한 축이다. 선반이나 밀링 등 공작기계의 주축으로 사용되며 큰 변형량을 허용해서는 안 되기 때문에 지름에 비해 길이가 짧다.

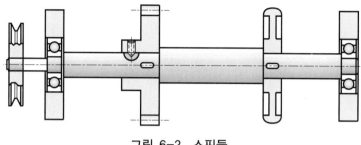

그림 6-2　스핀들

### (3) 차축(車軸, axle)

주로 굽힘 하중을 받는 축으로서 동력 전달은 하지 않으며, 후륜 구동인 자동차의 앞 차축과 같이 바퀴는 회전하지만 축은 회전하지 않는 **정지 차축**과, 철도 차량의 차축과 같이 그 자체가 회전하는 **회전 차축**이 있다.

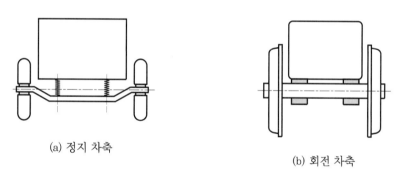

(a) 정지 차축

(b) 회전 차축

그림 6-3　차축

## 1-2 　외부 형태에 따른 분류

### (1) 직선 축(straight shaft)

그림 6-4와 같이 일직선으로 곧은 원통형의 축으로 대부분의 축이 여기에 해당된다.

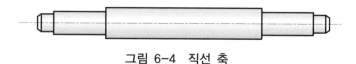

그림 6-4　직선 축

## (2) 크랭크 축(crank shaft)

그림 6-5와 같이 축 중심을 서로 어긋나게(편심) 한 축으로서, 왕복운동 기관 등과 같이 직선운동과 회전운동을 서로 변환시키는 데 사용한다.

## (3) 플렉시블 축(flexible shaft)

그림 6-6과 같이 강선(鋼線, wire)을 2중, 3중으로 감은 나사 모양의 축으로서 **유연축**(柔軟軸)이라고도 한다. 축 방향이 수시로 변하는 곳에 작은 동력을 전달하는 데 사용된다.

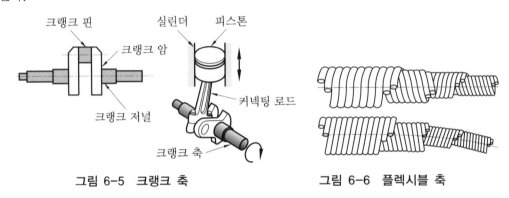

그림 6-5  크랭크 축            그림 6-6  플렉시블 축

### 1-3 ● 단면의 모양에 따른 분류

## (1) 원형 축

단면의 모양이 원형인 축으로서 그림 6-7과 같이 속이 찬 **중실축**(中實軸)과 속이 빈 **중공축**(中空軸)이 있다.

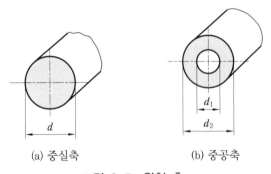

(a) 중실축            (b) 중공축

그림 6-7  원형 축

## (2) 각  축

단면의 모양이 사각형, 육각형인 축으로서 특수한 목적에 사용된다.

# 2. 축 재료 및 표준 지름

## 2-1 ㅇ 축 재료

축 재료로는 일반적으로 탄소가 0.3~0.5 % 함유된 일반 구조용 탄소강을 가장 많이 사용하지만, 큰 하중을 받거나 고속 회전하는 축에는 크롬-몰리브덴강, 니켈강, 니켈-크롬강, 니켈-크롬-몰리브덴강, 니켈-크롬-바나듐강 등의 합금강을 사용하며, 마멸(磨滅, abrasion)에 견디어야 하는 축에는 침탄, 고주파 담금질 등으로 표면 경화한 합금강을 사용한다. 또, 크랭크축과 같이 복잡한 형상을 가지고 큰 하중을 받는 축에는 단조강, 미하나이트 주철 등을 사용한다. 축 재료를 선정할 때에는 요구되는 강도와 열처리 방법, 내 부식성과 가공성 등을 종합적으로 검토하여 선정하여야 한다. 표 6-1은 축 재료의 기계적 성질을 나타낸 것이다.

표 6-1 축 재료의 기계적 성질

| 재　료 | 탄소 함유량 | 극한강도(MPa) | | | 탄성한도(MPa) | | |
|---|---|---|---|---|---|---|---|
| | | 인장 | 압축 | 전단 | 인장 | 압축 | 전단 |
| 냉간 압연강 | 0.10~0.25 | 430 | 480 | 250 | 250 | 250 | 130 |
| 단조강 | 0.10~0.25 | 410 | 410 | 210 | 210 | 210 | 100 |
| 열간 압연 또는 단조강 | 0.15~0.25 | 440 | 440 | 230 | 250 | 250 | 120 |
| | 0.25~0.35 | 480 | 480 | 250 | 270 | 270 | 120 |
| | 0.35~1.45 | 510 | 510 | 260 | 300 | 300 | 130 |
| | 1.45~1.55 | 550 | 550 | 270 | 340 | 340 | 140 |
| 니켈-크롬-바나듐강 | 0.25~0.35 | 620 | 620 | 300 | 410 | 410 | 160 |
| 미하나이트 주철 | 2.7~3.8 | 340 | 1000 | 330 | 260 | 740 | 250 |

## 2-2 ㅇ 축의 표준 지름

축 지름은 축과 함께 사용되는 구름 베어링의 안지름과 재료로 사용될 봉(棒)의 표준 지름 등을 참조하여 정한다. 다음은 회전축의 표준 지름을 나타낸 것이다.

4, 4.5, 5, 6, 6.3, 7, 8, 9, 10, 11, 11.2, 12, 12.5, 14, 15, 16, 17, 18, 19, 20, 22, 22.4, 24, 25, 28, 30, 31.5, 32, 35, 35.5, 38, 40, 42, 45, 50, 55, 60, 63, 65, 70, 71, 75, 80, 85, 90, 95, 100, 105, 110, 112, 120, 125, 130, 140, 150, 160, 170, 180, 190, 200, 220, 224, 250, 260, 280, 300, 315, 320, 340, 355, 360, 380, 400, 420, 440, 450, 460, 480, 500, 560, 600

# 3. 축의 설계

축은 기계에서 가장 중요한 요소 중의 하나로서 사용조건, 하중 작용 상태 및 조립조건 등을 고려하여 경제적이고 내구성 있게 설계되어야 한다. 축을 설계할 때에는 축의 부식이나 열팽창 외에 다음과 같은 사항들을 고려해야 한다.

① 강 도

정하중, 반복하중, 충격하중 등 하중의 종류에 대응하여 충분한 강도(強度, strength)를 갖도록 설계하여야 한다. 또 키 홈 및 단(段) 모서리 부분의 응력 집중을 고려하여 필릿(fillet)이나 모따기(chamfer) 등을 해 주어야 한다.

② 강 성

작용하중에 의한 변형(처짐, 비틀림 각)이 어느 한도 이하가 되도록 필요한 강성(剛性, rigidity, stiffness)을 가져야 한다. 굽힘에 의해 발생된 축의 처짐이 어느 한도 이상이 되면 베어링 압력과 틈새의 불균일을 일으켜 기어의 이 물림 상태에 이상이 발생하는 등 동력 전달에 문제가 발생한다.

③ 진 동

축은 굽힘 또는 비틀림 등에 의하여 진동(振動, vibration)이 발생한다. 이때 발생된 진동이 축의 고유진동(固有振動)과 **공진**(共振)할 때의 위험속도를 고려하여 공진에 의하여 축이 파괴되지 않도록 그 운전조건을 설계에 반영하여야 한다.

## 3-1 ◦ 축의 강도 설계

### (1) 비틀림 모멘트만을 받는 축

스핀들과 같이 주로 비틀림만을 받는 축이 이 경우에 해당된다. 지름 $d$ 인 중실축에 비틀림 모멘트(토크) $T$ 가 작용하여 비틀림 응력(전단 응력) $\tau$ 가 발생하였다면, 이들은 다음과 같은 관계식을 갖는다.

$$T = \tau Z_P = \tau \frac{\pi d^3}{16} \quad \cdots\cdots\cdots\cdots\cdots\cdots\cdots\cdots\cdots\cdots\cdots\cdots\cdots\cdots (6\text{-}1)$$

여기서 $Z_P$는 **극단면계수**로서 표 6-2와 같다.

식 (6-1)에서 축 재료의 허용 비틀림 응력을 $\tau_a$라 하면 $\tau_a \geq \tau$ 이어야 하므로

$$T = \tau_a \frac{\pi d^3}{16}$$

따라서 축 지름 $d$는

$$d = \sqrt[3]{\frac{16\,T}{\pi \tau_a}}$$ ·································································· (6-2)

또, 바깥지름 $d_2$, 안지름 $d_1$인 중공축에서

$$T = \tau Z_P = \tau \frac{\pi(d_2^4 - d_1^4)}{16\,d_2} = \tau \frac{\pi d_2^3(1 - x^4)}{16}$$ ······················· (6-3)

식 (6-3)에서 축 재료의 허용 비틀림 응력을 $\tau_a$라 하면

$$T = \tau_a \frac{\pi d_2^3(1 - x^4)}{16}$$

따라서, 중공축의 바깥지름 $d_2$는

$$d_2 = \sqrt[3]{\frac{16\,T}{\pi \tau_a(1 - x^4)}}$$ ································································ (6-4)

표 6-2  단면의 성질

| 축 단면 | 단면 2차 모멘트$(I)$ (관성 모멘트) | 단면계수$(Z)$ | 극단면 2차 모멘트$(I_P)$ (극관성 모멘트) | 극단면계수 $(Z_P)$ |
|---|---|---|---|---|
| | $\dfrac{\pi d^4}{64}$ | $\dfrac{\pi d^3}{32}$ | $\dfrac{\pi d^4}{32}$ | $\dfrac{\pi d^3}{16}$ |
| | $\dfrac{\pi(d_2^4 - d_1^4)}{64}$ | $\dfrac{\pi(d_2^4 - d_1^4)}{32\,d_2}$ $= \dfrac{\pi d_2^3(1 - x^4)}{32}$ | $\dfrac{\pi(d_2^4 - d_1^4)}{32}$ | $\dfrac{\pi(d_2^4 - d_1^4)}{16\,d_2}$ $= \dfrac{\pi d_2^3(1 - x^4)}{16}$ |

참고 표 6-2에서 $x$는 축의 안지름과 바깥지름의 비로 축 **지름비**라고 한다. 따라서

$$x = \frac{d_1}{d_2} \text{이므로} \quad Z_P = \frac{\pi(d_2{}^4 - d_1{}^4)}{16\,d_2} = \frac{\pi d_2{}^4 \left(1 - \dfrac{d_1{}^4}{d_2{}^4}\right)}{16\,d_2} = \frac{\pi d_2{}^3(1 - x^4)}{16}$$

식 (6-1)과 (6-3)에서 토크 $T$를 단위시간 당 행(行)한 일량, 즉 **동력**(動力, power)으로 나타내면

$$\text{동력} = \frac{\text{일}}{\text{시간}} = \frac{\text{힘} \times \text{거리}}{\text{시간}} = \text{힘} \times (\text{원주})\text{속도}$$

$$= \text{힘} \times \text{반지름} \times \text{각속도} = \text{토크} \times \text{각속도}$$

이므로, 동력을 $H$, 각속도를 $\omega[\text{rad/s}]$, 회전수를 $n[\text{rpm}]$이라 하면, $\omega = \dfrac{2\pi n}{60}$ 이므로

$$H = T\omega = \frac{2\pi n T}{60} \quad\text{.................................................} (6-5)$$

따라서 토크 $T$는

$$T = \frac{60H}{2\pi n} \quad\text{.................................................} (6-6)$$

식 (6-2)와 (6-4)에서 토크 $T$를 모르는 대신 전달 동력 $H$와 회전수 $n$을 알면 식 (6-6)으로부터 토크 $T$를 구하여 축 지름 $d$와 $d_2$를 구할 수 있다.

참고 동력 단위(W, kW, PS)
$1\,\text{W} = 1\,\text{N} \cdot \text{m/s} = 1000\,\text{N} \cdot \text{mm/s}$
$1\,\text{kW} = 10^3\,\text{W}$
$1\,\text{PS} = 75\,\text{kgf} \cdot \text{m/s} = 735\,\text{N} \cdot \text{m/s} = 735\,\text{W}$

## (2) 굽힘 모멘트만을 받는 축

동력의 전달 없이 굽힘 하중만을 받는 차축이 이 경우에 해당된다. 지름 $d$인 중실축에 작용하는 최대 굽힘 모멘트를 $M$, 이에 의해 발생되는 최대 굽힘 응력을 $\sigma_b$, 축 단면계수를 $Z$라고 하면, 이들은 다음과 같은 관계식을 갖는다.

$$M = \sigma_b \cdot Z = \sigma_b \cdot \frac{\pi d^3}{32} \quad\text{.................................................} (6-7)$$

여기서, 허용 굽힘 응력을 $\sigma_a$라 하면 식(1-42)에서

$$M = \sigma_a \cdot \frac{\pi d^3}{32}$$

따라서, 축 지름 $d$는

$$d = \sqrt[3]{\frac{32M}{\pi \sigma_a}} \quad \cdots\cdots (6-8)$$

또, 바깥지름 $d_2$, 안지름 $d_1$인 중공축에서

$$M = \sigma_b \cdot Z = \sigma_b \cdot \frac{\pi(d_2^4 - d_1^4)}{32 d_2} = \sigma_b \cdot \frac{\pi d_2^3(1-x^4)}{32} \quad \cdots\cdots (6-9)$$

마찬가지로 허용 굽힘 응력을 $\sigma_a$라 하면

$$M = \sigma_a \cdot \frac{\pi d_2^3(1-x^4)}{32}$$

따라서, 중공축의 바깥지름 $d_2$는

$$d_2 = \sqrt[3]{\frac{32M}{\pi \sigma_a(1-x^4)}} \quad \cdots\cdots (6-10)$$

### (3) 비틀림과 굽힘 모멘트를 동시에 받는 축

전동축은 회전에 의한 비틀림 모멘트 $T$와 축의 자중(自重), 풀리(pulley) 및 기어 (gear)의 자중, 벨트(belt)의 장력(張力) 등에 의하여 굽힘 모멘트 $M$을 동시에 받는다. 이때, 축은 굽힘 모멘트 $M$에 의하여 $x$ 또는 $y$축 방향으로 인장이나 압축력을 받아 수직응력 $\sigma_x$ 또는 $\sigma_y$가 발생하게 되고, 또한 비틀림 모멘트 $T$에 의해서는 전단응력 $\tau_{xy}$가 발생하게 된다. 따라서 이러한 경우에는 수직응력, 즉 굽힘 응력 $\sigma_b$와, 전단응력, 즉 비틀림 응력 $\tau$를 조합한 조합응력(組合應力)으로 최대 주응력설과 최대 전단응력설로 축 지름을 결정한다.

최대 주응력을 $\sigma_{\max}$라 하면 식 (1-42)에서

$$\sigma_{\max} = \frac{1}{2}(\sigma_x + \sigma_y) + \frac{1}{2}\sqrt{(\sigma_x - \sigma_y)^2 + 4\tau_{xy}^2}$$

최대 전단응력을 $\tau_{max}$라 하면 식 (1-43)에서

$$\tau_{max} = \frac{1}{2}\sqrt{(\sigma_x - \sigma_y)^2 + 4\tau_{xy}^2}$$

여기서 $\sigma_x = \sigma_b$, $\sigma_y = 0$, $\tau_{xy} = \tau$의 경우에 상당하므로

$$\sigma_{max} = \frac{1}{2}\sigma_b + \frac{1}{2}\sqrt{\sigma_b^2 + 4\tau^2} \quad\cdots\cdots\cdots\cdots\cdots\cdots\cdots\cdots\cdots\cdots\cdots (6\text{-}11)$$

$$\tau_{max} = \frac{1}{2}\sqrt{\sigma_b^2 + 4\tau^2} \quad\cdots\cdots\cdots\cdots\cdots\cdots\cdots\cdots\cdots\cdots\cdots\cdots\cdots (6\text{-}12)$$

가 된다. 따라서 지름 $d$인 중실축의 경우 식 (6-11)과 (6-12)에 $\sigma_b = \dfrac{32M}{\pi d^3}$ 과 $\tau = \dfrac{16\,T}{\pi d^3}$ 를 각각 대입하면

$$\sigma_{max} = \frac{1}{2} \times \frac{32M}{\pi d^3} + \frac{1}{2}\sqrt{\left(\frac{32M}{\pi d^3}\right)^2 + 4 \times \left(\frac{16\,T}{\pi d^3}\right)^2}$$

$$= \frac{32}{\pi d^3} \times \frac{1}{2}\left(M + \sqrt{M^2 + T^2}\right) \quad\cdots\cdots\cdots\cdots\cdots\cdots\cdots (6\text{-}13)$$

$$\tau_{max} = \frac{1}{2}\sqrt{\left(\frac{32M}{\pi d^3}\right)^2 + 4 \times \left(\frac{16\,T}{\pi d^3}\right)^2}$$

$$= \frac{16}{\pi d^3}\sqrt{M^2 + T^2} \quad\cdots\cdots\cdots\cdots\cdots\cdots\cdots\cdots\cdots\cdots\cdots (6\text{-}14)$$

식 (6-13)과 (6-14)에서 $\dfrac{32}{\pi d^3}\left(=\dfrac{1}{Z}\right)$와 $\dfrac{16}{\pi d^3}\left(=\dfrac{1}{Z_P}\right)$은 일정하므로 $\sigma_{max}$과 $\tau_{max}$을 발생시키는 것은 $\dfrac{1}{2}\left(M + \sqrt{M^2 + T^2}\right)$과 $\sqrt{M^2 + T^2}$이다. 이 값들을 각각 **상당 굽힘 모멘트**$(M_e)$, **상당 비틀림 모멘트**$(T_e)$라고 하며 그 크기는 다음과 같다.

$$M_e = \frac{1}{2}\left(M + \sqrt{M^2 + T^2}\right) \quad\cdots\cdots\cdots\cdots\cdots\cdots\cdots\cdots (6\text{-}15)$$

$$T_e = \sqrt{M^2 + T^2} \quad\cdots\cdots\cdots\cdots\cdots\cdots\cdots\cdots\cdots\cdots\cdots\cdots\cdots (6\text{-}16)$$

따라서 $\sigma_{max}$과 $\tau_{max}$은 다음과 같이 된다.

$$\left.\begin{array}{l} \sigma_{\max} = \dfrac{32\,M_e}{\pi d^3} \\[4mm] \tau_{\max} = \dfrac{16\,T_e}{\pi d^3} \end{array}\right\} \quad \cdots\cdots (6\text{--}17)$$

축의 안전한 지름은 $\sigma_{\max}$ 대신 허용응력 $\sigma_a$를, $\tau_{\max}$ 대신 허용 전단응력 $\tau_a$를 대입하여 구할 수 있으므로 식 (6-17)에서

$$\left.\begin{array}{l} d = \sqrt[3]{\dfrac{32\,M_e}{\pi \sigma_a}} \\[4mm] d = \sqrt[3]{\dfrac{16\,T_e}{\pi \tau_a}} \end{array}\right\} \quad \cdots\cdots (6\text{--}18)$$

축 지름은 이들 값 중에서 큰 값으로 정한다.

중공축의 경우 바깥지름을 $d_2$, 안지름을 $d_1$, 축 지름비 $x = \dfrac{d_1}{d_2}$ 이라 하면

$$\left.\begin{array}{l} \sigma_{\max} = \dfrac{32\,M_e}{\pi d_2^{\,3}(1-x^4)} \\[4mm] \tau_{\max} = \dfrac{16\,T_e}{\pi d_2^{\,3}(1-x^4)} \end{array}\right\} \quad \cdots\cdots (6\text{--}19)$$

따라서, 축의 안전한 지름은 $\sigma_{\max}$ 대신 허용응력 $\sigma_a$를, $\tau_{\max}$ 대신 허용 전단응력 $\tau_a$를 대입하여 구할 수 있으므로 식 (6-19)에서

$$\left.\begin{array}{l} d_2 = \sqrt[3]{\dfrac{32\,M_e}{\pi \sigma_a(1-x^4)}} \\[4mm] d_2 = \sqrt[3]{\dfrac{16\,T_e}{\pi \tau_a(1-x^4)}} \end{array}\right\} \quad \cdots\cdots (6\text{--}20)$$

중실축과 마찬가지로 축 지름은 위 식에 의하여 구한 값 중에서 큰 값으로 정한다.

**Q 예제** 6-1

180 rpm으로 7.5 kW를 전달할 수 있는 축의 지름을 구하여라. (단, 축 재료의 허용 비틀림 응력 $\tau_a = 21$ MPa로 한다.)

**해설** 먼저 전달 토크 $T$를 구하면

$$T = \frac{60H}{2\pi n}$$

$$= \frac{60 \times 7.5 \times 10^3}{2 \times 3.14 \times 180} = 398.09 \text{ N} \cdot \text{m} = 398.09 \times 10^3 \text{ N} \cdot \text{mm}$$

$$\therefore d = \sqrt[3]{\frac{16T}{\pi \tau_a}} = \sqrt[3]{\frac{16 \times 398.09 \times 10^3}{3.14 \times 21}} = 45.88 \text{ mm} \fallingdotseq 46 \text{ mm}$$

**Q 예제** 6-2

바깥지름이 600 mm인 평벨트 풀리로 동력을 전달시키는 축이 있다. 풀리를 회전시키는 벨트의 유효장력이 1000 N일 때 축 지름을 40 mm로 하였을 경우 축에 발생하는 최대 전단응력은 몇 MPa인가? (단, 축은 비틀림 모멘트만을 받는다.)

**해설** 풀리 원주면에서의 회전력을 $P_1$, 축 원주면에서의 회전력을 $P_2$, 풀리 지름을 $D$, 축 지름을 $d$라 하면, 전달 토크 $T$는 다음과 같은 관계식을 갖는다.

$$T = P_1 \cdot \frac{D}{2} = P_2 \cdot \frac{d}{2}$$

따라서

$$T = P_1 \cdot \frac{D}{2}$$

$$= 1000 \times \frac{600}{2} = 3 \times 10^5 \text{ N} \cdot \text{mm}$$

$$\therefore \tau = \frac{16T}{\pi d^3} = \frac{16 \times 3 \times 10^5}{3.14 \times 40^3} = 23.89 \text{ N/mm}^2 = 23.89 \text{ MPa}$$

**Q 예제** 6-3

375 J의 굽힘 모멘트를 받을 수 있는 연강 환봉 축의 지름을 설계하여라. (단, 축 재료의 허용 굽힘 응력 $\sigma_a = 40$ MPa로 한다.)

**해설** $d = \sqrt[3]{\dfrac{32M}{\pi \sigma_a}}$

$$= \sqrt[3]{\frac{32 \times 375 \times 10^3}{3.14 \times 40}} = 45.72 \text{ mm} \fallingdotseq 46 \text{ mm}$$

**Q 예제** 6-4

400 J의 굽힘 모멘트와 500 J의 비틀림 모멘트를 동시에 받는 축 지름을 설계하여라. (단, 축 재료의 허용 굽힘 응력 $\sigma_a = 50 \, \mathrm{MPa}$이고, 허용 비틀림 응력 $\tau_a = 20 \, \mathrm{MPa}$이다.)

**해설** 먼저 상당 굽힘 모멘트 $M_e$와 상당 비틀림 모멘트 $T_e$를 구하면

$$M_e = \frac{1}{2}\left(M + \sqrt{M^2 + T^2}\right) = \frac{1}{2}\left(400 + \sqrt{400^2 + 500^2}\right) = 520.16 \, \mathrm{J}$$

$$T_e = \sqrt{M^2 + T^2} = \sqrt{400^2 + 500^2} = 640.31 \, \mathrm{J}$$

$$\therefore d = \sqrt[3]{\frac{32 M_e}{\pi \sigma_a}} = \sqrt[3]{\frac{32 \times 520.16 \times 10^3}{3.14 \times 50}} = 47.33 \, \mathrm{mm}$$

$$d = \sqrt[3]{\frac{16 T_e}{\pi \tau_a}} = \sqrt[3]{\frac{16 \times 640.31 \times 10^3}{3.14 \times 20}} = 54.64 \, \mathrm{mm}$$

따라서, 위의 축 지름 값 중 큰 지름 값인 $54.64 \, \mathrm{mm} \fallingdotseq 55 \, \mathrm{mm}$로 설계한다.

## 3-2 ● 축의 강성 설계

비틀림 모멘트를 전달하는 축에서는 비틀림 변형이 축 재료의 탄성에 의해 급격히 반복된다. 이때, 비틀림 변형이 너무 커지면 비틀림 진동의 원인이 되므로 축의 강도와는 관계없이 비틀림 변형에 제한을 줄 필요가 있다.

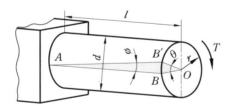

**그림 6-8  축의 비틀림**

그림 6-8과 같이 길이가 $l$인 중실축에서 축 재료의 전단 탄성계수를 $G$ 라고 하면, 축의 두 단면 사이의 비틀림 각 $\theta[\mathrm{rad}]$는 다음 식에 의하여 구한다.

$$\theta = \frac{T l}{G I_P} = \frac{32 \, T l}{G \pi d^4} \, [\mathrm{rad}] \quad \cdots\cdots\cdots\cdots\cdots\cdots\cdots\cdots (6-21)$$

여기서 $I_P$ 는 극관성 모멘트로 표 6-2에서 중실축의 $I_P = \dfrac{\pi d^4}{32}$ 임을 알 수 있다. 또, $1\mathrm{rad} = \left(\dfrac{180}{\pi}\right)^{\circ} \fallingdotseq 57.3^{\circ}$ 이므로 식 (6-21)을 다시 쓰면

$$\theta \fallingdotseq 57.3 \times \frac{32\,T\,l}{G\pi d^4}\ [\text{도}] \quad \cdots\cdots\cdots\cdots\cdots\cdots\cdots\cdots\cdots\cdots\cdots\cdots\cdots (6\text{-}22)$$

※ Bach의 축 공식

Bach는 축에 작용하는 최대 비틀림 모멘트 $T$에 의한 비틀림 각을 축 길이 1m에 대하여 $\frac{1}{4}^\circ$ 이하가 되도록 설계해야 된다고 주장하였다. 축 재료가 연강인 경우 전단 탄성계수 $G=80\,\text{GPa}$이고, $H[\text{kW}]$의 동력을 전달할 때 전달 토크 $T$는

$$T = \frac{60\,H}{2\pi n} = \frac{60\times 10^6 \times H[\text{kW}]}{2\pi n}$$

$$= 9.55\times 10^6 \times \frac{H[\text{kW}]}{n}\ [\text{N}\cdot\text{mm}]$$

이므로, 위 식을 식 (6-22)에 대입하여 중실축의 지름 $d$를 구하면

$$\frac{1}{4} = 57.3 \times \frac{32\times 9.55\times 10^6 \times \dfrac{H[\text{kW}]}{n}\times 1000}{80\times 10^3 \times 3.14 d^4}$$

$$\therefore\ d = 130\ \sqrt[4]{\frac{H[\text{kW}]}{n}}\ [\text{mm}] \quad \cdots\cdots\cdots\cdots\cdots\cdots\cdots\cdots\cdots (6\text{-}23)$$

중공축에서 축 지름비 $x=\dfrac{d_1}{d_2}$일 때, 바깥지름 $d_2$는

$$d_2 = 130\ \sqrt[4]{\frac{H[\text{kW}]}{(1-x^4)n}}\ [\text{mm}] \quad \cdots\cdots\cdots\cdots\cdots\cdots\cdots (6\text{-}24)$$

전동축의 지름을 결정할 때에는 일반적으로 강도에 의해서 구한다. 그러나 강도와 강성도를 동시에 고려해야 할 경우에는 각각에 대해 축 지름을 구하여 큰 쪽의 값을 취한다.

## 3-3 ● 축의 위험속도

축이 편심되어 있거나 또는 고속회전을 하게 되면 원심력에 의하여 굽힘 변형이 발생하게 된다. 이때 축은 진동을 일으키게 되며, 이 진동이 축의 고유진동(固有振動)과 공진(共振)하게 되면 결국 축은 파괴에 이르게 된다. 축이 진동으로 파괴될 때의 속도를 위험속도라고 한다.

## (1) 축의 중앙에 1개의 회전체를 가진 축

그림 6-9와 같이 축의 중앙에 1개의 회전체를 갖고 있는 축에서 $\delta_0$를 축의 처짐량, $e$를 축심(軸心)과 회전체 중심간의 거리(회전체와 축이 편심되어 있을 때), $\omega$를 축의 각속도, $k$를 축의 스프링상수, $m$을 회전체의 질량이라고 하면, 원심력 $F$는

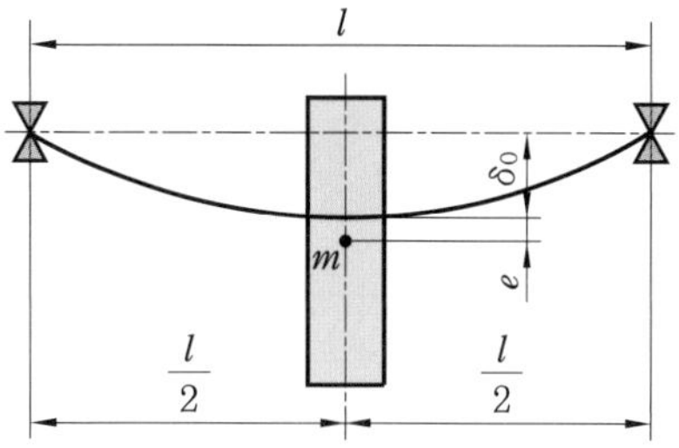

그림 6-9 축의 진동

$$F = ma_r = m(\delta_0 + e)\omega^2 \quad \cdots\cdots\cdots\cdots\cdots \text{(A)}$$

여기서 $a_r$은 구심가속도$(a_r = r\omega^2)$이다.

식 (A)에서 축은 원심력 $F$에 의하여 $\delta_0$의 처짐을 일으켜서 힘이 평형되어 있다. 따라서 훅의 법칙(Hooke's Law)에 의하여

$$F = k\delta_0 \quad \cdots\cdots\cdots\cdots\cdots\cdots\cdots\cdots\cdots\cdots\cdots\cdots\cdots\cdots \text{(B)}$$

가 된다. 따라서 식 (A)=(B)이므로

$$m(\delta_0 + e)\omega^2 = k\delta_0$$

$$\mathrm{k}\delta_0 - m\omega^2\delta_0 - me\omega^2 = 0$$

$$\therefore \delta_0 = \frac{me\omega^2}{\mathrm{k} - m\omega^2} = \frac{e}{\dfrac{k}{m\omega^2} - 1}$$

여기서 $e \neq 0$, $k = m\omega^2$일 때 $\delta_0$는 무한대가 되므로 이때의 각속도를 $\omega_c$라고 하면 이것이 **위험속도**[rad/s]가 된다.

$$k = m\omega_c^2$$

$$\therefore \omega_c = \sqrt{\frac{k}{m}} \ [\mathrm{rad/s}] \quad \cdots\cdots\cdots\cdots\cdots\cdots\cdots\cdots\cdots\cdots\cdots \text{(6-25)}$$

회전체의 무게를 $W(= mg)$, $W$에 의한 처짐을 $\delta$라고 하면 $W = k\delta$에서

$$mg = k\delta$$

$$k = \frac{mg}{\delta}$$

따라서 식 (6-25)를 다시 쓰면

$$\omega_c = \sqrt{\frac{k}{m}} = \sqrt{\frac{\dfrac{mg}{\delta}}{m}}$$

$$\therefore \omega_c = \sqrt{\frac{g}{\delta}} \ [\text{rad/s}] \ \cdots\cdots\cdots\cdots\cdots\cdots\cdots\cdots\cdots\cdots\cdots\cdots\cdots\cdots\cdots\cdots (6\text{-}26)$$

여기서 각속도 $\omega_c$에서 회전수를 $n_c$라 하면 $\omega_c = \dfrac{2\pi n_c}{60}$ 이므로 식 (6-26)을 다시 쓰면

$$\frac{2\pi n_c}{60} = \sqrt{\frac{g}{\delta}}$$

$$\therefore n_c = \frac{60}{2\pi} \sqrt{\frac{g}{\delta}} = \frac{30}{\pi} \sqrt{\frac{g}{\delta}} \ [\text{rpm}] \ \cdots\cdots\cdots\cdots\cdots\cdots\cdots\cdots\cdots\cdots (6\text{-}27)$$

만약 $g = 980\,\text{cm/s}^2$이고 $\delta[\text{cm}]$라고 하면

$$n_c = 300\sqrt{\frac{1}{\delta}} \ [\text{rpm}] \ \cdots\cdots\cdots\cdots\cdots\cdots\cdots\cdots\cdots\cdots\cdots\cdots\cdots\cdots\cdots (6\text{-}28)$$

축의 상용(常用) 회전속도는 위험속도로부터 적어도 ±20 % 떨어지게 하여야 한다.

## (2) 2개 이상의 회전체를 가진 축

그림 6-10과 같이 여러 개의 회전체를 갖고 있는 축에서의 위험속도는 다음의 **던커레이의 실험식**(Dunkerley's equation)을 사용하면 편리하다.

축에 $n$개의 회전체가 설치되어 있다고 하자. 이때 축이 각 회전체를 단독으로 가졌을 때의 위험속도를 각각 $n_1, n_2, n_3 \cdots, n_n$라 하고, 축 자신의 위험속도를 $n_0$라고 하면 축계 전체의 위험속도 $n_c$와는 다음과 같은 관계식을 갖는다.

$$\frac{1}{n_c^2} = \frac{1}{n_0^2} + \frac{1}{n_1^2} + \frac{1}{n_2^2} + \frac{1}{n_3^2} + \cdots + \frac{1}{n_n^2} \ \cdots\cdots\cdots\cdots\cdots\cdots (6\text{-}29)$$

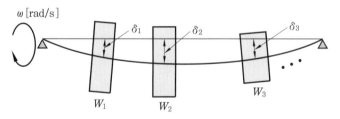

그림 6-10 여러 개의 회전체를 갖는 축의 진동

**Q 예제 6-5**

450 rpm으로 20 kW를 전달할 수 있는 축 지름을 설계하여라.(단, 축의 비틀림 각을 축 길이 1 m에 대하여 0.25° 이내로 한다.)

**해설** $d = 130\sqrt[4]{\dfrac{H[\text{kW}]}{n}} = 130 \times \sqrt[4]{\dfrac{20}{450}} = 59.69\,\text{mm} ≒ 60\,\text{mm}$

**Q 예제 6-6**

지름 50 mm, 길이 600 mm의 축 중앙에 무게 550 N의 기어를 장착하였을 때, 축의 위험속도(rpm)를 구하여라. (단, 축의 자중은 무시하며, 축 재료의 탄성계수 $E = 210\,\text{GPa}$이다.)

**해설** 먼저 축의 단면 2차 모멘트(관성 모멘트) $I$와 처짐량 $\delta$를 구하면

$$I = \frac{\pi d^4}{64} = \frac{3.14 \times 5^4}{64} = 30.66\,\text{cm}^4$$

$$\delta = \frac{Pl^3}{48EI} = \frac{550 \times 60^3}{48 \times 21 \times 10^6 \times 30.66} = 3.84 \times 10^{-3}\,\text{cm}$$

$$\therefore\ n_c = 300\sqrt{\frac{1}{\delta}} = 300 \times \sqrt{\frac{1}{3.84 \times 10^{-3}}} = 4841\,\text{rpm}$$

1. 400 rpm으로 4 kW의 동력을 전달하는 스핀들 축의 최소 지름을 구하여라. (단, 축 재료의 허용 전단응력은 20.6 MPa이다.)

2. 지름 5 cm의 축이 300 rpm으로 회전할 때, 최대로 전달할 수 있는 동력은 몇 kW인가? (단, 축의 허용 비틀림 응력은 39.2 MPa이다.)

3. 100 J의 굽힘 모멘트를 받는 중실축의 지름은 몇 mm 이상이어야 하는가? (단, 중실축의 허용 굽힘 응력은 98 MPa이다.)

4. 7 kJ의 비틀림 모멘트와 14 kJ의 굽힘 모멘트를 동시에 받는 축의 상당 굽힘 모멘트를 구하여라.

5. 지름 50 mm의 축이 78.4 J의 비틀림 모멘트와 49 J의 굽힘 모멘트를 동시에 받을 때, 축에 생기는 최대 전단응력은 몇 MPa인가?

6. 길이 4 m, 지름 50 mm의 연강축이 200 rpm으로 전동할 때 축 끝에 1°의 비틀림이 생겼다. 얼마의 동력을 전달할 수 있는가? (단, 축 재료의 전단탄성계수 $G = 80$ GPa이다.)

7. 길이 2 m의 중실축에 2 kJ의 비틀림 모멘트가 작용할 때, 비틀림 각이 전 길이에 대하여 3° 이내가 되도록 하기 위해서는 축 지름을 몇 mm로 하여야 하는가? (단, 축 재료의 전단탄성계수 $G = 81$ GPa이다.)

8. 1800 rpm으로 2 kW를 전달하는 중공축의 안지름과 바깥지름의 비가 0.65일 때, 바깥지름과 안지름을 구하여라. (단 축 재료의 허용 비틀림 응력은 20 MPa이다.)

9. 오른쪽 그림과 같은 축에서 $P = 5$ kN, $l = 500$ mm, $r = 300$ mm인 경우 축 지름은 몇 mm로 하여야 하는가? (단, 축의 허용 굽힘 응력은 75 MPa, 허용 비틀림 응력은 60 MPa이다.)

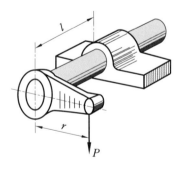

10. 400 rpm으로 5 kJ의 토크를 전달하는 축 지름을 바하의 축 지름 공식을 적용하여 구하여라.

# 축이음

제 **7** 장

# 축이음

## 1. 축이음의 개요

축이음 요소는 동력 전달 장치에서 원동축(原動軸)과 종동축(從動軸)의 두 축을 연결하여 토크를 전달하는 기계요소로서, 원통 면이나 원추 면 또는 원판 면의 접촉을 이용한다. 축이음 방법에는 운전 중에 결합을 연결하거나 끊을 수 없는 **커플링**(coupling)과 필요에 따라 운전 중에 결합을 자유자재로 연결하거나 끊을 수 있는 **클러치**(clutch)가 있다.

## 2. 축이음의 종류 및 설계

### 2-1 ● 커플링

커플링은 주로 전동기, 발전기, 감속기(減速器) 등에 쓰이며, 축과 축을 한 번 결합한 후에는 분해하지 않고서는 분리할 수 없는 영구적인 축이음으로, 고정 커플링(fixed coupling)과 플렉시블 커플링(flexible coupling), 올덤 커플링(oldham's coupling), 유니버설 커플링(universal coupling)의 4종류가 있다. 표 7-1은 커플링의 종류를 나타낸 것이다.

표 7-1 커플링의 종류

## (1) 고정 커플링(fixed coupling)

양 축(兩軸)의 축심(軸心)을 완전히 일직선으로 맞출 필요가 있으며, 축 방향의 이동이 없는 경우에만 사용되는 축이음으로 작은 토크 전달용의 원통 커플링과 큰 토크 전달용의 플랜지 커플링이 있다.

## 1) 원통 커플링

### ① 머프 커플링(muff coupling)

그림 7-1과 같이 주철재의 원통 속에서 두 축을 맞대어 맞추고 키로 고정한 것으로, 축 지름과 전달 토크가 아주 작을 경우에 사용하는 가장 간단한 커플링이다. 축에 인장력이 작용하는 경우에는 부적당하며, 키의 머리가 노출되어 있으면 위험하므로 반드시 안전장치를 해야 한다.

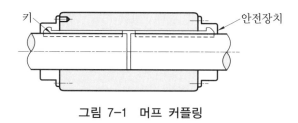

그림 7-1 머프 커플링

### ② 마찰 원통 커플링(friction clip coupling)

그림 7-2와 같이 바깥 둘레가 $\dfrac{1}{20} \sim \dfrac{1}{30}$ 의 기울기를 갖는 원뿔형으로 된 주철재 분할 원통을 두 축의 연결 단에 덮어씌우고, 이것을 양 끝에서 링(ring)으로 두드려 박아 줌으로써 원통과 축 사이에 마찰력을 발생시켜 토크를 전달시키는 커플링이다. 실제로는 마찰력만으로는 불안정하므로 키로 고정하며, 큰 토크의 전달에는 부적합하다. 그러나 설치 및 분해가 쉽고 임의의 곳에서 고정할 수 있는 장점이 있다.

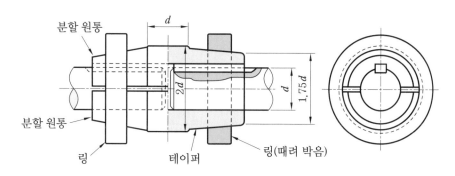

그림 7-2 마찰 원통 커플링

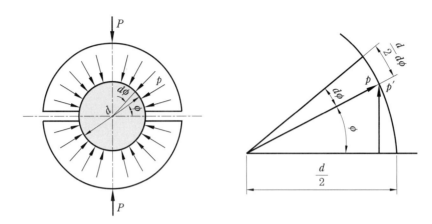

그림 7-3 마찰 원통 커플링의 역학적 관계

그림 7-3에서 원동축 혹은 종동축의 어느 한 축을 원통이 죄는 힘을 $P$, 축과 원통 사이의 압력을 $p$, 축과 원통 사이의 마찰계수를 $\mu$, 원통의 길이를 $L$ 이라 하면, 마찰력 만으로 토크를 전달할 때 전달 토크 $T$ 를 구하면 다음과 같다.

$p'=p\sin\phi$ 이므로

$$P=\int_0^\pi \frac{d}{2}\,d\phi \cdot \frac{L}{2} \cdot p\sin\phi$$

$$=\frac{dLp}{4}\int_0^\pi \sin\phi\,d\phi=\frac{dLp}{4}[-\cos\phi]$$

$$=\frac{dLp}{4}[-\cos\pi-(-\cos0°)]$$

$$=\frac{dLp}{2}$$

$$T=\int_0^{2\pi}\mu\frac{d}{2}\,d\phi \cdot \frac{L}{2} \cdot p\frac{d}{2}$$

$$=\frac{d^2}{8}\mu pL\int_0^{2\pi}d\phi=\frac{d^2}{8}\mu pL[\phi]^{2\pi}$$

$$=\frac{\mu\pi d^2 pL}{4}=\frac{\mu\pi d}{2}\cdot\frac{dLp}{2}$$

$$\therefore\ T=\frac{\mu\pi dP}{2} \quad\text{(7-1)}$$

③ 분할 원통 커플링(split muff coupling)

**클램프 커플링**(clamp coupling)이라고도 하며 그림 7-4(a)와 같이 두 개로 분할한 원통을 두 축의 연결 단에 덮어씌우고, 볼트로 죄어 원통과 축 사이에 마찰력을 발생시켜 토크를 전달시키는 커플링이다. 전달 토크가 클 경우에는 키를 사용한다.

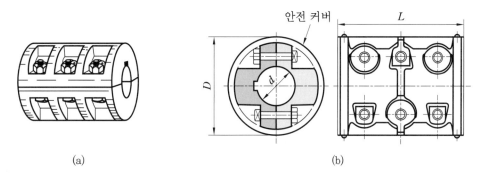

그림 7-4  분할 원통 커플링

볼트의 골 지름을 $d_1$, 볼트의 수를 $z$, 볼트의 허용 인장응력을 $\sigma_a$라고 하면, 볼트로 원통을 죄는 힘 $P$ 는

$$P = \frac{\pi d_1^2}{4}\sigma_a z$$

가 된다. 따라서 원동축 혹은 종동축의 어느 한 축을 죄는 힘 $P'$ 는

$$P' = \frac{P}{2} = \frac{\pi d_1^2}{8}\sigma_a z$$

여기서 $P'$ 는 마찰 원통 커플링의 $P$ 와 같으므로 식 (7-1)에서

$$T = \frac{\mu \pi d}{2}\left(\frac{\pi d_1^2}{8}\sigma_a z\right) \quad \cdots\cdots (7-2)$$

그림 7-4(b)에서 커플링의 전체 길이 $L=(3.5\sim5.2)d$, 커플링 바깥지름 $D=(2\sim4)d$ 로 하고, 볼트의 수는 보통 4~10개로 한다.

④ 셀러 커플링(seller's coupling)

머프 커플링을 셀러(Seller) 씨가 개량한 것으로 그림 7-5와 같이 주철제 원통의 내면은 원추면으로 되어 있다. 여기에 두 축을 끼우고, 바깥면이 원추면으로 되어 있는 원추 통을 양쪽에서 끼워 넣은 다음, 3개의 볼트로 죄어 축을 고정시킨 커플링으로, 보통 $D=2.25d+30$, $L=2.7d$로 한다.

셀러 커플링은 연결한 두 축의 지름이 다소 달라도 동일선상에 있게 된다.

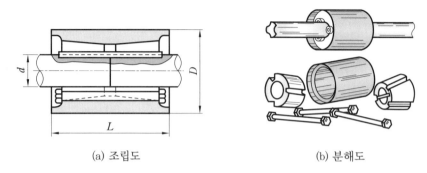

(a) 조립도                                    (b) 분해도

**그림 7-5   셀러 커플링**

⑥ 반 중첩(겹치기) 커플링(half lap coupling)

그림 7-6과 같이 축 끝을 약간 크게 하여 경사지게 겹쳐 키로 고정한 커플링으로, 축 방향으로 인장력을 받는 경우에 사용한다.

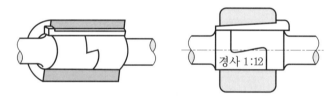

경사 1:12

**그림 7-6   반 중첩 커플링**

## 2) 플랜지 커플링(flange coupling)

그림 7-7과 같이 양 축 끝에 각각 플랜지를 억지 끼워 맞춤으로 끼우고 또한 키로 고정하여 이 플랜지를 리머 볼트로 연결한 것으로서, 확실하게 큰 토크를 전달할 수 있으므로 가장 널리 사용하고 있는 커플링이다. 플랜지의 중앙부는 요철(凹凸)을 만들어 두 구멍의 중심을 일치시킨다.

플랜지 커플링의 강도 계산은 볼트와 키의 전단, 플랜지 마찰면의 회전 마찰 저항, 보스와 플랜지 사이의 전단 등을 고려해야 한다. 일반적으로 보통급은 볼트의 체결력에 의하여 발생하는 플랜지 면의 마찰력으로 토크를 전달하며, 상급은 리머 볼트의 전단 저항에 의하여 토크를 전달한다.

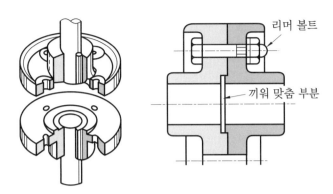

**그림 7-7  플랜지 커플링 및 그 단면도**

① 볼트의 전단 저항으로 토크를 전달하는 경우 볼트의 지름을 구하면 다음과 같다.
축 지름을 $d$, 볼트의 피치원 반지름을 $R$, 볼트 지름을 $\delta$, 축의 허용 비틀림 응력을
$\tau_s$, 볼트 수를 $z$, 볼트의 허용 전단응력을 $\tau_b$, 축의 극단면계수를 $Z_p$라고 하면, 축의 전
달 토크 $T$ 는

$$T = \tau_s Z_p = \tau_s \frac{\pi d^3}{16}$$

$z$개의 볼트 전단 저항에 의한 커플링의 전달 토크 $T'$ 는

$$T' = \frac{\pi \delta^2}{4} \tau_b z R$$

이고, $T' \geqq T$ 이어야 하므로

$$\tau_s \frac{\pi d^3}{16} = \frac{\pi \delta^2}{4} \tau_b z R$$

$$\therefore \delta = 0.5 \sqrt{\frac{d^3}{zR} \cdot \frac{\tau_s}{\tau_b}} \quad \cdots\cdots\cdots\cdots\cdots\cdots\cdots\cdots\cdots\cdots\cdots\cdots\cdots (7-3)$$

만약 축과 볼트의 재질이 같다면

$$\delta = 0.5 \sqrt{\frac{d^3}{zR}}$$

② 플랜지 면 사이의 마찰력으로 토크를 전달하는 경우 볼트 지름을 구하면,

1개의 볼트가 죄는 힘을 $Q\left(= \dfrac{\pi d_1^2}{4} \sigma_t\right)$, 볼트의 골지름을 $d_1$, 볼트의 인장응력을 $\sigma_t$,

접촉면에서의 마찰계수를 $\mu$, 플랜지 접촉면의 평균 반지름을 $R_f(\fallingdotseq R)$라고 하면, 플랜지 접촉면의 마찰력에 의한 커플링의 전달 토크 $T'$는

$$T' = \mu\, Q\, z\, R_f$$

이고, $T' \geqq T$ 이어야 하므로

$$\therefore \tau_s \frac{\pi d^3}{16} = \mu\, Q\, z\, R_f = \mu\, \frac{\pi d_1^2}{4}\, \sigma_t\, z\, R_f \quad\cdots\cdots\cdots\cdots\cdots\cdots\cdots\cdots\cdots\cdots (7\text{--}4)$$

식 (7-4)에서 볼트의 골지름 $d_1$을 구하여 볼트의 지름 $\delta$를 구한다.

### (2) 플렉시블 커플링(flexible coupling)

(a) 고무 커플링      (b) 체인 커플링      (c) 그리드형 커플링

**그림 7-8 플렉시블 커플링의 종류**

플렉시블 커플링은 두 축의 중심선을 완전히 일치시키기 어려울 때, 또 내연 기관과 같이 전달 토크의 변동이 심하여 진동이 많이 발생하는 경우 충격을 흡수할 목적으로 사용하는 축이음으로 **기어 커플링**(gear coupling), **고무 커플링**(rubber coupling), **체인 커플링**(chain coupling), **그리드형 커플링**(grid type coupling) 등이 있다.

### (3) 올덤 커플링(oldham's coupling)

두 축이 평행하지만 그 축의 중심선의 위치가 약간 어긋나 있고, 거리가 비교적 짧을 때 사용한다. 올덤 커플링은 그림 7-9와 같이 축과 연결된 홈과 돌기가 있는 플랜지 P, R 사이에 앞, 뒷면에 서로 직각 방향으로 홈과 돌기가 있는 원판 Q를 끼워 넣어 한 쪽의 축을 회전시키면 원판 Q가 홈을 따라 미끄러지면서 다른 쪽의 축에 회전을 전달하는 원리로 되어 있다.

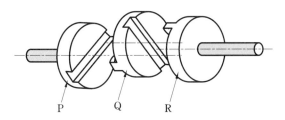

그림 7-9  올덤 커플링

## (4) 유니버설 커플링(universal coupling)

유니버설 커플링은 그림 7-10과 같이 두 축이 어느 각도로 교차할 때 사용하며 **유니버설 조인트**(universal joint), **훅의 조인트**(Hooke's joint), **자재이음**이라고도 한다. 두 축의 각속도비는 두 축의 교차각에 의하여 변화시킬 수 있다.

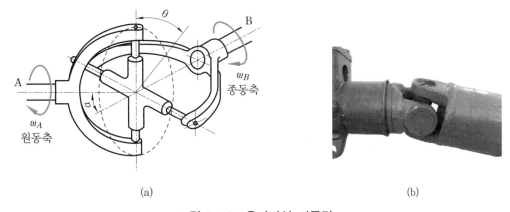

(a)                                                    (b)

그림 7-10  유니버설 커플링

그림 7-10(a)에서 $\alpha$를 두 축의 교차각, $\theta$를 원동축의 임의의 회전각, $\omega_A$를 원동축의 각속도, $\omega_B$를 종동축의 각속도, $n_A$를 원동축의 회전수, $n_B$를 종동축의 회전수라고 하면

$$\frac{\omega_B}{\omega_A} = \frac{n_B}{n_A} = \frac{\cos\alpha}{1 - \sin^2\theta\sin^2\alpha} \quad \cdots\cdots\cdots (7\text{-}5)$$

보통 $\alpha$는 30° 이하에서 사용하며, 아주 저속도의 경우에는 45°까지 사용할 수 있다.

**Q 예제** 7-1

마찰 원통 커플링에서 축 지름이 40 mm일 때, 원통이 축을 누르는 힘이 1 kN이고 마찰계수가 0.2이면, 이 커플링이 전달할 수 있는 토크는 몇 J인가?

**해설** $T = \dfrac{\mu \pi d P}{2} = \dfrac{0.2 \times 3.14 \times 40 \times 1000}{2} = 12560 \ \text{N} \cdot \text{mm} = 12.56 \ \text{N} \cdot \text{m} = 12.56 \ \text{J}$

**Q 예제** 7-2

그림과 같이 지름 50 mm의 두 축을 플랜지 커플링으로 연결하려고 할 때, 플랜지 커플링에 사용하는 볼트 수를 4개로 설계하려고 한다. 지름 몇 mm의 볼트를 사용하여야 하는가? (단, 축의 허용 비틀림 응력 $\tau_s = 25 \ \text{MPa}$이고, 볼트의 허용 전단응력 $\tau_b = 100 \ \text{MPa}$이다.

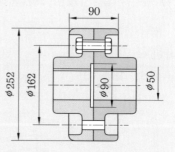

**해설** $\delta = 0.5 \sqrt{\dfrac{d^3}{zR} \cdot \dfrac{\tau_s}{\tau_b}} = 0.5 \times \sqrt{\dfrac{50^3 \times 25}{4 \times 81 \times 100}} = 4.91 \ \text{mm} \doteqdot 5 \ \text{mm}$

## 2-2 · 클러치

클러치(clutch)는 수시로 축과 축의 결합을 연결하거나 끊을 수 있는 축이음 방식으로 종류에는 **맞물림 클러치**(claw clutch), **마찰 클러치, 유체 클러치, 전자 클러치, 원심 클러치** 등이 있다.

### (1) 맞물림 클러치(claw clutch)

그림 7-11 맞물림 클러치

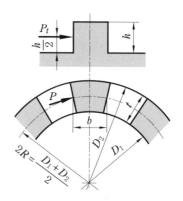

그림 7-12 클로 치수

　　맞물림 클러치는 **클로 클러치**라고도 하며, 그림 7-11과 같이 원동측의 요철부(凹凸部)와 종동측의 요철부(凹凸部)가 맞물림으로써 미끄럼이 전혀 없어 확실하게 토크(torque)를 전달하는 형식으로, 확동(確動) 클러치 중에서 가장 많이 사용되는 클러치이다. 표 7-2는 맞물림 클러치의 종류와 특성을 나타낸 것이다.

**표 7-2  맞물림 클러치의 종류와 특성**

| 특 성 | 삼각형 | | 스파이럴형 | 직사각형 | 사다리형 | |
|---|---|---|---|---|---|---|
| 모 양 | | | | | | |
| 하 중 | 비교적 경하중 | | 비교적 중하중 | 중하중 | | 초중하중 |
| 결합·분리 | 운전 중에 결합·분리가 가능함 (비교적 낮은 속도) | | | 결합은 정지 중에만 가능하나, 분리는 운전 중에도 가능함 | 분리가 쉬움 | |
| 회전 방향 변화 여부 | 양 방향 가능 | 한쪽 방향만 가능 | | 양쪽 방향 가능 | | 한쪽 방향만 가능 |

　　그림 7-12에서 $h$를 클로의 높이, $b$를 클로의 평균 폭, $t$를 클로의 두께, $z$를 클로의 수, $P_t$를 클로 하나에 작용하는 접선력, $P$를 클로 전체에 작용하는 접선력 $(P=zP_t)$, $R$을 평균반지름 $\left(R=\dfrac{D_1+D_2}{4}\right)$이라고 하면,

① 클로의 전단 저항에 의한 전달 토크

　　클로의 허용 전단응력을 $\tau_a$, 클로 뿌리의 면적을 $A_1$이라고 하면, 전달 토크 $T$는

$$T=zA_1\tau_a R \quad\text{······························································································}(7\text{-}6)$$

여기서 $A_1$은

$$A_1=\frac{\pi}{4}({D_2}^2-{D_1}^2)\times\frac{1}{2}\times\frac{1}{z}=\frac{\pi}{8z}({D_2}^2-{D_1}^2)$$

② 클로 사이의 접촉면 압력에 의한 전달 토크

　　클로의 접촉면 압력을 $p_m$, 클로의 접촉 면적을 $A_2$라고 하면 전달 토크 $T$는

$$T = z P_t R = z A_2 p_m R \quad \cdots\cdots\cdots\cdots\cdots\cdots\cdots\cdots\cdots\cdots \text{(7-7)}$$

여기서 $A_2$는

$$A_2 = \frac{1}{2}(D_2 - D_1)h$$

이다. 따라서 식 (7-6)과 (7-7)로부터 $z$, $D_2$, $D_1$, 및 $h$가 계산된다. 예로 클로의 높이 $h$를 구하면

$$z A_1 \tau_a R = z A_2 p_m R$$

$$\frac{\pi}{8z}(D_2{}^2 - D_1{}^2)\tau_a = \frac{1}{2}(D_2 - D_1)h p_m$$

$$\therefore h = \frac{\pi R \tau_a}{z p_m} \quad \cdots\cdots\cdots\cdots\cdots\cdots\cdots\cdots\cdots\cdots \text{(7-8)}$$

③ 클로의 굽힘 응력

클로의 굽힘 응력을 $\sigma_b$, 클로의 굽힘 모멘트를 $M(M = P_t h$, 그림 7-12에서 안전을 고려하여 $P_t$는 클로 끝에 작용하는 것으로 한다.), 클로의 단면계수를 $Z\left(= \dfrac{tb^2}{6}\right)$라고 하면

$$\sigma_b = \frac{M}{Z} = \frac{P_t h}{\dfrac{tb^2}{6}} = \frac{6 \times \dfrac{P}{z}h}{tb^2} = \frac{6Ph}{ztb^2} \quad \cdots\cdots\cdots\cdots\cdots\cdots \text{(7-9)}$$

또, $T = PR$ 에서 $P = \dfrac{T}{R}$ 이므로 식 (7-9)를 다시 쓰면

$$\sigma_b = \frac{6hT}{ztb^2 R} = \frac{24hT}{ztb^2(D_1 + D_2)} \quad \cdots\cdots\cdots\cdots\cdots\cdots \text{(7-10)}$$

## (2) 마찰 클러치

마찰 클러치는 축 양단(兩端)에 원판 모양의 마찰 판을 부착하여 서로 강하게 접촉시켜서 생긴 마찰력에 의하여 토크를 전달하는 것으로서, **원판 클러치**와 **원추 클러치**가 있다.

마찰 클러치는 접촉면에 미끄럼을 발생시키면서 종동축을 천천히 회전시켜 주므로 원동축이 회전하는 중에도 충격 없이 종동축을 원동축에 결합시킬 수 있다. 또 마찰 클러치는 과부하가 작용하더라도 접촉면이 미끄러져서 일정량 이상의 하중은 전달되지 않으므로 안전장치의 역할도 한다.

① 원판 클러치

그림 7-13(a)와 같이 마찰 면의 수가 1개인 원판 클러치(**단판 클러치**)의 경우 전달 토크 $T$ 를 구하면 다음과 같다.

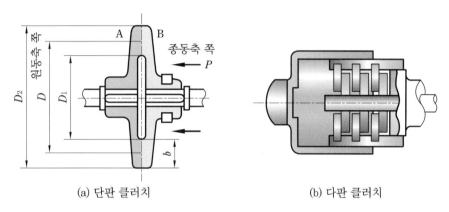

(a) 단판 클러치          (b) 다판 클러치

**그림 7-13 원판 클러치**

$P$ 는 마찰차를 축 방향으로 미는 힘, $p_m$ 은 접촉면 평균 압력, $\mu$ 는 접촉면 마찰계수, $D$ 는 접촉면 평균 지름$\left(D = \dfrac{D_1 + D_2}{2}\right)$, $b$ 를 접촉면의 폭$\left(b = \dfrac{D_2 - D_1}{2}\right)$이라고 하면, 전달 토크 $T$ 는

$$T = \mu P \cdot \frac{D}{2} \quad\text{................................................................ (7-11)}$$

이다. 여기서 $P$ 를 접촉면 평균 압력으로 나타내면

$$P = p_m \cdot \frac{\pi(D_2^2 - D_1^2)}{4} = p_m \cdot \pi D b$$

따라서 식 (7-11)을 다시 쓰면

$$\left.\begin{aligned} T &= \mu p_m \cdot \frac{\pi(D_2^2 - D_1^2)}{4} \cdot \frac{D}{2} \\ &= \mu p_m \cdot \pi D \, b \cdot \frac{D}{2} \end{aligned}\right\} \quad\text{.......................................... (7-12)}$$

다음, 그림 7-13(b)와 같이 마찰 면이 여러 개인 원판 클러치(**다판 클러치**)의 경우, 접촉면 수를 $z$라고 하면 $P=zp_m \cdot \pi Db$가 된다. 따라서 다판 클러치의 전달 토크는 식 (7-12)에서

$$\left.\begin{array}{l} T= z\mu p_m \cdot \dfrac{\pi(D_2^2 - D_1^2)}{4} \cdot \dfrac{D}{2} \\[3mm] \quad = z\mu p_m \cdot \pi D\, b \cdot \dfrac{D}{2} \end{array}\right\} \quad\cdots\cdots (7\text{-}13)$$

접촉면의 재료는 마찰 계수가 크고 내마멸성이 높으며, 높은 온도에서도 견딜 수 있고 오랫동안 변질되지 않아야 하며, 압축 및 그 밖의 기계적 성질이 우수한 것이어야 한다. 보통 한 쪽에는 금속을, 또 다른 쪽에는 가죽, 고무, 석면, 목재, 금속 등의 재료를 접촉면에 붙여 사용한다. 표 7-3은 접촉면 재료에 따른 마찰계수와 허용 접촉 압력을 나타낸 것이다.

표 7-3  마찰차의 접촉면 재료에 따른 마찰계수와 허용 접촉 압력

| 접촉면의 재료 | 마찰계수($\mu$) | | | 허용 접촉 압력 (MPa) |
|---|---|---|---|---|
| | 건조 | 그리스 | 윤활 | |
| 목재와 주철 | 0.20~0.35 | 0.08~0.12 | 0.12~0.15 | 0.41~0.62 |
| 가죽과 주철 | 0.30~0.50 | 0.15~0.20 | 0.12~0.15 | 0.07~0.27 |
| 파이버와 금속 | – | 0.10~0.20 | 0.12~0.15 | 0.07~0.27 |
| 석면과 금속 | 0.35~0.50 | 0.25~0.30 | 0.20~0.25 | 0.21~0.55 |
| 코르크와 금속 | 0.35 | 0.25~0.30 | 0.22~0.25 | 0.06~0.11 |
| 주철과 주철 | 0.15~0.20 | 0.06~0.10 | 0.05~0.10 | 1.03~1.72 |
| 청동과 주철 | – | 0.05~0.10 | 0.05~0.10 | 0.54~0.82 |
| 강철과 주철 | 0.25~0.35 | 0.07~0.12 | 0.06~0.10 | 0.82~1.37 |

② 원추 클러치

원추 클러치는 **원뿔 클러치**라고도 하며 그림 7-14와 같이 마찰 면을 원추형으로 한 것으로 $P$는 마찰차를 축 방향으로 미는 힘, $Q$는 $P$에 의해 접촉면에 작용하는 수직 반력, $p_m$을 접촉면 평균 압력, $\mu$를 접촉면 마찰계수, $D$를 접촉면 평균 지름 $\left(D=\dfrac{D_1+D_2}{2}\right)$, $b$를 접촉면의 폭이라고 하면 마찰차를 축 방향으로 미는 힘 $P$는

$$P= Q\sin\alpha + \mu Q\cos\alpha = Q(\sin\alpha + \mu\cos\alpha)$$

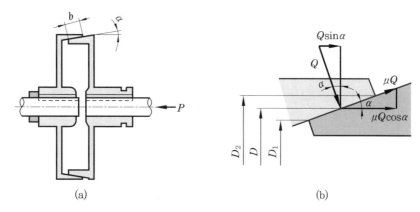

**그림 7-14 원추 클러치**

따라서

$$Q = \frac{P}{\sin\alpha + \mu\cos\alpha}$$

가 된다. 따라서 전달 토크 $T$ 는

$$T = \mu Q \cdot \frac{D}{2} = \frac{\mu}{\sin\alpha + \mu\cos\alpha} P \cdot \frac{D}{2} = \mu' P \cdot \frac{D}{2} \quad \cdots\cdots\cdots\cdots (7\text{-}14)$$

여기서 상당 마찰계수 $\mu' \left( = \dfrac{\mu}{\sin\alpha + \mu\cos\alpha} \right)$ 는 $\mu$ 보다 항상 크므로 원추 클러치는 원판 클러치에 비하여 작은 힘으로 큰 토크를 전달할 수 있다는 것을 알 수 있다.

또, $Q$ 를 마찰면의 평균 압력으로 나타내면

$$Q = \pi D b p_m$$

이므로 식 (7-14)에서 전달 토크 $T$ 는

$$T = \mu Q \cdot \frac{D}{2} = \mu \pi D b p_m \cdot \frac{D}{2} \quad \cdots\cdots\cdots\cdots\cdots\cdots (7\text{-}15)$$

## (3) 유체 클러치

원동축에 고정된 펌프의 날개와 종동축에 고정된 터빈의 날개 사이에 유체를 가득 채우고, 펌프의 회전에 의해 원심력을 받은 유체가 종동축의 날개를 두드리면서 토크를 전달하는 클러치이다. 그림 7-15는 유체 클러치의 원리를 나타낸 것이다.

### (4) 전자 클러치

전자 클러치는 내장된 전자 코일에 의해 발생된 전자력으로 회전력을 전달하는 클러치로서 전기적 작동에 의하여 쉽게 결합 분리가 되므로 자동화 장치의 축이음에 많이 이용된다.

### (5) 원심 클러치

그림 7-16과 같이 스프링을 이용한 클러치로서 원동축이 어느 회전수에 달하면 클러치 편(片)이 스프링의 힘을 이기고 원심력으로 튀어나와 종동축의 케이싱(casing) 내면(內面)과 접촉하여 생기는 마찰력으로 토크를 전달한다.

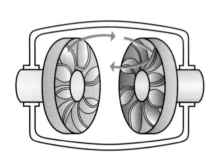

그림 7-15 유체 클러치의 원리

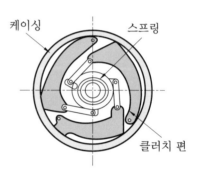

그림 7-16 원심 클러치

**Q 예제 7-3**

그림과 같은 맞물림 클러치에서 4 kW, 200 rpm으로 동력을 전달할 경우 클로 뿌리면에서 발생하는 전단응력과 클로의 높이를 구하여라. (단, 클로의 접촉면 압력 $p_m = 20\,\mathrm{MPa}$이고, 클로 수는 3개이다.)

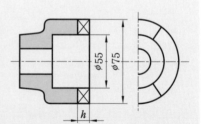

**해설** 먼저 전달 토크 $T$ 를 구하면

$$T = \frac{60H}{2\pi n} = \frac{60 \times 4 \times 10^3}{2 \times 3.14 \times 200} = 191.08\,\mathrm{N \cdot m} = 191.08\,\mathrm{J}$$

다음 클로의 뿌리 면적 $A_1$과 평균 반지름 $R$을 구하면

$$A_1 = \frac{\pi}{8z}(D_2{}^2 - D_1{}^2) = \frac{3.14}{8 \times 3}(75^2 - 55^2) = 340.17\,\mathrm{mm}^2$$

$$R = \frac{D_1 + D_2}{4} = \frac{55 + 75}{4} = 32.5\,\mathrm{mm}$$

$$\therefore \tau_a = \frac{T}{zA_1R} = \frac{191.08 \times 10^3}{3 \times 340.17 \times 32.5} = 5.76\,\mathrm{N/mm}^2 = 5.76\,\mathrm{MPa}$$

$$\therefore h = \frac{\pi R \tau_a}{z\,p_m} = \frac{3.14 \times 32.5 \times 5.76}{3 \times 20} = 9.8\,\mathrm{mm}$$

**Q 예제** 7-4

1200 rpm, 20 kW를 전달하는 원판 클러치의 접촉면 폭을 구하여라.(단, 접촉면 마찰계수 $\mu = 0.25$, 접촉면 평균압력 $p_m = 0.2\,\text{MPa}$, 접촉면 평균지름 $D = 200\,\text{mm}$ 이다.)

**해설** 먼저 전달 토크 $T$ 를 구하면

$$T = \frac{60H}{2\pi n} = \frac{60 \times 20 \times 10^3}{2 \times 3.14 \times 1200} = 159.24\,\text{N} \cdot \text{m} = 159.24 \times 10^3\,\text{N} \cdot \text{mm}$$

$$\therefore b = \frac{2T}{\pi D^2 \mu p_m} = \frac{2 \times 159.24 \times 10^3}{3.14 \times 200^2 \times 0.25 \times 0.2} = 50.71\,\text{mm} \fallingdotseq 51\,\text{mm}$$

1. 마찰 원통 커플링에서 원통이 축을 누르는 힘을 500 N, 축지름 40 mm, 마찰계수 0.2일 때 이 커플링이 전달할 수 있는 토크를 구하여라.

2. 축 지름 80 mm인 클램프 커플링에서 50 kW, 120 rpm의 동력을 마찰력으로만 전달할 때, 볼트에 발생하는 인장응력을 구하여라. (단 마찰계수 $\mu = 0.2$, 볼트의 골지름 $d_1 = 22$ mm, 볼트 수 $z = 4$개이다.)

3. 지름 100 mm인 두 축을 플랜지 커플링으로 M20 볼트 6개를 사용하여 연결하였다. 이때 볼트에 생기는 전단 저항만으로 동력을 전달한다면 볼트에 발생하는 전단응력은 몇 MPa인가? (단, 볼트의 피치원 지름은 300 mm, 축 재료의 허용 비틀림 응력 $\tau_s = 12$ MPa이다.)

4. 각 형 클로 3개의 전단 저항으로 20 kW, 100 rpm의 동력을 전달하는 맞물림 클러치에서 접촉면의 안지름과 바깥지름이 각각 100 mm, 180 mm일 때, 클로 뿌리에 발생하는 전단응력을 구하여라.

5. 원동축의 회전수가 600 rpm, 마찰 판의 평균 지름이 400 mm, 축 방향으로 밀어붙이는 힘 2 kN, 마찰계수가 0.15인 원판 클러치의 전달동력을 구하여라.

6. 350 rpm, 18 kW를 전달시키는 원판 클러치의 접촉 폭은 몇 mm로 설계하여야 하는가? (단, 종동차의 평균 지름 360 mm, 마찰계수 0.2, 접촉면의 허용 평균 압력 0.3 MPa이다.)

7. 원추 클러치에서 축 방향으로 스러스트 하중 750 N을 작용시킬 때 접촉면에 생기는 수직력은 몇 N인가? (단, 원추각은 30°, 마찰계수 $\mu = 0.707$이다.)

8. 접촉면의 바깥지름 150 mm, 안지름 140 mm, 접촉 폭 35 mm, 접촉면 마찰계수 0.2인 원추 클러치가 접촉면 평균 압력 0.3 MPa로 500 rpm의 회전을 전달하고 있다. 전달동력(kW)을 구하여라.

# 베어링

제**8**장

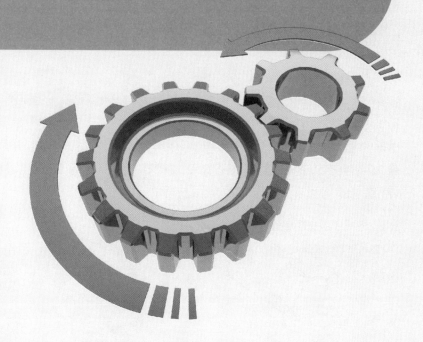

# 베어링

## 1. 베어링의 개요

회전축을 지지하면서 축에 작용하고 있는 하중을 받는 기계요소를 베어링(bearing)이라 하며, 베어링에 둘러싸여 회전하는 축의 부분 즉, 축이 베어링에 의하여 지지되는 부분을 **저널**(journal)이라고 한다. 따라서 저널과 베어링은 항상 회전 짝(rotating pair)을 이루고 있으며, 서로 상대 운동을 함으로써 마찰이 생겨 동력의 손실을 가져옴과 동시에 열이 발생하며, 심하면 녹아 붙음(seizing)이 일어나서 기계의 손상 원인이 된다.

### 1-1 ◦ 베어링의 종류

베어링은 베어링과 저널의 접촉 상태와 하중을 받는 방향에 따라 다음과 같이 분류한다.

### (1) 접촉 상태에 의한 분류

① 미끄럼 베어링(sliding bearing)

그림 8-1과 같이 베어링 메탈(bearing metal)과 저널 사이에서 윤활유를 매개물로 하여 미끄럼 접촉을 하는 베어링으로, 마찰 저항이 크지만 접촉 면적이 넓어 구름 베어링보다 큰 하중을 지지할 수 있다. 베어링 메탈은 마찰을 적게 하기 위해 베어링 구멍에 끼우는 것으로서, 상하 두 쪽으로 갈라진 것과, 한 몸으로 된 통형(筒形)의 것이 있다. 통형의 베어링 메탈을 **부시**(bush)라고 한다.

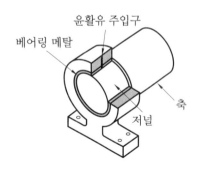

그림 8-1 미끄럼 베어링

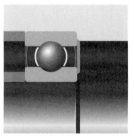

그림 8-2 구름 베어링

② 구름 베어링(rolling bearing)

그림 8-2와 같이 축을 지탱하는 요소 사이에 볼(ball)이나 롤러(roller) 등의 회전체를 설치하여 구름 접촉을 하는 베어링으로 미끄럼 베어링보다 마찰 저항이 적고, 국제적으로 표준화, 규격화 되어 있어 호환성이 좋다.

## (2) 하중을 받는 방향에 의한 분류

베어링을 하중을 받는 방향에 따라 분류하면 그림 8-3과 같이 레이디얼 베어링, 스러스트 베어링, 합성 베어링 등으로 분류할 수 있다.

① 레이디얼 베어링(radial bearing)

축선(軸線)에 직각으로 작용하는 하중을 지지하는 베어링이다.

② 스러스트 베어링(thrust bearing)

축선 방향으로 작용하는 하중을 지지하는 베어링이다.

③ 합성 베어링(composite bearing)

축선에 직각으로 작용하는 하중과 축선 방향으로 작용하는 하중을 동시에 지지하는 베어링으로 **테이퍼 베어링**(taper bearing)이라고도 한다.

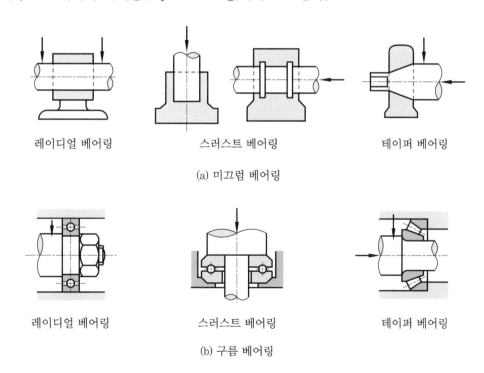

레이디얼 베어링       스러스트 베어링       테이퍼 베어링

(a) 미끄럼 베어링

레이디얼 베어링       스러스트 베어링       테이퍼 베어링

(b) 구름 베어링

**그림 8-3  베어링의 종류**

## 1-2 ○ 저널의 종류

미끄럼 베어링에서 저널의 종류를 작용하는 하중의 방향에 의하여 분류하면 다음과 같다.

### (1) 레이디얼 저널

그림 8-4(a), (b)와 같이 하중의 방향이 회전축에 직각 방향으로 작용하는 것으로, **엔드 저널**(end journal)과 **중간 저널**(neck journal)이 있다.

### (2) 스러스트 저널

그림 8-4(c), (d)와 같이 하중의 방향이 회전축의 축선과 같은 방향으로 작용하는 것으로, **피봇 저널**(pivot journal)과 **칼라 저널**(collar journal)이 있다.

### (3) 원뿔 저널과 구면 저널

원뿔 저널(cone journal)은 그림 8-4(e)와 같이 하중의 방향이 회전축의 축선과 같은 방향과 직각 방향으로 작용하는 것이며, 구면 저널(spherical journal)은 그림 8-4(f)와 같이 여러 방향의 하중을 받으며 동시에 임의의 방향으로 기울어지게 할 수 있는 저널이다.

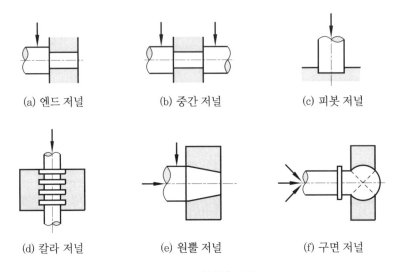

(a) 엔드 저널    (b) 중간 저널    (c) 피봇 저널

(d) 칼라 저널    (e) 원뿔 저널    (f) 구면 저널

그림 8-4  저널의 종류

# 2. 미끄럼 베어링

일반적으로 가장 많이 사용하고 있는 미끄럼 베어링은 베어링 면과 저널 사이에 윤활유를 매개물로 하여 미끄럼 접촉을 하도록 하고 있다. 최근에는 고속 회전의 경우 윤활유 대신에 고압(高壓)의 압축 공기를 불어 넣어 공기압으로 축을 뜨게 하여 하중을 지지하는 **공기 베어링(기체 베어링)**을 사용하기도 한다. 이밖에도 소음이 거의 없는 자기 부상을 이용한 **자기 베어링**(magnetic bearing)이 있다. 자기 베어링은 발전소 등의 대형 모터와 컴퓨터 케이스의 팬(fan) 등에 사용되며, 고속 회전이 가능하고 높은 내구성(耐久性)을 갖추고 있다.

## 2-1 ◦ 미끄럼 베어링 재료

원주 속도나 하중이 작은 간단한 베어링에서는 베어링 메탈 없이 몸체 자체가 베어링 메탈의 역할을 하는 것도 있으나, 마찰을 적게 하고 마멸되었을 때 베어링 메탈의 일부를 교환함으로써 간단히 수리할 수 있도록 베어링 몸체에 베어링 메탈을 끼워 저널과 직접 접촉하도록 한다.

### (1) 베어링 메탈의 조건

베어링 메탈의 구비 조건은 다음과 같다.
① 녹아 붙지 않아야 한다.
② 접촉성이 좋아야 한다.
③ 면압 강도와 강성이 커야 한다.
④ 피로 강도가 크고 마찰, 마멸이 적어야 한다.
⑤ 열 전도도와 내부식성이 커야 한다.
⑥ 제작 및 수리가 용이해야 하며 저가(低價)이어야 한다.

### (2) 베어링 메탈의 종류

① 주 철
Fe-C-Si의 3원 합금으로 고속에서 녹아 붙는 결점이 있으나 마멸과 충격에 잘 견디고 저가이므로 저속, 저압용(低壓用) 베어링에 널리 사용된다.

② 동합금

동합금(銅合金) 재료에는 Cu-Sn-Zn 합금의 **포금**(砲金)과 Cu-Sn-P 합금의 **인청동**(燐靑銅), Cu-Sn-Pb 합금의 **연청동**(鉛靑銅), Cu-Pb 합금의 **켈밋**(kelmet) 등이 있다. 이들 동합금 재료는 단단하며 융점(融點)이 높고 열전도성(熱傳導性)이 좋을 뿐만 아니라 내 마멸성 및 내 충격성이 우수하여 공작기계, 내연기관 등의 고속(高速), 고압용(高壓用)으로 널리 사용된다.

③ 화이트 메탈(white metal)

주석(Sn), 납(Pb), 아연(Zn) 등 연한 금속이 주성분인 백색 합금의 총칭으로 마멸과 녹아 붙음이 적고, 윤활유의 흡착성이 높아 유막을 강하게 한다. 또 조성에 따라 속도와 하중의 범위를 알맞게 조절할 수 있고, 제작, 수리가 용이하기 때문에 베어링 메탈로서는 가장 우수하다. 화이트 메탈에는 주석을 바탕으로 하는 화이트 메탈과 납을 바탕으로 하는 화이트 메탈, 아연을 바탕으로 하는 화이트 메탈의 3종류가 있으며, 이 중에서 주석을 바탕으로 하는 화이트 메탈이 가장 우수하며, 1893년 배빗(Babbit)이 처음으로 사용하여 **배빗 메탈**(babbitt metal)이라고 한다.

④ 함유 소결 합금(含油燒結合金)

구리, 주석, 흑연 분말의 소결 합금으로서 입자 사이에 기름이 스며들게 하여 급유가 곤란한 베어링이나 무급유형 베어링에 사용되며, 일명 **오일리스 베어링**(oilless bearing)이라고 한다.

⑤ 카드뮴 합금

화이트 메탈보다 강도가 크고 고온강도가 높아서 고하중의 내연기관 베어링에 사용된다.

⑥ 은

은(Ag)은 연하고 열전도성이 좋기 때문에 베어링 재료 중 최상급이나 가격이 비싸기 때문에 항공기용 이외에는 그다지 사용되지 않는다.

⑦ 알루미늄 합금

가볍고 제작이 용이하며 내 마멸성이 크므로 고속, 고하중의 베어링에 사용되지만 마찰에 의하여 생기는 산화피막($Al_2O_3$) 때문에 축이 손상되기 쉬운 결점이 있다.

⑧ **리그넘 바이티**(lignumvitae)

서인도제도 등 중남미에 분포하는 무겁고 단단한 목재로서 독특한 녹색을 띠고 있으며, 함유되어 있는 수지(樹脂, resin)가 윤활제의 역할을 한다. 특히 물 윤활이 좋아 펌프, 선박의 프로펠러 축 등의 베어링에 사용된다.

## 2-2 ○ 미끄럼 베어링의 윤활

### (1) 윤활제와 윤활작용

윤활제는 베어링의 종류, 용도에 따라 여러 가지가 있으나, 주 목적은 마찰계수와 마멸의 감소, 녹아 붙음의 방지, 냉각, 밀봉(密封, seal), 녹 방지, 청정작용(淸淨作用) 등이며, 이와 같은 작용은 윤활제 첨가제에 따라 개선된다.

윤활에서 하중이 크거나, 속도가 낮거나, 점도가 극히 낮으면 유막이 얇게 되어 윤활 상태가 불량하게 되어 국부적(局部的) 과열(過熱)과 녹아 붙음의 원인이 되기도 한다. 윤활제의 대부분은 액체 윤활제이고, 반고체형의 그리스(grease)와 고체형의 흑연, 이유화 몰리브덴 등과 같은 고체 윤활제가 있다.

### (2) 윤활 방법

미끄럼 베어링의 윤활 방법에는 그림 8-5와 같이 적하(滴下) 급유법, 오일 링(oil ring) 급유법, 패드(pad) 급유법, 비말(飛沫) 급유법, 순환 급유법 등이 있다.

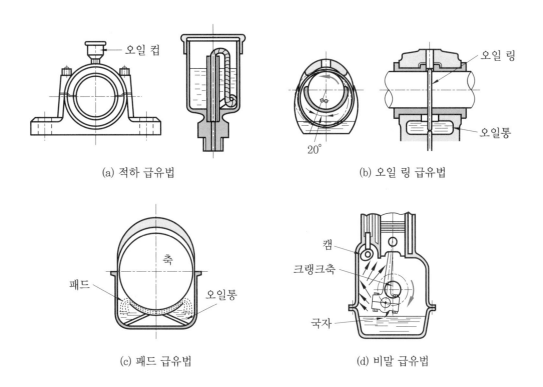

(a) 적하 급유법　　　　　　　　　　　(b) 오일 링 급유법

(c) 패드 급유법　　　　　　　　　　　(d) 비말 급유법

그림 8-5 미끄럼 베어링의 윤활 방법

### (3) 마 찰

#### ① 고체 마찰

건조 마찰이라고도 하며 접촉면 사이에 윤활제의 공급이 없는 경우의 마찰 상태로 마찰 저항이 가장 크고 마멸, 발열(發熱)을 일으키므로 베어링에는 절대로 존재해서는 안될 마찰 상태이다.

#### ② 유체 마찰

접촉면 사이에 윤활제가 충분한 유막(油膜, oil film)을 형성하여 접촉면이 서로 완전히 떨어져 있는 경우의 마찰 상태로 마멸이나 발열은 아주 미소하여, 베어링으로서는 가장 양호한 마찰 상태이다.

#### ③ 경계 마찰

고체 마찰과 유체 마찰의 중간 상태이다.

> **참고** 유체 마찰뿐인 윤활 상태를 유체 윤활 또는 완전 윤활이라 하고, 경계 마찰 상태의 경계 윤활에 이르는 영역을 불완전 윤활이라고 한다.

### (4) 윤활유의 점도

그림 8-6과 같이 거리 $h$만큼 떨어진 평행한 두 평판(平板) 사이에 윤활유가 들어 있을 때, 이동 평판을 일정한 속도 $v$로 운동시키는 데 필요한 힘 $P$는 이동 평판의 면적 $A$와 속도 $v$에 비례하고, $h$에 반비례한다는 것을 실험으로 확인할 수 있다.

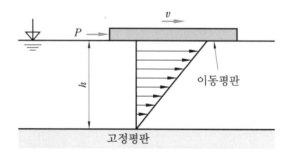

**그림 8-6 두 평판 사이의 유체 흐름**

$$P \propto \frac{Av}{h}$$

위의 비례식을 항등식(恒等式)으로 나타내면

$$P = \eta \cdot \frac{Av}{h} \quad \dotfill \quad (8-1)$$

여기에서 $\eta$는 윤활유마다 온도에 따라 독특한 값을 갖는 비례상수로서 **점성계수**(粘性係數, coefficient), 또는 **절대점성계수**(absolute viscosity), **점도**(粘度, viscosity)라고 한다. 따라서 서로 인접하고 있는 두 층 사이에 생기는 전단응력 $\tau$는 식 (8-1)에서

$$\tau = \frac{P}{A} = \eta \cdot \frac{v}{h}$$

만일 윤활유의 속도 분포가 그림 8-7과 같이 직선적이 아니면 전단응력은 각 점마다 다르고 어떤 점의 전단응력은 다음과 같이 나타낼 수 있다.

$$\tau = \eta \cdot \frac{du}{dy} \quad \cdots\cdots\cdots\cdots\cdots\cdots\cdots\cdots\cdots\cdots\cdots\cdots\cdots (8-2)$$

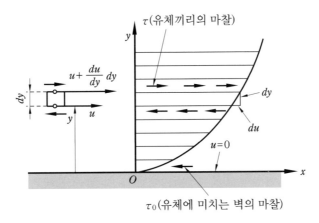

**그림 8-7　일반적인 유체의 속도 분포**

여기에서 $du$는 미소거리 $dy$에 대한 속도의 변화이며, $\dfrac{du}{dy}$를 속도구배(速度勾配), 또는 각 변형률(角變形率), 전단 변형률(剪斷變形率)이라고 한다. 그리고 식 (8-2)를 **Newton 의 점성 법칙**이라고 한다.

점성계수 $\eta$의 단위는 **poise**(기호 : P)로 나타낸다.

$$1\,\mathrm{P} = 1\,\mathrm{dyn} \cdot \mathrm{s/cm^2}$$
$$= 1\,\mathrm{g/cm} \cdot \mathrm{s} = 0.1\,\mathrm{N} \cdot \mathrm{s/m^2}$$

$1\mathrm{P}$의 $\dfrac{1}{100}$을 $1\,\mathrm{cP}$(centi poise)라고 한다.

유체의 운동을 다룰 때 점성계수 $\eta$보다도 이것을 밀도 $\rho$로 나눈 값을 쓰면 편리할 때가 많다. 즉

$$\nu = \frac{\eta}{\rho} \quad \cdots\cdots\cdots\cdots\cdots\cdots\cdots\cdots\cdots\cdots\cdots\cdots\cdots\cdots\cdots\cdots\cdots\cdots\cdots\cdots \text{(8-3)}$$

여기서 $\nu$를 **동점성계수**(動粘性係數 ; kinematic viscosity)라고 하며, 동점성계수 $\nu$ 의 단위는 **stokes**(기호 : St)로 나타낸다.

$$1 \text{ St} = 1 \text{ cm}^2/\text{s}$$

$1 \text{ St}$의 $\frac{1}{100}$을 $1 \text{ cSt}$(centi stokes)라고 한다.

### (5) Petroff의 식

그림 8-8에서 베어링 압력을 $p$, 베어링의 마찰계수를 $\mu$, 틈 새 비를 $\phi\left(= \dfrac{c}{r}\right)$, 저널의 회전수를 $n$이라고 하면

$$\mu = \frac{\pi^2}{30} \cdot \frac{\eta n}{p} \cdot \frac{1}{\phi} \quad \cdots\cdots\cdots\cdots\cdots\cdots \text{(8-4)}$$

의 식이 성립하게 되는데 이 식을 **Petroff의 식**이라고 하며, $\dfrac{\eta n}{p}$ 및 $\phi$는 미끄럼 베어링에서 전반적인 윤활 상태를 추정하 는 데 중요한 파라미터(parameter)이다. $\dfrac{\eta n}{p}$은 무차원량(無次元量)으로서 **베어링 정수**라고 한다.

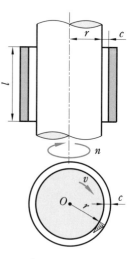

그림 8-8 틈새 비

### 2-3 ○— 레이디얼 미끄럼 베어링의 설계

레이디얼 미끄럼 베어링은 굽힘 강도, 베어링 압력, 마찰열의 관점에서 설계를 해야 한다.

### (1) 굽힘 강도 및 베어링 압력에 의한 설계

① 엔드 저널

a. 저널 지름

그림 8-9(a)와 같은 엔드 저널에서 $P$를 저널에 작용하는 하중, $l$을 저널 길이, $\sigma_b$를

저널의 허용 굽힘 응력, $d$를 저널의 지름이라고 하면 외팔보(cantilever beam)로 볼 수 있으므로

$$M_{\mathrm{max}} = P\frac{l}{2} = \sigma_b Z = \sigma_b \cdot \frac{\pi d^3}{32} \quad \cdots\cdots\cdots\cdots\cdots\cdots\cdots\cdots\cdots\cdots\cdots\cdots\cdots \text{(A)}$$

$$\therefore d = \sqrt[3]{\frac{16Pl}{\pi\sigma_b}} \quad \cdots\cdots\cdots\cdots\cdots\cdots\cdots\cdots\cdots\cdots\cdots\cdots\cdots\cdots\cdots\cdots \text{(8-5)}$$

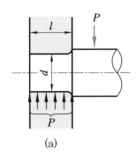
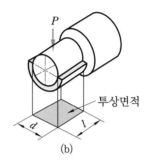

그림 8-9  엔드 저널

### b. 폭 지름비 $\left(\dfrac{l}{d}\right)$

그림 8-9(b)에서 허용 베어링 압력을 $p_a$라 하면

$$p_a = \frac{P}{A} = \frac{P}{dl}$$

이므로

$$P = p_a dl$$

$$\therefore M_{\mathrm{max}} = P\frac{l}{2} = \frac{p_a dl^2}{2} \quad \cdots\cdots\cdots\cdots\cdots\cdots\cdots\cdots\cdots\cdots\cdots\cdots\cdots \text{(B)}$$

식 (A) = (B)이므로

$$\sigma_b \frac{\pi d^3}{32} = \frac{p_a dl^2}{2}$$

$$\frac{l^2}{d^2} = \frac{\pi\sigma_b}{16 p_a}$$

$$\therefore \frac{l}{d} = \sqrt{\frac{\sigma_b}{5.1 p_a}} \quad \cdots\cdots\cdots\cdots\cdots\cdots\cdots\cdots\cdots\cdots\cdots\cdots\cdots\cdots \text{(8-6)}$$

표 8-1은 베어링 재료에 따른 허용 베어링 압력$(p_a)$을 나타낸 것이다.

표 8-1 베어링 재료에 따른 허용 베어링 압력

| 베어링 재료 | $p_a$[MPa] | 베어링 재료 | $p_a$[MPa] |
|---|---|---|---|
| 탄소강 | 9.8~14.7 | Sn계 화이트 메탈 | 5.9~9.8 |
| 주철 | 2.9~5.9 | Al계 베어링 합금 | 27.5 |
| 청동 또는 황동 | 6.9~19.6 | 켈밋 | 19.6~31.4 |
| 인청동 | 14.7~58.9 | 베이클라이트 | 14.7~39.2 |
| Cd합금 | 9.8~13.7 | 오일리스 베어링 합금 | 1.5~2.0 |
| Pb계 화이트 메탈 | 5.9~7.8 | | |

② 중간 저널

a. 저널 지름

그림 8-10에서 $l$을 저널 길이, $l_1$을 저널의 양 끝 길이, $P$를 저널에 작용하는 하중, $d$를 저널 지름, $\sigma_b$를 저널의 허용 굽힘 응력이라고 하면, 중간 저널은 균일 분포 하중을 받는 단순보(simple beam)로 볼 수 있으므로 저널 중앙에서 최대 굽힘 모멘트 ($M_{\max}$)가 발생되며 그 값은 다음과 같다.

$$M_{\max} = \frac{P}{2}\left(\frac{l}{2}+\frac{l_1}{2}\right) - \frac{P}{2}\times\frac{l}{4}$$
$$= \frac{P}{2}\left(\frac{l}{2}+\frac{l_1}{2}-\frac{l}{4}\right) = \frac{P}{2}\left(\frac{l+2l_1}{4}\right)$$

여기서 $L = l + 2\,l_1$, 또는 $L = (1\sim2)l$로 하며 보통 $L = 1.5\,l$로 한다. 따라서

$$M_{\max} = \frac{P}{2}\times\frac{L}{4} = \frac{PL}{8} \quad \text{......(A)}$$

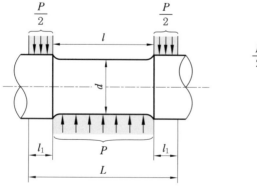
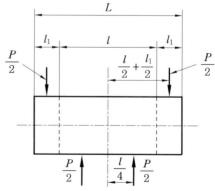

그림 8-10 중간 저널

또 굽힘 모멘트 $M = \sigma_b Z$ 에서

$$M_{\max} = \sigma_b \cdot Z = \sigma_b \cdot \frac{\pi d^3}{32} \quad \text{......(B)}$$

식 (A) = (B)이므로

$$\frac{PL}{8} = \sigma_b \cdot \frac{\pi d^3}{32} \quad \text{......(C)}$$

$$\therefore d = \sqrt[3]{\frac{4PL}{\pi \sigma_b}} \quad \text{......(8-7)}$$

b. 폭 지름 비 $\left(\dfrac{l}{d}\right)$

허용 베어링 압력 $p_a$는

$$p_a = \frac{P}{A} = \frac{P}{dl}$$

$$\therefore P = p_a dl$$

또, 식 (C)를 $L = 1.5l$로 하여 저널에 작용하는 하중 $P$에 대해 다시 쓰면

$$P = \frac{\pi \sigma_b d^3}{4L} = \frac{\pi \sigma_b d^3}{6l}$$

따라서

$$P = p_a dl = \frac{\pi \sigma_b d^3}{6l}$$

양 변에 $\dfrac{l}{d}$을 곱하면

$$p_a l^2 = \frac{\pi \sigma_b d^2}{6}$$

$$\therefore \frac{l}{d} = \sqrt{\frac{\pi \sigma_b}{6p_a}} \quad \text{......(8-8)}$$

## (2) 마찰열에 의한 레이디얼 저널의 설계

레이디얼 하중을 $P$ [N], 저널의 원주 속도를 $v$[m/s], 마찰계수를 $\mu$ 라고 하면 단위시간당($t = 1$)의 마찰일 $L$은

$$L = (\text{마찰력} \times \text{변위}) = \mu P \cdot vt = \mu Pv [\text{J/s}] \quad \cdots\cdots\cdots\cdots (8\text{-}9)$$

또, $1\,\text{J} = \dfrac{1}{4186}$ kcal이므로 식 (8-9)를 열량 단위로 다시 쓰면 마찰열 $Q$는

$$Q = \frac{\mu Pv}{4186} [\text{kcal/s}] \quad \cdots\cdots\cdots\cdots (8\text{-}10)$$

마찰일은 전부 마찰열로 변환되어 동력의 손실을 가져온다. 마찰열은 베어링 몸체로부터 외부로 방산(放散)되지만 발생 열량이 방산 열량보다 커지면, 베어링은 고온도가 되어 윤활 작용을 악화시켜 **녹아 붙음**(seizing) 현상이 일어난다. 따라서 저널의 단위투영 면적에서 발생하는 마찰일 $a_f$를 제한하여야 하며, 이 값은 다음과 같다.

$$a_f = \frac{L}{dl} = \frac{\mu Pv}{dl} = \mu pv \quad \cdots\cdots\cdots\cdots (8\text{-}11)$$

여기서 $p$는 베어링 압력이며 $\mu$는 일정이므로 $pv$값을 제한하여야 한다. 이 $pv$ [N/mm$^2$ · m/s, MPa · m/s]값을 **발열계수**(發熱係數)라고 부르며, 발열계수의 제한값으로부터 저널의 길이 $l$을 구할 수 있다. 즉,

$$P = pdl$$

이고, $v = \dfrac{\pi dn}{60}$에서 $d$의 단위가 mm이고 $v$의 단위가 m/s이면

$$v = \frac{\pi dn}{60 \times 1000} [\text{m/s}]$$

$$\therefore\ d = \frac{60000\,v}{\pi n}$$

따라서

$$l = \frac{P}{pd} = \frac{P}{p \cdot \dfrac{60000v}{\pi n}} = \frac{\pi Pn}{60000\,pv} \fallingdotseq \frac{Pn}{19000\,pv} [\text{mm}] \quad \cdots\cdots\cdots\cdots (8\text{-}12)$$

**표 8-2　주요 베어링의 발열계수$(pv)$**

| 적용 베어링 | $pv[\text{MPa} \cdot \text{m/s}]$ |
|---|---|
| 증기기관 메인 베어링 | $1.5 \sim 2.0$ |
| 내연기관 화이트 메탈 베어링 | $3.0$ 이하 |
| 내연기관 포금(건메탈) 베어링 | $2.5$ 이하 |
| 선박 등의 베어링 | $3.0 \sim 4.0$ |
| 전동축의 베어링 | $1.0 \sim 2.0$ |
| 왕복기계의 크랭크 핀 | $2.5 \sim 3.5$ |
| 철도차량 차축 | $5.0$ |

**Q 예제　8-1**

420 rpm으로 18 kN의 하중을 받는 엔드 저널의 지름을 설계하여라.(단, 저널의 허용 굽힘 응력 $\sigma_b = 60\,\text{MPa}$, 발열계수 $pv = 2\,\text{MPa} \cdot \text{m/s}$ 이다.)

**해설** 먼저, 저널의 길이 $l$을 구하면

$$l = \frac{\pi P n}{60000 pv} = \frac{3.14 \times 18 \times 10^3 \times 420}{60000 \times 2} = 197.82\,\text{mm}$$

$$\therefore d = \sqrt[3]{\frac{16Pl}{\pi \sigma_b}} = \sqrt[3]{\frac{16 \times 18000 \times 197.82}{3.14 \times 60}} = 67.12\,\text{mm} \fallingdotseq 68\,\text{mm}$$

## 2-4 ◦ 스러스트 베어링의 설계

스러스트 미끄럼 베어링에서는 굽힘에 의한 파괴를 생각하지 않아도 좋으므로, 베어링 압력과 마찰열의 두 가지 측면에서 설계한다.

### (1) 베어링 압력

① 피봇 저널

그림 8-11(a)와 같은 평면(平面) 피봇의 경우는 압력 분포가 균일하지가 않다. 따라서 그림 8-11(b)의 평륜(平輪) 피봇과 같이 중심부를 깎아내어 압력 분포의 차를 줄이기도 한다. 각각에 대한 베어링 평균 압력 $p$는 다음과 같다.

$$p = \frac{P}{\dfrac{\pi d^2}{4}} = \frac{4P}{\pi d^2}$$

$$\left. p = \frac{P}{\dfrac{\pi(d_2^2 - d_1^2)}{4}} = \frac{4P}{\pi(d_2^2 - d_1^2)} \right\} \quad \cdots\cdots\cdots\cdots\cdots\cdots (8\text{-}13)$$

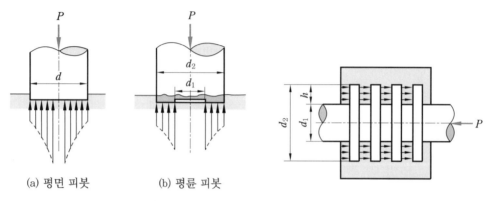

(a) 평면 피봇  (b) 평륜 피봇

**그림 8-11  피봇 저널**            **그림 8-12  칼라 스러스트 저널**

② 칼라 스러스트 저널

그림 8-12에서 칼라의 안지름을 $d_1$, 칼라의 바깥지름을 $d_2$, 칼라의 수를 $z$, 칼라의 평균 지름을 $d_m\left(= \dfrac{d_1 + d_2}{2}\right)$, 칼라의 높이를 $h\left(= \dfrac{d_2 - d_1}{2}\right)$라고 하면 베어링의 평균 압력 $p$는 다음과 같다.

$$p = \frac{P}{z \cdot \dfrac{\pi(d_2^2 - d_1^2)}{4}} = \frac{P}{\pi z \cdot \dfrac{d_2 + d_1}{2} \cdot \dfrac{d_2 - d_1}{2}}$$

$$= \frac{P}{\pi z d_m h} \quad \cdots\cdots\cdots\cdots\cdots\cdots\cdots\cdots\cdots\cdots\cdots\cdots\cdots\cdots (8\text{-}14)$$

**참고** 칼라의 안지름 $d_1$은 축 지름과 같으므로 축의 강도로부터 구하고, 칼라의 바깥지름 $d_2$는 식 (8-14)에서 $d_m$을 구하여 $d_2 = 2d_m - d_1$으로부터 구한다.

## (2) 마찰열에 의한 스러스트 저널의 설계

### ① 피봇 저널

 접촉면의 원주 속도 $v$는 반지름의 위치에 따라 다르므로 평균 속도로서 접촉면의 평균 반지름(mm)인 곳에서의 원주 속도를 사용한다. 평균 속도를 $v\,[\mathrm{m/s}]$라고 하면

[평면 피봇의 경우]

$$v = \frac{\pi \cdot \dfrac{d}{2} \cdot n}{1000 \times 60} = \frac{\pi d n}{120000}\,[\mathrm{m/s}]$$

[평륜 피봇의 경우]

$$v = \frac{\pi \cdot \dfrac{d_1 + d_2}{2} \cdot n}{1000 \times 60} = \frac{\pi (d_1 + d_2) n}{120000}\,[\mathrm{m/s}]$$

이다. 따라서 마찰열을 제한하기 위한 $pv$값으로부터 평면 피봇과 평륜 피봇의 저널 지름을 구하면 다음과 같다.

a. 평면 피봇 저널 지름

$$P = p \cdot \frac{\pi d^2}{4} \;\to\; \pi = \frac{4P}{p d^2}$$

$$v = \frac{\pi d n}{120000} \;\to\; \pi = \frac{120000 v}{d n}$$

이므로

$$\frac{4P}{p d^2} = \frac{120000 v}{d n}$$

$$\therefore d = \frac{P n}{30000 p v} \quad\cdots\cdots\cdots\cdots\cdots\cdots (8\text{-}15)$$

b. 평륜 피봇 저널 지름

$$P = p \cdot \frac{\pi (d_2^2 - d_1^2)}{4} \;\to\; \pi = \frac{4P}{p(d_2^2 - d_1^2)}$$

$$v = \frac{\pi (d_1 + d_2) n}{120000} \;\to\; \pi = \frac{120000 v}{(d_1 + d_2) n}$$

이므로

$$\frac{4P}{p(d_2^2 - d_1^2)} = \frac{120000\,v}{(d_1 + d_2)\,n}$$

$$\therefore d_2 - d_1 = \frac{Pn}{30000\,pv} \quad \cdots\cdots\cdots\cdots\cdots\cdots\cdots\cdots\cdots\cdots\cdots\cdots\cdots\cdots\cdots\cdots\cdots\cdots\cdots\cdots\cdots (8\text{-}16)$$

② 칼라 스러스트 저널

칼라의 수를 $z$라 하면

$$P = zp \cdot \frac{\pi(d_2^2 - d_1^2)}{4} \rightarrow \pi = \frac{4P}{zp(d_2^2 - d_1^2)}$$

$$v = \frac{\pi \cdot \dfrac{d_1 + d_2}{2} \cdot n}{1000 \times 60} = \frac{\pi(d_1 + d_2)\,n}{120000}\,[\mathrm{m/s}] \rightarrow \pi = \frac{120000\,v}{(d_1 + d_2)\,n}$$

이므로

$$\frac{4P}{zp(d_2^2 - d_1^2)} = \frac{120000\,v}{(d_1 + d_2)\,n}$$

$$\therefore d_2 - d_1 = \frac{Pn}{30000\,zpv} \quad \cdots\cdots\cdots\cdots\cdots\cdots\cdots\cdots\cdots\cdots\cdots\cdots\cdots\cdots\cdots\cdots\cdots\cdots (8\text{-}17)$$

**Q 예제 8-2**

그림과 같은 경강재(硬鋼材) 평륜 피봇 저널이 $P = 32\,\mathrm{kN}$의 수직하중을 받으면서 200 rpm으로 회전하고 있다. 베어링 끝부분의 안지름 $d_1 = 20\,\mathrm{mm}$로 하면 바깥지름 $d_2$는 몇 mm로 하여야 하는가? (단, 발열계수 $pv = 1.7\,\mathrm{MPa \cdot m/s}$이다.)

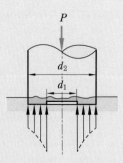

**해설** $d_2 = \dfrac{Pn}{30000\,pv} + d_1 = \dfrac{32 \times 10^3 \times 200}{30000 \times 1.7} + 20 = 145.49\,\mathrm{mm} ≒ 150\,\mathrm{mm}$

# 3. 구름 베어링

## 3-1 ○ 구름 베어링의 구조 및 각부 명칭

구름 베어링(rolling bearing)은 그림 8-13과 같이 외륜(外輪)과 내륜(內輪) 사이에 **전동체**(볼형, 원통형, 니들형, 원추형 등)를 넣고, **리테이너**(retainer)를 끼워 넣은 구조를 가지고 있다. 외륜은 베어링 하우징(bearing housing)에 고정되고 내륜은 축에 고정하여 축이 회전할 때 내륜도 회전하고 전동체(傳動體)는 구름운동을 함으로써 마찰을 크게 감소시킨 베어링이다.

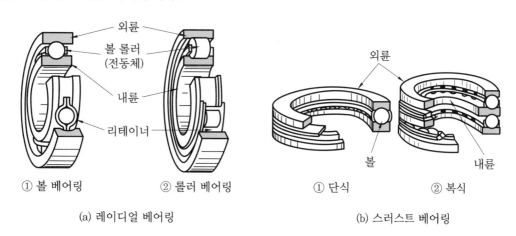

| 외륜 | 볼 롤러 (전동체) | 내륜 | 리테이너 |

① 볼 베어링    ② 롤러 베어링    ① 단식    ② 복식

(a) 레이디얼 베어링    (b) 스러스트 베어링

그림 8-13  구름 베어링의 구조 및 각부 명칭

## 3-2 ○ 구름 베어링의 종류 및 특성

### (1) 구름 베어링의 종류

구름 베어링은 전동체의 모양에 따라 볼 베어링(ball bearing)과 롤러 베어링(roller bearing)으로 크게 분류되며, 작용 하중의 방향에 따라 레이디얼 구름 베어링과 스러스트 구름 베어링으로 나누어진다. 또, 구름 베어링은 전동체의 열수(列數)에 따라 1열인 것을 단열(또는 단식), 2열인 것을 복열(또는 복식)이라고 하는데, 구름 베어링은 대부분이 규격품으로 만들어지고 있다.

그림 8-14는 정확한 위치 제어와 시동과 정지가 빈번한 NC 공

그림 8-14  리니어 베어링

작기계의 테이블 이송기구 등에 사용되는 **리니어 베어링**으로, **리니어 모션 베어링**
(linear motion bearing) 또는 **선운동 베어링**이라고도 한다. 리니어 베어링은 여러 개
의 볼을 전동체로 한 구름 베어링으로 직선 왕복 운동을 하는 장치에 널리 사용되고
있다.

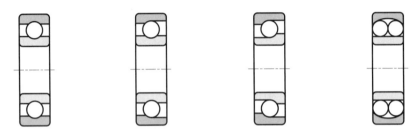

   (a) 깊은 홈 볼 베어링   (b) 마그네토 볼 베어링   (c) 앵귤러 볼 베어링   (d) 자동 조심 볼 베어링

**그림 8-15  레이디얼 볼 베어링**

그림 8-15는 일반적으로 가장 많이 사용되고 있는 레이디얼 볼 베어링의 종류를 나
타낸 것이며 각각에 대해 설명하면 다음과 같다.

① 깊은 홈 볼 베어링(deep groove ball bearing)

구름 베어링 중에서 가장 널리 사용되는 것으로 그림 8-15(a)와 같이 내륜, 외륜 모
두 원호 모양의 깊은 홈이 있다. 축에 내륜을 압입(壓入)하고, 외륜을 하우징(housing)
에 고정함으로써 내륜과 외륜을 분리할 수 없다. 구조가 간단하고 정밀도가 높아서 고
속회전용으로 가장 적합하다.

② 마그네토 볼 베어링(magneto ball bearing)

그림 8-15(b)와 같이 외륜 궤도면의 한쪽 궤도 홈 턱을 제거하여 베어링 요소의 분해
조립을 쉽게 한 베어링이다. 접촉각이 작아 깊은 홈 볼 베어링보다 부하 하중을 작게
받으며, 고속, 소형 정밀기기에 사용한다.

③ 앵귤러 볼 베어링(angular ball bearing)

그림 8-15(c)와 같이 볼과 내·외륜과의 접촉점을 잇는 직선이 레이디얼 방향에 대해
서 어느 각도를 이루고 있기 때문에, 레이디얼 하중 외에 한 방향의 스러스트 하중을
받는 경우에 적합하다.

④ 자동 조심 볼 베어링(self-aligning ball bearing)

그림 8-15(d)와 같이 외륜의 궤도면이 구면(球面)으로 되어 있어 그 중심이 베어링
중심과 일치하고 있기 때문에 자동적으로 중심을 맞출 수 있어 축이나 베어링 하우징의
설치 시 발생하는 축심(軸心)의 어긋남을 조절할 수 있다.

## (2) 구름 베어링의 특성

구름 베어링은 미끄럼 베어링에 비해서 마찰계수가 적고 과열의 염려가 없어 많이 쓰이고 있다. 또한, 베어링의 길이가 짧아 기계를 소형으로 할 수 있는 이점도 갖고 있다. 표 8-3은 미끄럼 베어링과 구름 베어링의 특성을 비교, 설명한 것이다.

표 8-3  미끄럼 베어링과 구름 베어링의 특성

| 구 분 | 미끄럼 베어링 | 구름 베어링 |
|---|---|---|
| 마 찰 | 크다. | 작다. |
| 하 중 | 큰 하중을 받을 수 있으며, 충격에 강하다. | 충격 하중으로 전동체와 내·외륜의 접촉부에 자국이 생기기 쉽다. |
| 소 음 | 정숙하다. | 전동체, 궤도면의 정밀도에 따라 소음이 생기기 쉽다. |
| 설 치 | 간단하다. | 내·외륜 끼워 맞춤에 주의가 필요하다. |
| 윤 활 | 윤활 장치가 필요하다. | 그리스 윤활의 경우 윤활 장치가 필요 없다. 점도의 영향을 받지 않는다. |
| 호환성 | 호환성이 없어 주문 생산해야 한다. | 호환성이 있고 쉽게 선택할 수 있다. |
| 수 명 | 수명이 길다. | 수명이 짧다. |

## 3-3 ● 구름 베어링의 호칭과 주요 치수

구름 베어링의 설계는 미끄럼 베어링과 같이 계산에 의하는 것이 아니라 호칭 번호만 결정되면 표준 규격 제품을 구입하여 사용한다. 호칭 번호는 표 8-4와 같이 기본 번호와 보조 기호로 이루어져 있으며, 베어링의 치수는 안지름을 기준으로 하여 규격화되어 있다. 같은 안지름의 구름 베어링에서는 바깥지름이 클수록 큰 하중에 견딘다.

표 8-4  베어링 호칭 번호의 구성

| 기본 번호 | | | 보조 기호 | | | | | |
|---|---|---|---|---|---|---|---|---|
| 베어링 계열 기호 | 안지름 번호 | 접촉각 기호 | 내부 기호 | 실드 기호 | 궤도륜 모양 기호 | 조합 기호 | 내부 틈새 기호 | 정밀도 등급 기호 |

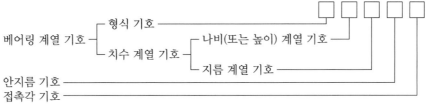

## (1) 형식 기호

구름 베어링의 형식 기호는 표 8-5와 같이 1자리의 숫자 또는 1자리 이상의 영문자로 표시한다.

**표 8-5 구름 베어링의 형식 기호**

| 구름 베어링의 종류 | | 형식 기호 | 치수 기호 | 베어링 계열 기호 |
|---|---|---|---|---|
| 레이디얼 볼 베어링 | 단열 깊은 홈형 | 6 | 17,18,19,10,02,03,04 | 67,68,69,60,62,63,64 |
| | 단열 앵귤러형 | 7 | 19,10,02,03,04 | 79,70,72,73,74 |
| | 자동 조심형 | 1 | 02,03,22,23 | 12,13,22,23 |
| 스러스트 볼 베어링 | 단식 평면 자리형 | 5 | 11,12,13,14 | 511,512,513,514 |
| | 복식 평면 자리형 | 5 | 22,23,24 | 522,523,524 |
| | 단식 구면 자리형 | 5 | 32,33,34 | 532,533,534 |
| | 복식 구면 자리형 | 5 | 42,43,44 | 542,543,544 |
| 원통 롤러 베어링 | M형 | N | 02,03,04 | N2,N3,N4 |
| | NF형 | NF | 02,03 | NF2,NF3 |
| | NU형 | NU | 10,02,22,03,23,04 | NU10,NU2,NU22,NU3 NU23,NU4 |
| | NJ형 | NJ | 02,03,04 | NJ2,NJ3,NJ4 |
| | NN형 | NN | 30 | NN30 |
| 테이퍼 롤러 베어링 | | 3 | 02,22,03,23 | 302,322,303,323 |
| 구면 롤러 베어링 | | 2 | 30,31,22,32,13,23 | 230,231,222,232,213,223 |
| 니들 롤러 베어링 | | NA RNA | 49 | NA49,RNA49 |

## (2) 치수 기호

KS에서는 그림 8-16과 같이 안지름에 대한 폭 및 바깥지름의 단계를 정하여, 이것을 폭 기호 및 지름 기호로 표시하고 있다. 또 폭 기호와 지름 기호를 조합한 것을 치수 기호라고 하며, 호칭 번호에서 폭 기호는 생략하기도 한다.

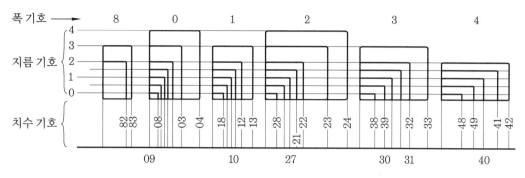

그림 8-16 구름 베어링의 치수 기호

## (3) 안지름 번호

① 10mm 미만

안지름 치수를 그대로 안지름 번호로 한다.

예 안지름이 6mm → 6

② 20mm 미만

| 안지름(mm) | 10 | 12 | 15 | 17 |
|---|---|---|---|---|
| 번    호 | 00 | 01 | 02 | 03 |

③ 20mm 이상 500mm 미만

5로 나눈 수(2자리)로 표시한다. 42, 44 등과 같은 중간 치수의 경우는 /안지름 치수로 표시한다.

예 25mm → 05,   60mm → 12,   42mm → /42

④ 500mm 이상

/안지름 치수로 표시한다. 단, 2000mm → 2000

예 600mm → /600

## (4) 접촉각 기호

접촉각은 전동체에 작용하는 하중의 방향과 베어링 중심축에 수직한 평면각으로 접촉각 기호는 표 8-6과 같으며 일반적으로 표시하지 않는다.

표 8-6 접촉각 기호

| 베어링 종류 | 호칭 접촉각 | 접촉각 기호 |
|---|---|---|
| 단열 앵귤러 볼 베어링 | 10~22° | C |
| | 22~32° | A |
| | 32~45° | B |
| 테이퍼 롤러 베어링 | 17~24° | C |
| | 24~32° | D |

## (5) 보조 기호

보조 기호는 내부 기호, 실드(sealed) 기호, 궤도륜 모양 기호, 조합 기호, 내부 틈새 기호 및 정밀도 등급 기호로 구성되며, 형식과 주요 치수 이외의 사항을 나타내는 글자(또는 숫자)로 나타낸다. 표 8-7은 구름 베어링 내부로 이물질이 침입하지 않도록 하는 방법에 따른 보조 기호를 나타낸 것이다.

표 8-7 구름 베어링 보조 기호

| 내 용 | 보조 기호 | 내 용 | 보조 기호 |
|---|---|---|---|
| 양쪽 밀봉(양쪽 실) | UU | 양쪽 실드 | ZZ |
| 한쪽 밀봉(한쪽 실) | U | 한쪽 실드 | Z |

구름 베어링의 호칭은 다음의 예와 같이 형식 기호, 치수 기호, 안지름 번호를 순서대로 조합하여 4자리 또는 5자리의 숫자(또는 기호)로 표시한다.

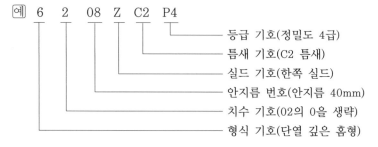

## 3-4 ○ 구름 베어링의 설계

### (1) 베어링 수명과 부하 용량

① 베어링 수명

구름 베어링의 수명은 궤도륜과 전동체가 반복 응력을 받아 피로를 일으켜 내륜, 외륜 또는 회전체의 접촉 표면에 최초로 그림 8-17과 같은 생선 비늘 모양의 **플레이킹**(flaking, **피로 박리**)이 일어날 때까지의 총 회전수나 시간으로 나타낸다.

**그림 8-17**
**플레이킹**

② 정격수명과 기본동정격하중

동일 조건하에서 베어링 그룹의 90%가 플레이킹 현상을 일으키지 않고 회전할 수 있는 총 회전수나 시간을 **정격수명**(定格壽命)이라 하며, 정격수명이 100만 회전이 되는 방향과 크기가 변동하지 않는 하중을 베어링의 **기본동정격하중**(基本動定格荷重) 또는 **기본정격하중**이라고 한다. 기본동정격하중을 시간으로 나타낼 경우는 500시간을 기준으로 한다. 즉, 100만 회전의 수명은

$$33.3 \times 60 \times 500 = 10^6$$

이므로, 33.3rpm으로 500시간의 수명에 견디는 하중이 곧 기본동정격하중이 된다.

## (2) 구름 베어링의 정격수명 계산

구름 베어링의 정격수명은 많은 실험에 의하여 유도된 다음의 식으로 계산된다.

$C$ 를 기본동정격하중[N], $P$ 를 베어링 하중[N], $L_n$을 정격수명이라고 하면

$$\left.\begin{array}{l} \text{볼 베어링} \quad : L_n = \left(\dfrac{C}{P}\right)^r \times 10^6 \,[\text{회전}] \\[3mm] \text{롤러 베어링} : L_n = \left(\dfrac{C}{P}\right)^r \times 10^6 \,[\text{회전}] \end{array}\right\} \quad \text{……………(8-18)}$$

볼 베어링에서는 $r=3$, 롤러 베어링에서는 $r=\dfrac{10}{3}$ 이다.

수명은 총 회전수보다 운전시간과 회전속도로 표시하는 것이 실제로 편리하다. 시간 단위의 정격수명을 $L_h$, 내륜의 회전수를 $n[\text{rpm}]$이라고 하면

$$L_h = \frac{L_n}{n \times 60} = \frac{\left(\dfrac{C}{P}\right)^r \times 10^6}{n \times 60} = \frac{\left(\dfrac{C}{P}\right)^r \times 33.3 \times 60 \times 500}{n \times 60} \,[\text{시간}]$$

$$\therefore L_h = \left(\frac{C}{P}\right)^r \times \frac{33.3}{n} \times 500 \,[\text{시간}] \quad \text{…………………(8-19)}$$

식 (8-19)에서

$$\frac{L_h}{500} = \left(\frac{C}{P}\right)^r \times \frac{33.3}{n}$$

$$\left.\begin{array}{l} f_h = \sqrt[r]{\dfrac{L_h}{500}} = \dfrac{C}{P}\sqrt[r]{\dfrac{33.3}{n}} \\[4mm] f_n = \sqrt[r]{\dfrac{33.3}{n}} \end{array}\right\} \quad \cdots\cdots\cdots\cdots\cdots\cdots\cdots\cdots\cdots\cdots\cdots\cdots\cdots (8\text{-}20)$$

여기서 $f_h$를 **수명계수**, $f_n$을 **속도계수**라고 한다.

$$f_h = \left(\dfrac{C}{P}\right)f_n, \quad C = \dfrac{f_h}{f_n}P \quad \cdots\cdots\cdots\cdots\cdots\cdots\cdots\cdots\cdots\cdots\cdots\cdots (8\text{-}21)$$

베어링을 설계할 때 베어링 하중을 필요 이상으로 크게 설정하면 비경제적이므로, 사용 기계 및 사용 상태에 따라 경험적으로 이용되고 있는 표 8-8의 수명시간과 수명계수를 활용한다.

**표 8-8 구름 베어링의 수명시간과 수명계수의 선정 기준**

| 사용 상태 | 기계의 종류 | 수명시간($L_h$) | 수명계수($f_h$) |
|---|---|---|---|
| 항상 회전하지 않는 경우 | 문 개폐기, 자동차의 방향 지시기 | 500 | 1 |
| 짧은 시간 또는 가끔 사용하는 기계 | 가정용 전기기구, 농업기계, 기중기, 일반 수동기계 | 4000~8000 | 2~2.5 |
| 연속적으로 사용하지 않으나 확실성이 필요한 기계 | 발전소용 보조기계, 컨베이어, 엘리베이터, 에스컬레이터, 일반 하역 크레인, 기계톱, 건설기계 | 8000~14000 | 2.5~3 |
| 1일 8시간 연속 운전 기계 | 일반 펌프, 송풍기, 압축기, 공작기계, 운전기, 전동기, 원심 분리기, 철도차량, 기어 감속장치 | 20000~30000 | 3.5~4 |
| 24시간 연속 운전이고 정지되어서는 안 될 기계 | 중요한 전동기, 발전용 기계장치, 배수펌프, 수도 급수 장치, 제지기계, 송풍기 | 50000~100000 | 4.5~6 |

## (3) 하중계수와 베어링 하중

### ① 하중계수

베어링의 이론 하중 $P_{th}$는 축이 지지하는 하중, 기어 또는 벨트가 전달하는 힘에 의해 결정된다. 그러나 실제 베어링에 가해지는 하중 $P$는 기계의 진동이나 충격으로 인해 이론 하중보다 큰 하중이 작용하게 된다. 따라서 실제 베어링 하중은 표 8-9의 하중계수($f_w$)를 보상해 다음 식으로 구해야 한다.

$$P = f_w \cdot P_{th} \quad \cdots\cdots\cdots\cdots\cdots\cdots\cdots\cdots\cdots\cdots\cdots\cdots\cdots\cdots (8{-}22)$$

**표 8-9  하중계수($f_w$)**

| 운전 조건 | 적용 예 | $f_w$ |
|---|---|---|
| 충격이 없는 원활한 운전 | 전동기, 공작기계 | 1.0~1.2 |
| 보통의 운전 | 송풍기, 크레인, 엘리베이터 | 1.2~1.5 |
| 약간의 진동, 충격이 있는 운전 | 건설기계 | 1.5~2.0 |
| 심한 진동, 충격이 있는 운전 | 착암기 | 2.0~2.5 |

② 평균 유효 하중

베어링에 작용하는 하중의 크기는 주기적으로 변동하는 경우가 있는데 이때 최소 하중($P_{\min}$)에서 최대 하중($P_{\max}$)으로 변동하면 베어링 하중(평균 유효 하중) $P$는 다음과 같다.

$$P = \frac{1}{3}\left(P_{\min} + 2P_{\max}\right) \quad \cdots\cdots\cdots\cdots\cdots\cdots\cdots\cdots\cdots\cdots\cdots (8{-}23)$$

③ 등가 하중

베어링 하중은 레이디얼 하중과 스러스트 하중이 동시에 가해지는 경우도 있는데, 이때 두 하중을 레이디얼 하중이나 스러스트 하중으로 환산한 하중을 등가 하중(等價荷重, equivalent load)이라고 한다.

$F_r$을 레이디얼 하중, $F_t$를 스러스트 하중, $P_r$을 등가 레이디얼 하중, $P_t$를 등가 스러스트 하중, $X$를 레이디얼 계수, $Y$를 스러스트 계수, $V$를 회전계수라 하면,

$$\left.\begin{array}{l} P_r = XVF_r + YF_t \\ P_t = XF_r + YF_t \end{array}\right\} \quad \cdots\cdots\cdots\cdots\cdots\cdots\cdots\cdots\cdots\cdots (8{-}24)$$

**Q 예제 8-3**

단열 레이디얼 볼 베어링 6209가 200 N의 레이디얼 하중을 받으며 450 rpm으로 회전하고 있다. 이 베어링의 수명(시간)을 구하여라.(단, 기본정격하중은 2.54 kN이다.)

**해설** $L_h = \left(\dfrac{C}{P}\right)^3 \times \dfrac{33.3}{n} \times 500 = \left(\dfrac{2.54 \times 10^3}{200}\right)^3 \times \dfrac{33.3}{450} \times 500 ≒ 75790$시간

1. 저널 지름 $d = 10\,\text{cm}$, 길이 $l = 20\,\text{cm}$ 인 엔드 저널에 $60\,\text{kN}$ 의 레이디얼 하중이 작용할 때, 발생되는 베어링 압력을 구하여라.

2. 베어링 하중 $16.2\,\text{kN}$ 을 받는 미끄럼 베어링의 엔드 저널 지름을 구하여라. (단, 허용 베어링 압력 $p_a = 1\,\text{MPa}$, 폭과 지름의 비 $\dfrac{l}{d} = 2$ 로 한다.)

3. 길이 $300\,\text{mm}$ 인 공기 압축기의 레이디얼 저널 베어링이 $400\,\text{rpm}$ 으로 $40\,\text{kN}$ 의 최대 하중을 지지하고 있다. 발열계수 $pv[\text{MPa} \cdot \text{m/s}]$ 를 구하여라.

4. 레이디얼 미끄럼 베어링이 하중 $1920\,\text{N}$ 을 받으면서 $1200\,\text{rpm}$ 으로 회전하고 있다. 발열계수 $pv = 1\,\text{MPa} \cdot \text{m/s}$ 라 할 때, 저널의 길이는 몇 $\text{mm}$ 인가?

5. 레이디얼 미끄럼 베어링의 엔드 저널에 $15\,\text{kN}$ 의 하중이 가해진다면 저널의 길이를 몇 $\text{mm}$ 로 하여야 하는가? (단, 폭 지름비 $\dfrac{l}{d} = 1.8$, 저널 재료의 허용 굽힘 응력 $\sigma_b = 45\,\text{MPa}$ 이다.)

6. 지름 $100\,\text{mm}$ 의 축에 4개의 칼라를 갖는 칼라 스러스트 베어링에 $800\,\text{N}$ 의 추력이 작용할 때, 칼라의 바깥지름을 구하여라. (단, 베어링 평균 압력은 $0.3\,\text{MPa}$ 이다.)

7. 베어링 하중 $4\,\text{kN}$ 을 받고 회전하는 미끄럼 베어링에서 마찰로 인하여 소비되는 손실 동력은 몇 $\text{W}$ 인가? (단, 미끄럼속도 $v = 0.75\,\text{m/s}$, 마찰계수는 $0.03$ 이다.)

8. 저널 길이 $16\,\text{cm}$, 회전수 $200\,\text{rpm}$ 의 미끄럼 베어링은 약 몇 $\text{kN}$ 의 베어링 하중을 받을 수 있는가? (단, $pv = 1\,\text{MPa} \cdot \text{m/s}$ 이다.)

9. 기본 부하 용량이 $2400\,\text{N}$ 인 볼 베어링이 베어링 하중 $200\,\text{N}$ 을 받고 $500\,\text{rpm}$ 으로 회전할 때 베어링의 수명은 약 몇 시간인가?

10. $150\,\text{rpm}$ 으로 $100\,\text{N}$ 을 지지하는 감속 기어에서 축용 볼 베어링을 $30000$시간 수명이 되도록 하려면 기본 부하 용량은? (단, 하중계수는 $1.2$ 로 계산한다.)

# 마찰차

# 제9장 마찰차

# 마찰차

## 1. 마찰차의 개요

회전을 전달하려고 하는 두 축 사이의 거리가 비교적 짧을 때, 각각의 축에 적당한 모양의 바퀴를 설치하여 이 바퀴를 직접 접촉시켜 서로 눌러서 발생하는 마찰력에 의하여 원동축의 회전을 종동축에 전달하는 장치를 마찰차(friction wheel)라고 한다. 두 마찰차가 서로 접촉하여 회전할 때, 이들 마찰차는 구름 접촉을 하면서 회전하므로 미끄럼이 없는 한 두 마찰차 표면에서의 원주 속도는 같다. 그러나 실제의 경우 미끄럼이 발생하여 정확한 회전 운동의 전달이나 큰 동력의 전달에는 적합하지 않다. 마찰차의 재료로는 주철, 주강 등이 사용되며 경질고무, 가죽, 목재 등을 마찰차 표면에 붙여 마찰계수를 크게 해 주기도 한다. 마찰 전동 장치는 기어 전동 장치와 더불어 **직접 전동 장치**라고도 한다.

### 1-1 ○ 마찰차의 특성

#### (1) 장 점

① 운전이 정숙하고 전동의 단속(斷續)에 무리가 없다.
② 무단변속(無段變速)을 할 수 있다.
③ 과부하(過負荷)가 걸렸을 때 미끄럼에 의하여 다른 부분의 손상을 방지할 수 있다.
④ 큰 회전 속도비(速度比)를 얻을 수 있다.

#### (2) 단 점

① 속도비를 일정하게 얻을 수 없고 큰 동력의 전달이 곤란하다.
② 전동효율이 높지 않다(85~90 %).
③ 마찰차를 눌러주는 힘에 의해 베어링이 손상될 수 있다.

## 1-2 ○ 마찰차의 종류

### (1) 일정 속도비를 전동하는 마찰차

① 원통 마찰차

그림 9-1(a)와 같이 두 축이 평행한 경우에 사용되는 원통 모양의 마찰차로서 **평 마찰차**(외접, 내접)와 **V홈 마찰차**가 있다.

② 원뿔 마찰차

그림 9-1(b)와 같이 두 축이 서로 교차하는 경우에 사용되며 바퀴는 원뿔형 모양으로 **원추**(圓錐) **마찰차**라고도 한다.

### (2) 무단 변속 마찰차

그림 9-1(c)와 같이 원판 차, 원뿔 차, 구면차(球面車) 등 기타 적당한 형상의 마찰차를 사용하여, 마찰차의 속도비를 어느 범위 내에서 자유롭게 연속적으로 변화시킬 수 있는 마찰차이다. **에반스 마찰차**(Evan's friction cone wheels)는 두 개의 원뿔 차 중간에 벨트를 끼워 이것을 이동시켜서 속도를 변환시키는 마찰차이다.

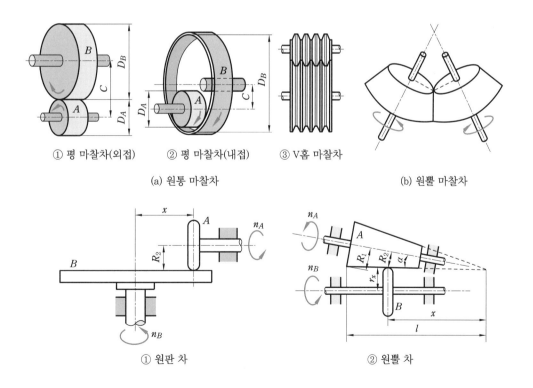

① 평 마찰차(외접)    ② 평 마찰차(내접)    ③ V홈 마찰차

(a) 원통 마찰차                    (b) 원뿔 마찰차

① 원판 차                    ② 원뿔 차

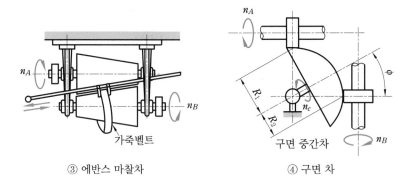

③ 에반스 마찰차       ④ 구면 차

(c) 무단 변속 마찰차

그림 9-1  마찰차의 종류

# 2. 원통 마찰차의 설계

**2-1** ○ **평 마찰차**

## (1) 속도비와 회전 방향

그림 9-2와 같은 평 마찰차에서 미끄럼 없이 회전한다고 가정하면, 양 마찰차 표면에서의 원주 속도 $v$는 같으므로

$$v = \frac{\pi D_A n_A}{60} = \frac{\pi D_B n_B}{60} \ , \ \omega_A = \frac{2\pi n_A}{60}, \ \omega_B = \frac{2\pi n_B}{60}$$

여기서 $n_A$, $n_B$는 A, B 양 마찰차의 회전수[rpm], $D_A$, $D_B$는 A, B 양 마찰차의 지름, $\omega_A$, $\omega_B$는 A, B 양 마찰차의 각속도[rad/s]이다.

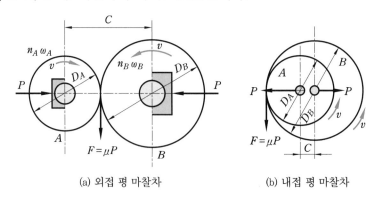

(a) 외접 평 마찰차       (b) 내접 평 마찰차

그림 9-2  평 마찰차

따라서 속도비 $i$는

$$i = \frac{원동(原動)마찰차의\ 회전수(각속도)}{종동(從動)마찰차의\ 회전수(각속도)} = \frac{n_A}{n_B} = \frac{\omega_A}{\omega_B} = \frac{D_B}{D_A} \quad \cdots\cdots\cdots (9-1)$$

양 마찰차의 회전 방향은 외접일 때는 반대이고, 내접일 때는 같다.

## (2) 중심 거리

그림 9-2에서 중심 거리 C를 구하면 다음과 같다.

① 외접 평 마찰차

$$C = \frac{D_A + D_B}{2} \quad \cdots\cdots\cdots\cdots\cdots\cdots\cdots\cdots\cdots\cdots\cdots\cdots (9-2)$$

② 내접 평 마찰차

$$C = \frac{D_B - D_A}{2} \quad \cdots\cdots\cdots\cdots\cdots\cdots\cdots\cdots\cdots\cdots\cdots (9-3)$$

## (3) 전달 동력과 전달 토크

그림 9-2에서 양 마찰차를 누르는 힘을 $P$라고 하면, 양 마찰차의 접촉부에는 마찰력 $F$가 생겨서 종동차를 회전시킨다. 여기서, 마찰력 $F$를 마찰차의 회전력 또는 전달력이라고 하며, 양 마찰차의 마찰계수를 $\mu$, 원주속도를 $v$라 하면

$$F = \mu P$$

따라서 전달 동력 $H$는

$$H = \mu P v \quad \cdots\cdots\cdots\cdots\cdots\cdots\cdots\cdots\cdots\cdots\cdots\cdots (9-4)$$

또, 전달 토크 $T$는

$$T = F \cdot \frac{D}{2} = \mu P \cdot \frac{D}{2} \quad \cdots\cdots\cdots\cdots\cdots\cdots\cdots\cdots (9-5)$$

여기서, $D$는 마찰차의 지름으로서 원동차이면 $D_A$를, 종동차이면 $D_B$를 대입하고 최대 전달 토크는 둘 중 큰 값으로 한다. 마찰계수 $\mu$의 값은 표면의 재료에 의하여 결정이 되지만 실험에 의하면 운전 중 미끄럼에 의하여 생기는 종동차의 회전수 감소에

따라 변한다. 보통 회전수의 감소가 2~6 %일 때 $\mu$는 최대가 되므로 설계상에서는 최대 $\mu$값의 60 % 정도를 허용 값으로 한다. 그러나 표 9-1과 같이 $\mu$를 잡는 것이 좋다고 주장하는 사람도 있다.

## (4) 마찰차의 폭

마찰차는 선(線) 접촉을 한다. 따라서 접촉 압력을 $p[\mathrm{N/mm}]$라고 하면, 평 마찰차의 폭 $b$는

$$b = \frac{P}{p} \, [\mathrm{mm}] \quad \cdots\cdots\cdots\cdots (9-6)$$

표 9-1 마찰차의 재료에 따른 마찰계수 및 허용 접촉 압력

| 표면 재료 | 마찰계수($\mu$) | | | 허용 접촉 압력[N/mm] |
|---|---|---|---|---|
| | 주 철 | 알루미늄 | 화이트 메탈 | |
| 주 철 | 0.1~0.15 | | | 44~68 |
| 코르크 가공 마찰 재료 | 0.201 | | | 8.8 |
| 가 죽 | 0.135 | 0.216 | 0.246 | 26.4 |
| 종 이 | 0.15~0.2 | | | 14.7~24.5 |
| 단단한 목재 | 0.2~0.3 | | | 16.6~24.5 |
| 연한 목재 | 0.2~0.3 | | | 9.8~14.7 |
| 단단한 가죽 | 0.2~0.3 | | | 6.8~14.7 |
| tarred fiber | 0.15 | 0.183 | 0.165 | 42.1 |
| straw fiber | 0.255 | 0.273 | 0.186 | 26.4 |
| leather fiber | 0.309 | 0.297 | 0.183 | 42.1 |
| sulphite fiber | 0.33 | 0.318 | 0.309 | 24.5 |

**Q 예제 9-1**

중심거리 300 mm, 원동차 회전수 200 rpm, 종동차 회전수 100 rpm일 때, 두 외접 마찰차의 지름을 구하여라.

**해설** $i = \dfrac{n_A}{n_B} = \dfrac{D_B}{D_A} = \dfrac{200}{100}$에서, $D_B = 2D_A$이므로

$$C = \frac{D_A + D_B}{2} = \frac{D_A + 2D_A}{2} = 300 \, \mathrm{mm}$$

$$3D_A = 600 \, \mathrm{mm}$$

$$\therefore \ D_A = \frac{600}{3} = 200 \, \mathrm{mm}, \ D_B = 2 \times 200 = 400 \, \mathrm{mm}$$

**Q 예제** 9-2

지름 800 mm의 원통 마찰차가 매분 500회전하여 1.5 kW를 전달시킬 때, 두 마찰차를 밀어붙이는 힘과 마찰차의 폭을 구하여라.(단, 접촉압력 $p = 15 \, \text{N/mm}$, 접촉면에서의 마찰계수 $\mu = 0.25$ 이다.)

**해설** 먼저, 마찰차의 원주 속도 $v$를 구하면

$$v = \frac{\pi D n}{60} = \frac{3.14 \times 800 \times 500}{60 \times 1000} = 20.93 \, \text{m/s}$$

또, $H = \mu P v$ 에서 마찰차를 밀어붙이는 힘 $P$는

$$P = \frac{H}{\mu v} = \frac{1.5 \times 10^3}{0.25 \times 20.93} = 286.67 \, \text{N}$$

따라서, 마찰차 폭 $b$는

$$b = \frac{P}{p} = \frac{286.67}{15} = 19.11 \, \text{mm} \fallingdotseq 20 \, \text{mm}$$

## 2-2 ○ V홈 마찰차

V홈 마찰차는 원통 마찰차에 30~40°의 V홈(5개 정도)을 만들어 서로 물리게 한 것으로서, 원통 마찰차의 축에 가하는 동일한 힘과 비교하였을 때 큰 전달력을 얻을 수 있다.

### (1) 회전력과 마찰계수

그림 9-3에서 양 마찰차를 $P$의 힘으로 누르면, 홈의 양 측면에 수직력 $R$, 경사면에 마찰력 $\mu R$가 작용하여 $P$와 힘의 평형을 이루게 된다.

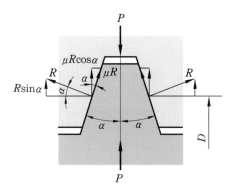

그림 9-3 V홈 마찰차가 받는 힘

홈의 각도를 $2\alpha$라고 하면

$$P = 2R \cdot \sin\alpha + 2\mu R \cdot \cos\alpha = 2R(\sin\alpha + \mu\cos\alpha)$$

$$\therefore R = \frac{P}{2(\sin\alpha + \mu\cos\alpha)} \quad \cdots\cdots\cdots\cdots\cdots\cdots\cdots\cdots\cdots\cdots\cdots\cdots\cdots\cdots\cdots\cdots\text{(A)}$$

따라서 회전력 $F$ 는

$$F = 2\mu R = 2\mu \cdot \frac{P}{2(\sin\alpha + \mu\cos\alpha)}$$

$$= \frac{\mu}{\sin\alpha + \mu\cos\alpha}P = \mu'P \quad \cdots\cdots\cdots\cdots\cdots\cdots\cdots\cdots\cdots\text{(9-7)}$$

여기서 $\mu' = \dfrac{\mu}{\sin\alpha + \mu\cos\alpha}$ 를 **상당 마찰계수** 또는 **유효 마찰계수, 환산 마찰계수** 등
의 이름으로 부른다.

예를 들어 마찰계수 $\mu = 0.2$, $\alpha = 20°$ 라면 상당 마찰계수 $\mu'$ 는

$$\mu' = \frac{\mu}{\sin\alpha + \mu\cos\alpha} = \frac{0.2}{\sin 20° + 0.2 \times \cos 20°} = 0.377$$

따라서, $\mu' > \mu$ 의 관계임을 알 수 있다.

## (2) 전달 동력

전달 동력 $H$ 는 식 (9-4)에서 $\mu$ 대신에 $\mu'$ 를 대입하여 구한다. 즉

$$H = \mu'Pv \quad \cdots\cdots\cdots\cdots\cdots\cdots\cdots\cdots\cdots\cdots\cdots\cdots\cdots\cdots\cdots\cdots\cdots\cdots\cdots\text{(9-8)}$$

## (3) 홈의 깊이와 홈의 수

홈의 깊이 $h$는 마찰차의 지름을 $D$ 라고 할 때 $h = 0.05D$, 또는 그 이하를 한도로 하
며, 보통 $h = 5 \sim 10\,\text{mm}$로 한다. 일반적으로는 다음의 경험식으로 구하기도 한다.

$$h = 0.94\sqrt{\mu'P}\,[\text{mm}] \quad \cdots\cdots\cdots\cdots\cdots\cdots\cdots\cdots\cdots\cdots\cdots\cdots\cdots\cdots\text{(9-9)}$$

여기서 $P$의 단위는 N이다.

홈의 수를 $z$, 접촉선의 온 길이를 $l$, 허용 접촉 압력을 $p$ 라고 하면 이들은 다음과 같
은 관계식을 갖는다.

$$l = 2z \cdot \frac{h}{\cos\alpha} = 2zh \,(\alpha\text{가 작으므로}) \cdots\cdots\cdots\cdots\cdots\cdots\cdots\cdots (9-10)$$

또 홈의 수 $z$개의 홈 마찰차를 $P$의 힘으로 밀어붙일 때, 홈 측면에 발생하는 수직력 $R$은 식 (A)에서

$$R = \frac{P}{2z(\sin\alpha + \mu\cos\alpha)} = ph$$

$$\therefore \; z = \frac{P}{2ph(\sin\alpha + \mu\cos\alpha)} = \frac{l}{2h} \cdots\cdots\cdots\cdots\cdots\cdots\cdots\cdots (9-11)$$

**Q 예제 9-3**

한 쌍의 V홈 마찰차를 사용하여 중심거리가 400 mm인 두 축 사이에서 5 kW의 동력을 전달시키려고 한다. 원동축과 종동축의 회전수는 각각 300 rpm, 100 rpm이고, 마찰차의 홈 각도는 40°, 마찰계수는 0.2, 접촉압력은 30 N/mm라고 할 때, 마찰차를 밀어붙이는 힘과 홈의 깊이, 홈의 수를 구하여라.

**해설** ① 마찰차를 밀어붙이는 힘을 구하기 위해 상당 마찰계수 $\mu'$와 원주 속도 $v$를 구하면

$$\mu' = \frac{\mu}{\sin\alpha + \mu\cos\alpha} = \frac{0.2}{\sin 20° + 0.2\cos 20°} = 0.377$$

$$i = \frac{n_A}{n_B} = \frac{D_B}{D_A} = \frac{300}{100} \text{에서}$$

$$D_B = 3D_A$$

$$C = \frac{D_A + D_B}{2} \text{에서}$$

$$D_A + D_B = 2C = 2 \times 400 = 800$$

$$\therefore \; D_A + 3D_A = 800, \; D_A = 200 \text{ mm}$$

$$v = \frac{\pi D_A n_A}{60} = \frac{3.14 \times 200 \times 300}{60 \times 1000} = 3.14 \text{ m/s}$$

$$\therefore \; P = \frac{H}{\mu' v} = \frac{5 \times 10^3}{0.377 \times 3.14} = 4223.76 \text{ N}$$

② 홈의 깊이 $h$는

$$h = 0.94\sqrt{\mu' P} = 0.94\sqrt{0.377 \times 4223.76} = 37.51 \text{ mm} = 38 \text{ mm}$$

③ 홈의 수 $z$를 구하기 위해 홈 경사면에서의 수직력 $R$을 구하면

$$z = \frac{P}{2ph(\sin\alpha + \mu\cos\alpha)} = \frac{4223.76}{2 \times 30 \times 38(\sin 20° + 0.2\cos 20°)}$$

$$= 3.49 = 4\text{개}$$

## 2-3 ○ 원뿔 마찰차

### (1) 속도비와 축 각

그림 9-4에서 두 개의 원뿔 마찰차 A, B는 $OC$ 선 위에서 접촉하고 있다. 이때 $OC$ 위의 임의의 한 점 $P$를 잡고, $P$에서 양 축에 수선 $\overline{O_A P},\ \overline{O_B P}$ 를 긋는다. 양 마찰차의 회전수를 각각 $n_A$, $n_B$라고 하면, 속도비 $i$는

$$i = \frac{n_A}{n_B} = \frac{\overline{O_B P}}{\overline{O_A P}}$$

그러나 원뿔 마찰차에서는 원주속도가 반지름의 위치에 따라 다르므로 꼭지각으로 속도비를 나타낸다. 그림에서 양 마찰차 꼭지각의 $\frac{1}{2}$을 각각 $\alpha$, $\beta$라고 하면

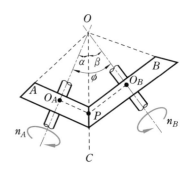

그림 9-4 원뿔 마찰차

$$\overline{O_A P} = \overline{OP}\sin\alpha,\quad \overline{O_B P} = \overline{OP}\sin\beta$$

이므로

$$i = \frac{n_A}{n_B} = \frac{\overline{O_B P}}{\overline{O_A P}} = \frac{\overline{OP}\sin\beta}{\overline{OP}\sin\alpha} = \frac{\sin\beta}{\sin\alpha} \quad\text{................................(9-12)}$$

축 각 $\phi = \alpha + \beta$이므로 위 식을 다시 쓰면

$$i = \frac{n_A}{n_B} = \frac{\sin\beta}{\sin\alpha} = \frac{\sin(\phi-\alpha)}{\sin\alpha} = \frac{\sin\phi\cos\alpha - \cos\phi\sin\alpha}{\sin\alpha}$$

$$= \sin\phi \cdot \frac{1}{\tan\alpha} - \cos\phi$$

$$\therefore \tan\alpha = \frac{\sin\phi}{i + \cos\phi} = \frac{\sin\phi}{\dfrac{n_A}{n_B} + \cos\phi} \quad\text{................................(9-13)}$$

마찬가지로

$$\tan\beta = \frac{\sin\phi}{\dfrac{1}{i} + \cos\phi} = \frac{\sin\phi}{\dfrac{n_B}{n_A} + \cos\phi} \quad\text{................................(9-14)}$$

축각 $\phi = 90°$ 의 경우에는

$$\left.\begin{array}{l}\tan\alpha = \dfrac{n_B}{n_A}\\[3mm]\tan\beta = \dfrac{n_A}{n_B}\end{array}\right\} \quad\cdots\cdots\cdots\cdots\cdots (9-15)$$

그림 9-5와 같이 축 각 $\phi = \alpha + \beta = 90°$ 이고, $i = \dfrac{n_A}{n_B} = 1$ 인 경우에는 $\alpha = \beta$가 되어, 양 원뿔 마찰차는 똑같은 것이 된다. 이와 같은 원뿔 마찰차의 한 쌍을 **마이터 휠**(mitre wheel)이라고 부른다.

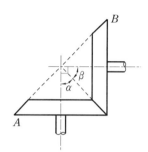

그림 9-5 마이터 휠

## (2) 전달 동력

원뿔 마찰차는 그림 9-6과 같이 축 방향으로 $P_1$, $P_2$의 힘을 주어, 그 접촉면에 수직 방향으로 서로 누르는 힘 $R$을 발생시켜 그 마찰력에 의하여 회전을 전달한다.

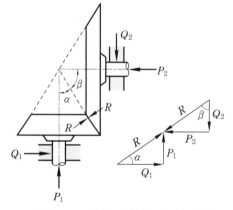

그림 9-6 원뿔 마찰차가 받는 힘

$$P_1 = R\sin\alpha, \;\; P_2 = R\sin\beta$$

$$\therefore R = \frac{P_1}{\sin\alpha} = \frac{P_2}{\sin\beta} \quad\cdots\cdots\cdots (9-16)$$

이때, 베어링에는 축에 직각인 힘도 작용하는데, 그 힘을 $Q_1$, $Q_2$라고 하면

$$Q_1 = R\cos\alpha, \;\; Q_2 = R\cos\beta \quad\cdots\cdots\cdots\cdots\cdots (9-17)$$

축 각 $\phi = 90°$ 인 경우에는

$$Q_1 = P_2, \;\; Q_2 = P_1$$

이 된다.

전달 동력 $H$ 는 접촉 부분 중앙에서의 속도를 $v$라고 할 때

$$H = \mu Rv = \frac{\mu P_1 v}{\sin\alpha} = \frac{\mu P_2 v}{\sin\beta} \quad\cdots\cdots\cdots\cdots\cdots (9-18)$$

**Q 예제 9-4**

$n_A = 300 \, \text{rpm}$, $n_B = 180 \, \text{rpm}$인 원뿔 마찰차의 축각이 $60°$일 때, 양 마찰차의 꼭지각을 구하여라.

**해설** $\tan\alpha = \dfrac{\sin\phi}{\dfrac{n_A}{n_B} + \cos\phi} = \dfrac{\sin 60°}{\dfrac{300}{180} + \cos 60°} = 0.401$

$\therefore \alpha = \tan^{-1} 0.401 = 21°51'$ 이므로 꼭지각 $2\alpha = 43°42'$

$\tan\beta = \dfrac{\sin\phi}{\dfrac{n_B}{n_A} + \cos\phi} = \dfrac{\sin 60°}{\dfrac{180}{300} + \cos 60°} = 0.787$

$\therefore \beta = \tan^{-1} 0.787 = 38°12'$ 이므로 꼭지각 $2\beta = 76°24'$

# 3. 마찰차에 의한 속도 변환

마찰차는 여러 가지 방법에 의해 속도비를 어느 범위 내에서 자유로이 무단계(無段階), 즉 연속적으로 쉽게 변화시킬 수 있다.

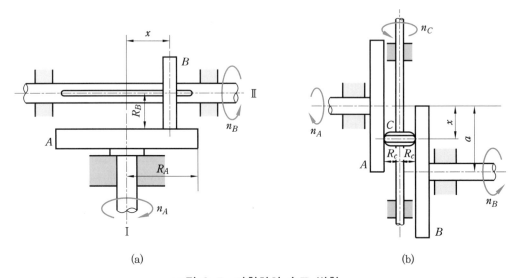

(a)    (b)

그림 9-7 마찰차의 속도 변환

그림 9-7(a)에서 Ⅰ축에는 원판 차 A를 고정시키고 Ⅱ축에는 페더 키 또는 스플라인 축을 사용하여 마찰차 B를 끼운다. 그리고 마찰차 B가 Ⅱ축 위를 자유로이 이동하면서 회전할 수 있도록 하면, $x$의 값에 따라 양 차의 속도비는 변화한다. 이 변속 장치의 속도비 $i$는

$$i = \frac{n_A}{n_B} = \frac{R_B}{x} \quad\text{\dotfill (9-19)}$$

가 된다. 또, 양 축의 전달 토크를 $T_A$와 $T_B$라 하고, 두 마찰차의 접촉면에서의 마찰력 (회전력)을 $F$라 하면, $T_A = Fx$, $T_B = FR_B$이므로

$$\frac{T_B}{T_A} = \frac{R_B}{x} \quad\text{\dotfill (9-20)}$$

가 된다.

그림 9-7(b)는 원판 차를 두 개 사용하고 그 사이에 마찰차를 삽입하여 굽힘 모멘트를 제거시킨 변속 장치이다. 각각 접하고 있는 마찰차끼리의 속도비 관계는

$$\frac{n_A}{n_C} = \frac{R_C}{x}, \quad \frac{n_C}{n_B} = \frac{a-x}{R_C}$$

이므로

$$\frac{n_A}{n_C} \times \frac{n_C}{n_B} = \frac{R_C}{x} \times \frac{a-x}{R_C} = \frac{a-x}{x}$$

따라서, 마찰차 A와 B의 속도비 $i$는 $x$의 값에 따라 다음과 같이 변한다.

$$i = \frac{n_A}{n_B} = \frac{a-x}{x} \quad\text{\dotfill (9-21)}$$

또, 양 축의 전달 토크를 $T_A$와 $T_B$, 마찰력(회전력)을 $F$라 하면, $T_A = Fx$, $T_B = F(a-x)$이므로

$$\frac{T_B}{T_A} = \frac{a-x}{x} \quad\text{\dotfill (9-22)}$$

가 된다.

1. 외접 원통 마찰차 전동에서 축간거리 300 mm, 속도비가 $\dfrac{1}{4}$일 때, 마찰차의 지름을 각각 구하여라.

2. 외접 원통 마찰차에서 원동차의 지름 200 mm, 회전수 1000 rpm으로 회전할 때, 2.21 kW의 동력을 전달시키려면 약 몇 N의 힘으로 밀어 붙여야 하는가? (단, 마찰계수 $\mu = 0.2$이다.)

3. 중심거리 $C = 300$ mm, 회전수 $n_A = 200$ rpm, $n_B = 100$ rpm인 평 마찰차를 1500 N의 힘으로 누르고 마찰계수는 0.3이다. 이때 이 마찰차의 전달 동력은 몇 kW인가?

4. 원동 마찰차의 지름이 300 mm, 종동 마찰차의 지름이 450 mm, 폭이 75 mm인 원통 마찰차의 원동차가 300 rpm으로 회전할 때 몇 kW를 전달할 수 있는가? (단, 허용 압력은 2 N/mm이고, 마찰계수는 0.2이다.)

5. 지름 500 mm인 마찰차가 350 rpm으로 회전하면서 동력을 전달하고 있다. 이때 바퀴를 밀어붙이는 힘이 1.96 kN일 때, 몇 kW의 동력을 전달할 수 있는가? (단 접촉부의 마찰계수는 0.35로 하고, 미끄러짐이 없다고 가정한다.)

6. 원동차의 지름이 125 mm, 종동차의 지름이 375 mm인 마찰차가 회전하고 있다. 마찰계수가 0.2이고 서로 밀어붙이는 힘이 200 N일 때 최대 전달 토크를 구하여라.

7. 홈의 각도가 40°인 홈 마찰차에서 원동차의 지름이 250 mm, 회전수가 600 rpm이라면 3 kW의 동력을 전달하기 위해서 얼마의 힘으로 밀어붙여야 하는가? (단, 마찰계수는 0.2이다.)

8. 꼭지각 80°인 원뿔 마찰차가 축 방향으로 4 kN의 추력을 받으며 500 rpm으로 회전하고 있다. 원추차 접촉 부분 중앙에서의 지름이 200 mm이고 마찰 계수가 0.4라면 전달 동력은 몇 kW인가?

9. 그림 9-7(a)와 같은 무단 변속 마찰차에서 원동차 A의 지름은 500 mm, 회전수는 500 rpm이다. 종동차 B는 지름 530 mm이고 이동범위 $x = 40 \sim 190$ mm일 때, 종동차 B의 최대 및 최소 회전수를 구하여라.

# 기 어

# 기 어

## 1. 기어의 개요

마찰차에 의한 동력 전달은 미끄럼이 생기기 때문에 정확한 속도비를 유지할 수가 없다. 기어(gear)는 마찰차의 둘레에 이(tooth)를 깎아 서로 물리게 함으로써 미끄럼 없이 회전력을 전달시킬 수 있는 기계요소이다. 기어는 축간 거리가 비교적 짧은 두 축 사이에 정확한 속도비와 강력한 전동이 필요할 때 쓰이며 **치차**(齒車)라고도 한다.

기어용 재료는 성능과 사용 용도에 따라서 강, 주철, 합금강, 황동, 청동 혹은 페놀계 수지로 만드는데, 최근에는 나일론, 테플론 및 소결합금으로도 많이 만든다.

서로 물리는 한 쌍의 기어 중 잇수가 많은 쪽을 **기어**(gear), 작은 쪽을 **피니언**(pinion)이라고 한다.

### 1-1 ◦ 기어의 종류와 치형 곡선

#### (1) 기어의 종류

한 쌍의 기어에서 2개의 축을 상대적인 위치에 의하여 기어를 분류하면 표 10-1(그림 10-1)과 같으며, 이들 기어 중 **스퍼 기어**(spur gear), **헬리컬 기어**(helical gear), **베벨 기어**(bevel gear), **웜 기어**(worm gear)가 가장 널리 사용되고 있다. 기어는 그 종류가 극히 많고 성능 및 가공 상의 장단점이 있으며, 가격과 형식에 의하여 아주 다르므로 설계할 때 충분한 고려가 있어야 한다.

기어의 크기는 기어 바깥지름의 크기로 나타내며 다음과 같다.

① 극대형 기어 : 1000 mm 이상

② 대형 기어 : 250 ~ 1000 mm

③ 중형 기어 : 40 ~ 250 mm

④ 소형 기어 : 10 ~ 40 mm

⑤ 극소형 기어 : 10 mm 이하

보통 자동차 등에는 바깥지름이 40 ~ 250 mm 정도의 중형 기어를 많이 사용하고 있다.

**표 10-1 기어의 종류**

| 두 축의 상대위치 | 명 칭 | | 이와 이와의 접촉 | 설 명 |
|---|---|---|---|---|
| | 한국어 | 영어 | | |
| 두 축이 평행 | ① 스퍼 기어 | spur gear | 직선 | 이끝이 직선이며 축에 평행한 원통 기어 |
| | ② 랙 | rack | 직선 | 원통 기어의 피치 원통의 반지름을 무한대로 한 것 |
| | ③ 헬리컬 기어 | helical gear | 직선 | 이끝이 헬리컬 선을 가지는 원통 기어. 보통 평행한 두 축 사이에 회전 운동을 전달 |
| | ④ 헬리컬 랙 | helical rack | 직선 | 헬리컬 기어의 피치 원통의 반지름을 무한대로 하여 얻어지는 랙 |
| | ⑤ 헤링본 기어 (더블 헬리컬 기어) | herringbone gear(double helical gear) | 직선 | 양쪽으로 나선형으로 된 기어를 조합한 것. 평행한 두 축 간에 운동을 전달 |
| | ⑥ 내접 기어 | internal gear | 직선 (곡선) | 원통 또는 원추의 안쪽에 이가 만들어져 있는 기어 |
| 두 축이 어느 각도로 만날 때 | ⑦ 베벨 기어 | bevel gear | 직선 | 교차되는 두 축 간에 운동을 전달하는 원추형의 기어 |
| | ⑧ 마이터 기어 | miter gear | 직선 | 직각인 두 축 간에 운동을 전달하는 잇수가 같은 한 쌍의 베벨 기어 |
| | ⑨ 앵귤러 베벨 기어 | angular bevel gear | 직선 | 직각이 아닌 두 축 간에 운동을 전달하는 베벨 기어 |
| | ⑩ 크라운 기어 | crown gear | 직선 | 피치면이 평면인 베벨 기어를 말하고 스퍼 기어에서 랙에 해당한다. |
| | ⑪ 직선 베벨 기어 | straight bevel gear | 직선 | 이끝이 피치 원추의 모직선과 일치하는 경우의 베벨 기어 |
| | ⑫ 스파이럴 베벨 기어 | spiral bevel gear | 곡선 | 이 기어와 물리는 크라운 기어의 이끝이 곡선으로 된 베벨 기어 |
| | ⑬ 제롤 베벨 기어 | zerol bevel gear | 곡 선 | 나선각이 0인 한 쌍의 스파이럴 베벨 기어 |
| | ⑭ 스큐 베벨 기어 | skew bevel gear | 직선 | 이 기어와 물리는 크라운 기어의 이끝이 직선이고, 꼭짓점에 향하지 않는 베벨 기어 |

| | ⑮ 나사 기어 | crossed helical gear | 점 | 헬리컬 기어의 한 쌍을 스큐 축 사이의 운동 전달에 이용한 것 |
|---|---|---|---|---|
| 두 축이 만나지도 않고 평행하지도 않은 경우 | ⑯ 하이포이드 기어 | hypoid gear | 곡선 | 스큐 축 간에 운동을 전달하는 원추형 기어 |
| | ⑰ 페이스 기어 | face gear | 점 | 스퍼 기어 또는 헬리컬 기어와 서로 물리는 원판상의 기어. 두 축이 교차하는 것도 있고 스큐하는 것도 있는데, 보통은 축각이 직각 |
| | ⑱ 웜 기어 | worm gear | 곡선 | 웜과 웜에 물리는 웜 휠에 의한 기어. 보통은 선 접촉을 하고 또 축각은 직각으로 된 것이 많다. |
| | ⑲ 웜 | worm | 곡선 | 한 줄 또는 그 이상의 줄 수를 가지는 나사 모양의 기어. 일반적으로는 원통형이다. |
| | ⑳ 웜 휠 | worm wheel | 곡선 | 웜과 물리는 기어 |
| | ㉑ 장고형 웜 기어 | hourglass worm gear | 곡선 | 장고형 웜 기어와 물리는 웜 기어 장치 |

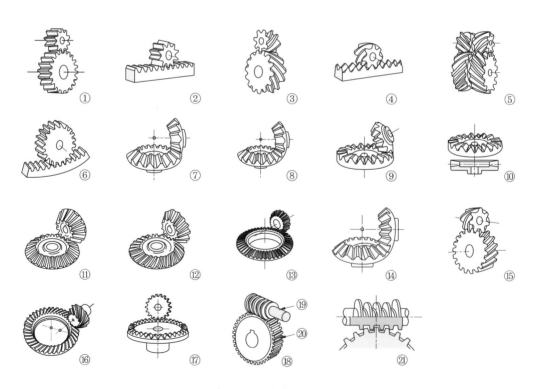

그림 10-1  기어의 종류

## (2) 치형 곡선

치형 곡선(齒形曲線)의 기구학적 조건은 일정한 각속도비
(角速度 比), 즉 모든 이 물림 위치에서 두 기어의 각속도비
가 일정하여야 하며, 강도, 제작, 수명 등의 요건을 만족하
여야 한다.

두 기어의 각속도비가 일정하려면 그림 10-2에서 $O_1$, $O_2$
가 양 기어의 회전 중심으로서 정점(定點)이므로 선분 $\overline{O_1O_2}$
를 일정한 각속도비로 내분(內分)하는 점인 P점도 정점이어
야 한다. 즉, P점을 지나는 중심 $O_1$으로부터의 반지름 $R_1$
($\overline{O_1P}$) 및 중심 $O_2$로부터의 반지름 $R_2(\overline{O_2P})$인 두 개의 원
은 원주 속도가 같으므로 구름 운동을 한다. 여기서 P점을
피치점이라 하고 피치점을 지나는 가상의 원을 **피치원**이라
고 한다.

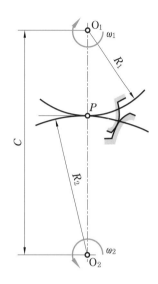

그림 10-2 피치원

일반적으로 사용되고 있는 치형 곡선에는 인벌류트 곡선(involute curve)과 사이클
로이드 곡선(cycloid curve)의 두 종류가 있다.

### ① 인벌류트 곡선

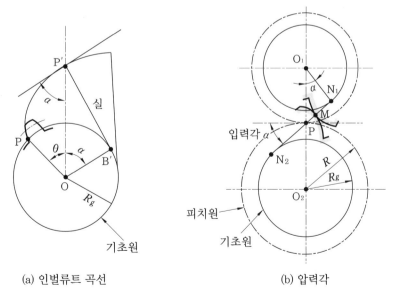

(a) 인벌류트 곡선              (b) 압력각

그림 10-3 인벌류트 곡선과 압력 각

그림 10-3(a)와 같이 1개의 고정된 원에 실을 감아놓고 이것을 잡아당기면서 풀어나
갈 때 실의 끝이 그리는 궤적(軌跡)을 **인벌류트 곡선**이라고 한다. 이때, 실을 감아 놓은

원을 **기초원**(基礎圓)이라고 한다.

그림 (b)는 두 개의 인벌류트 곡선을 서로 접촉시킨 것으로서, 2개의 기초원에 그은 공통 접선(共通接線)과 중심선과의 교점 P가 **피치점**이 된다. 이 경우 공통 접선 $\overline{N_1 N_2}$는 두 개의 인벌류트 곡선의 접촉점 M을 지난다. 이 접촉점 M은 기어의 회전과 더불어 $\overline{N_1 N_2}$ 위를 이동하므로 인벌류트 치형의 접촉점의 궤적은 직선으로 된다. 이 직선은 기어에 걸리는 힘의 방향을 나타내는 것으로서 **작용선**(作用線)이라 하며, 그 방향과 피치점을 지나 양 피치원에 그은 공통 접선이 이루는 각 $\alpha$를 **압력각**이라고 한다. 압력각에는 14.5°, 15°, 17.5°, 20°, 22.5°, 26.5° 등이 있으며 일반적으로 14.5°와 20°가 많이 사용된다. KS에서는 압력각을 20°로 규정하고 있다.

그림 10-3(a)에서 기초원 위에 감은 실을 당기면서 풀어 나갈 때 실 위의 한 점이 그리는 궤적은

$$R_g(\theta + \alpha) = R_g \tan\alpha$$
$$\therefore \theta = \tan\alpha - \alpha \,[\text{rad}] = \text{inv}\alpha \quad \cdots\cdots\cdots\cdots\cdots\cdots\cdots (10\text{-}1)$$

여기서 $\theta$를 **인벌류트 함수**라 하며, 인벌류트 곡선은 이 함수 값에 의해 표시된다. 또한 $\theta$값은 이 두께, 전위 기어 등의 계산에도 사용된다.

② 사이클로이드 곡선

한 개의 원이 구를 때 원주 위의 한 점이 그리는 곡선을 **사이클로이드 곡선**이라고 한다. 그림 10-4와 같이 고정된 원의 바깥 둘레를 한 개의 원이 구를 때 그 구름원의 원주 위의 한 점이 그리는 곡선을 **외전**(外轉) **사이클로이드**, 또는 **에피 사이클로이드**(epicycloid), 안 둘레를 구를 때 그리는 곡선을 **내전**(內轉) **사이클로이드**, 또는 **하이포 사이클로이드**(hypocycloid)라고 한다. 따라서 사이클로이드 치형에서는 고정된 원이 피치원이 되고, 피치원의 바깥

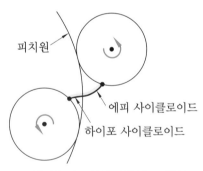

그림 10-4 사이클로이드 곡선

쪽의 치형은 에피 사이클로이드, 피치원 안쪽의 치형은 하이포 사이클로이드로 구성된다. 사이클로이드 치형은 이끝 면, 이뿌리 면의 치형 곡선이 서로 다른 곡선이므로 중심 거리에 오차가 있어서 피치점끼리 서로 접하지 않게 되면 사이클로이드 접촉 이론과 다르게 되어 원활한 전동과 일정한 속도비를 얻지 못한다.

인벌류트 치형과 사이클로이드 치형의 특징을 비교하면 표 10-2와 같다.

표 10-2 인벌류트 치형과 사이클로이드 치형의 비교

| 인벌류트 치형 | 사이클로이드 치형 |
| --- | --- |
| 치형의 가공이 용이하다. | 치형의 가공이 어렵다. |
| 호환성이 우수하다. | 호환성이 적다. |
| 축간 거리가 다소 변하여도 속도비에 영향이 없다. | 미소한 축간 거리의 변화에도 정확한 동력 전달이 어렵다. |
| 이뿌리 부분이 튼튼하다. | 마모와 소음이 적고 효율이 높지만 이뿌리 부분이 약하다. |
| 압력각은 일정하며 치형은 하나의 곡선으로 이루어진다. | 압력각은 계속해서 변하며 동력 전달이 원활하다. 치형은 두 개의 곡선으로 이루어진다. |
| 접촉점의 궤적은 직선이다. | 접촉점의 궤적은 곡선이다. |
| 가장 널리 사용되고 공작기계와 같이 큰 동력 전달에 적합하다. | 계기류, 시계류 등 정밀기기에 주로 이용된다. |

## 1-2 ◦ 기어의 구조

기어의 구조는 그림 10-5와 같이 이(齒) 부분 외에 림(rim), 리브(rib), 암(arm), 보스(boss)로 구성되어 있고, 사용 재료, 제작 방법, 사용 조건 등에 따라 그 형상도 다르다. 또 피치원 지름의 크기에 따른 종류로는 그림 10-6과 같이 웨브형, 원통형, 일체형 등이 있다.

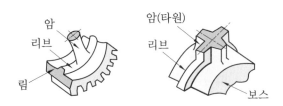

그림 10-5 기어의 구조

① 림(rim) : 림의 두께는 재료가 주철인 경우에는 모듈 $m$의 1.6~2.2배 또는 이높이와 같게 하면 안전하다. 주강재(鑄鋼材)나 강재(鋼材)의 경우에는 주철제의 80 % 정도로 한다. 특히, 피치원 지름이 크거나 모듈이 작은 기어는 1.6~2.2 $m$의 리브를 붙여 보강한다.

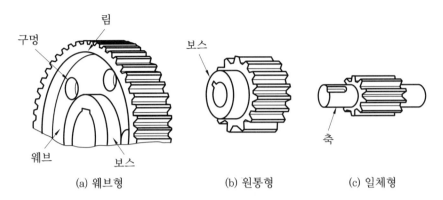

(a) 웨브형　　　　　　(b) 원통형　　　　　　(c) 일체형

그림 10-6  기어의 지름 크기에 따른 형상

② 암(arm) : 피치원 지름을 $D$, 축 지름을 $d$라 할 때, 피치원 지름이 작은 기어($D \leq 2d$)에서의 암 두께는 이 너비와 같게 하며, $D \leq 240$ mm 정도까지의 것은 원판 또는 그림 10-6(a)와 같이 원판에 등 간격으로 구멍을 뚫기도 한다. $D > 240$ mm 이상의 큰 기어는 암으로 한다. 암의 수는 암 단면의 형상과 치수, 기어의 외관 및 다른 부분과의 균형 상태 등을 고려하여 결정하여야 하며 대략 표 10-3과 같다.

**표 10-3  지름에 따른 암의 수**

| 피치원 지름($D$) | 암의 수 |
|---|---|
| ~600 mm | 4~5 |
| 600~1500 mm | 6 |
| 1500~2400 mm | 8 |
| 2400 mm 이상 | 10 또는 12 |

③ 보스(boss) : 보스의 두께는 키를 설치하는 경우, 키 홈의 깊이만큼 보스의 바깥지름을 증가시킨다. 그림 10-7에서 키 홈의 깊이를 제외한 보스의 두께 $\delta$는 축 지름을 기준으로 경하중(輕荷重)일 때 $\delta = 0.4d$, 보통하중일 때 $\delta = 0.44d$, 중하중(重荷重)일 때 $\delta = 0.5d$로 하고, 보스의 길이 $l = (1.2 \sim 2.2)d$로 한다.

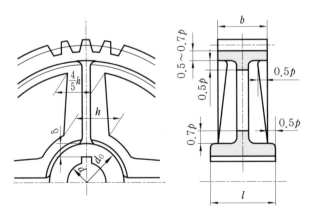

그림 10-7  기어의 각부 치수

# 2. 스퍼 기어

스퍼 기어는 가장 대표적인 기어로서 **평기어, 평치차**(平齒車)라고도 한다. 스퍼 기어는 평행한 두 축 간에 회전 운동을 전달하며, 잇줄이 직선으로 축과 평행한 기어이다.

## 2-1 ○ 기어의 각부 명칭

그림 10-8은 기어의 각부 명칭을 나타낸 것이다.

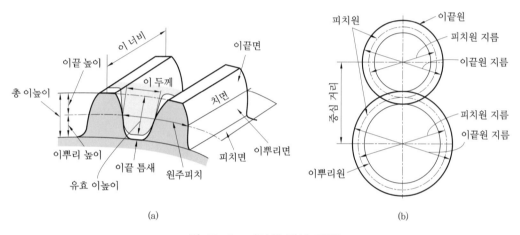

그림 10-8  기어의 각부 명칭

① 피치원 : 두 기어가 서로 맞물려 이가 구름 운동을 할 때 피치점을 연결하는 가상의 원
② 기초원 : 치형 곡선이 만들어지는 기준 원
③ 이뿌리원 : 이의 뿌리 부분을 연결하는 원
④ 이끝원 : 이의 끝을 연결하는 원
⑤ 원주 피치 : 피치 원주상에서 이와 이 사이의 원호 거리
⑥ 법선(法線) 피치 : 작용선 방향의 피치로 기초원의 원주 길이를 잇 수로 나눈 값
⑦ 이끝 높이 : 피치원에서 이끝까지의 높이로 **어덴덤**(addendum)이라고 한다.
⑧ 이뿌리 높이 : 이뿌리부터 피치원까지의 높이로 **디덴덤**(dedendum)이라고 한다.
⑨ 이끝 틈새(clearance) : 이끝원에서부터 이것과 맞물리고 있는 상대 기어의 이뿌리 원까지의 거리
⑩ 유효 이높이 : 서로 물린 한 쌍의 기어에서 두 기어의 이끝 높이의 합
⑪ 총 이높이 : 이끝 높이와 이뿌리 높이와의 합
⑫ 이 두께 : 피치원에서 측정한 이의 두께

표 10-4 걸치기 이 두께 계산표

| 기어의 잇수 | 압력각 $\alpha$ | | | | 기어의 잇수 | 압력각 $\alpha$ | | | |
|---|---|---|---|---|---|---|---|---|---|
| | 14.5° | | 20° | | | 14.5° | | 20° | |
| | $E$ | $n$ | $E$ | $n$ | | $E$ | $n$ | $E$ | $n$ |
| 8 | 4.6052 | 2 | 4.5403 | 2 | 45 | 10.8869 | 4 | 16.8669 | 6 |
| 9 | 4.6106 | 2 | 4.5543 | 2 | 46 | 10.8923 | 4 | 16.8810 | 6 |
| 10 | 4.6160 | 2 | 4.5683 | 2 | 47 | 10.8977 | 4 | 16.8950 | 6 |
| 11 | 4.6214 | 2 | 4.5823 | 2 | 48 | 13.9445 | 5 | 16.9090 | 6 |
| 12 | 4.6267 | 2 | 4.5963 | 2 | 49 | 13.9499 | 5 | 16.9230 | 6 |
| 13 | 4.6321 | 2 | 4.6103 | 2 | 50 | 13.9553 | 5 | 16.9370 | 6 |
| 14 | 4.6374 | 2 | 4.6243 | 2 | 51 | 13.9607 | 5 | 16.9510 | 6 |
| 15 | 4.6428 | 2 | 4.6383 | 2 | 52 | 13.9660 | 5 | 19.9170 | 5 |
| 16 | 4.6482 | 2 | 4.6523 | 2 | 53 | 13.9715 | 5 | 19.9311 | 7 |
| 17 | 4.6535 | 2 | 7.6184 | 3 | 54 | 13.9768 | 5 | 19.7451 | 7 |
| 18 | 4.6589 | 2 | 7.6323 | 3 | 55 | 13.9821 | 5 | 19.9592 | 7 |
| 19 | 4.6643 | 2 | 7.6464 | 3 | 56 | 13.9875 | 5 | 19.9732 | 7 |
| 20 | 4.6697 | 2 | 7.6605 | 3 | 57 | 13.9929 | 5 | 19.9872 | 7 |
| 21 | 4.6750 | 2 | 7.6745 | 3 | 58 | 13.9982 | 5 | 20.0012 | 7 |
| 22 | 4.6804 | 2 | 7.6885 | 3 | 59 | 14.0036 | 5 | 20.0152 | 7 |
| 23 | 4.6858 | 2 | 7.7025 | 3 | 60 | 17.0505 | 6 | 20.0292 | 7 |
| 24 | 7.7327 | 3 | 7.7165 | 3 | 61 | 17.0559 | 6 | 22.9953 | 8 |
| 25 | 7.7380 | 3 | 7.7305 | 3 | 62 | 17.0612 | 6 | 23.0093 | 8 |
| 26 | 7.7434 | 3 | 10.6966 | 4 | 63 | 17.0666 | 6 | 23.0233 | 8 |
| 27 | 7.7488 | 3 | 10.7106 | 4 | 64 | 17.0720 | 6 | 23.0373 | 8 |
| 28 | 7.7541 | 3 | 10.7246 | 4 | 65 | 17.0772 | 6 | 23.0513 | 8 |
| 29 | 7.7595 | 3 | 10.7386 | 4 | 66 | 17.0827 | 6 | 23.5486 | 8 |
| 30 | 7.7649 | 3 | 10.7526 | 4 | 67 | 17.0881 | 6 | 23.0794 | 8 |
| 31 | 7.7701 | 3 | 10.7666 | 4 | 68 | 17.0935 | 6 | 23.0934 | 8 |
| 32 | 7.7756 | 3 | 10.7806 | 4 | 69 | 17.0988 | 6 | 23.1074 | 8 |
| 33 | 7.7810 | 3 | 10.7946 | 4 | 70 | 17.1042 | 6 | 26.0735 | 9 |
| 34 | 7.7864 | 3 | 10.8086 | 4 | 71 | 17.1095 | 6 | 26.0875 | 9 |
| 35 | 7.7917 | 3 | 13.7748 | 5 | 72 | 20.1564 | 7 | 26.1015 | 9 |
| 36 | 10.8386 | 4 | 13.7888 | 5 | 73 | 20.1618 | 7 | 26.1559 | 7 |
| 37 | 10.8439 | 4 | 13.8028 | 5 | 74 | 20.1672 | 7 | 26.1295 | 9 |

| 38 | 10.8493 | 4 | 13.8168 | 5 | 75 | 20.1757 | 7 | 26.1435 | 9 |
|---|---|---|---|---|---|---|---|---|---|
| 39 | 10.8547 | 4 | 13.8308 | 5 | 76 | 20.1779 | 7 | 26.1575 | 9 |
| 40 | 10.8601 | 4 | 13.8448 | 5 | 77 | 20.1833 | 7 | 26.1715 | 9 |
| 41 | 10.8655 | 4 | 13.8588 | 5 | 78 | 20.1996 | 7 | 29.1377 | 10 |
| 42 | 10.8708 | 4 | 13.8728 | 5 | 79 | 20.1940 | 7 | 29.1517 | 10 |
| 43 | 10.8762 | 4 | 13.8868 | 5 | 80 | 20.1994 | 7 | 29.1657 | 10 |
| 44 | 10.8816 | 4 | 16.8530 | 6 | | | | | |

⑬ 이 너비 : 축선(軸線) 방향으로 측정한 이의 길이

⑭ 백래시(back lash) : 그림 10-9와 같이 한 쌍의 기어가 물려 있을 때, 이 면(面) 사이의 틈새. 즉,

   백래시＝이홈의 폭－이 두께

그림 10-9 백래시

⑮ 걸치기 이 두께

기어를 가공하는 중에 이 두께를 관리하기 위한 측정법으로 걸치기 이 두께는 $E$로 표시하고, 그림 10-10과 같이 3개의 이를 걸쳐 측정하는 경우에는 $E_3$, 4개의 이를 걸쳐 측정하는 경우에는 $E_4$, $n$개의 이를 걸쳐 측정하는 경우에는 $E_n$으로 표시한다. 이것은 빌트하이버(Wildharber)의 이 두께 측정법으로 알려져 있다.

표 10-4는 걸치기 이 두께 계산표를 나타낸 것이다.

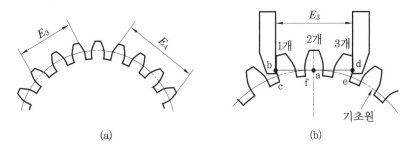

(a)

(b)

그림 10-10 걸치기 이두께

## 2-2 ◦ 이의 크기

기어 이의 크기를 표시하는 방법에는 다음의 3가지 방법이 있다.

### (1) 원주 피치

피치 원주를 잇수($z$)로 나눈 수치로서 기호 $p$로 표시하면

$$p = \frac{\pi D}{z} \quad \text{------------------------------------} \quad (10\text{-}2)$$

이다. 원주 피치가 클수록 기어의 이는 커진다.

스퍼 기어에서 이 두께가 원주 피치의 $\frac{1}{2}$인 기어를 **표준 스퍼 기어**라고 한다.

## (2) 모 듈

식 (10-2)에서 $p[\text{mm}]$의 값을 표준화하면 피치원 지름 $D\,[\text{mm}]$는 무리수가 되어 불편하다. 따라서 기계에 의한 이(齒) 절삭의 경우에는 피치원 지름을 정수 또는 유한소수로 하는 것이 편리하다. 즉 $D = \frac{pz}{\pi}$에서 $p$ 대신에 $\frac{p}{\pi}$의 값을 표준화하면 $D$를 정수 또는 유한 소수로 할 수 있다. 여기서 $\frac{p}{\pi}$를 **모듈**(module)이라고 하며, $m$으로 표시하면

$$\left.\begin{array}{l} m = \dfrac{p}{\pi} = \dfrac{D}{z} \\[2mm] D = mz \end{array}\right\} \quad \text{------------------------------------} \quad (10\text{-}3)$$

모듈은 미터 방식으로 나타낸 이의 크기를 표시하며, 모듈 값이 클수록 이는 커지며, 이것은 우리나라 및 미터 방식을 사용하는 유럽에서 주로 사용하고 있다. 표준 스퍼 기어의 이 끝 높이(어덴덤) $h_k = m$, 이 뿌리 높이(디덴덤) $h_f \geqq 1.25m$의 관계를 갖는다.

표 10-5는 모듈의 표준 값을 나타내며, 제 1계열을 우선적으로 선택하고, 필요에 따라 제 2계열을 선택한다.

### 표 10-5  모듈의 표준 값(KS 규격)

| 계 열 | 모듈 표준 치수 |
|---|---|
| 제1계열 | 1  1.25  1.5  2  2.5  3  4  5  6  8  10  12  16  20  25  32<br>40  50 |
| 제2계열 | 1.125  1.375  1.75  2.25  2.75  3.5  4.5  5.5  6.5  7  9  11  14<br>18  22  28  36  45 |

## (3) 지름 피치

인치 방식으로 이의 크기를 나타내는 방법으로서 $p[\text{in}]$ 대신에 $\frac{\pi}{p}$의 값을 표준화한 것을 **지름 피치**라고 하며 기호 $p_d$로 표시하면

$$p[\text{in}] = \frac{\pi D[\text{in}]}{z} \quad \text{에서}$$

$$p_d = \frac{\pi}{p[\text{in}]} = \frac{z}{D[\text{in}]} \quad \text{------------------------------------} \quad (10\text{-}4)$$

가 된다. 따라서 지름 피치의 값이 작을수록 기어의 이는 커지며, 지름 피치는 영국, 미국에서 주로 사용하고 있다.

모듈과 지름 피치와의 관계는 식 (10-3)과 (10-4)로부터

$$m = \frac{25.4 \times p[\text{in}]}{\pi}$$

따라서

$$\left.\begin{array}{l} p_d = \dfrac{\pi}{p[\text{in}]} = \dfrac{25.4}{m} \\[3mm] m = \dfrac{25.4}{p_d} \end{array}\right\} \cdots\cdots (10-5)$$

표 10-6과 10-7은 표준 스퍼 기어에 대한 모듈 기준과 지름 피치 기준의 기어 이(齒)치수를 각각 나타낸 것이다.

**표 10-6  모듈 기준의 이의 치수**   (단위 : mm)

| 모 듈 $m$ | 원주 피치 $p$ | 이 두께 $t$ | 이끝 높이 $h_k$ | 유효 이높이 $h_e$ | 이뿌리 높이 $h_f$ | 총 이 높이 $h = h_k + h_f$ |
|---|---|---|---|---|---|---|
| 0.50 | 1.571 | 0.785 | 0.500 | 1.000 | 0.579 | 1.079 |
| 0.75 | 2.356 | 1.178 | 0.750 | 1.500 | 0.868 | 1.618 |
| 1.00 | 3.142 | 1.571 | 1.000 | 2.000 | 1.157 | 2.157 |
| 1.25 | 3.927 | 1.964 | 1.250 | 2.500 | 1.446 | 2.696 |
| 1.50 | 4.712 | 2.356 | 1.500 | 3.000 | 1.736 | 2.236 |
| 1.75 | 5.498 | 2.749 | 1.750 | 3.500 | 2.025 | 3.775 |
| 2.00 | 6.283 | 3.142 | 2.000 | 4.000 | 2.314 | 4.314 |
| 2.25 | 7.069 | 3.534 | 2.250 | 4.500 | 2.603 | 4.853 |
| 2.50 | 7.854 | 3.927 | 2.500 | 5.000 | 2.893 | 5.393 |
| 2.75 | 8.639 | 4.320 | 2.750 | 5.500 | 3.182 | 5.932 |
| 3.00 | 9.425 | 4.712 | 3.000 | 6.000 | 3.472 | 6.471 |
| 3.25 | 10.210 | 5.105 | 3.250 | 6.500 | 3.761 | 7.011 |
| 3.50 | 10.996 | 5.498 | 3.500 | 7.000 | 4.050 | 7.550 |
| 3.75 | 11.781 | 5.891 | 3.750 | 7.500 | 4.339 | 8.089 |
| 4.00 | 12.566 | 6.283 | 4.000 | 8.000 | 4.628 | 8.628 |
| 4.5 | 14.137 | 7.069 | 4.500 | 9.000 | 5.207 | 9.707 |
| 5.0 | 15.708 | 7.854 | 5.000 | 10.000 | 5.785 | 10.785 |

| 5.5 | 17.279 | 8.639 | 5.500 | 11.000 | 6.364 | 11.864 |
|---|---|---|---|---|---|---|
| 6.0 | 18.850 | 9.425 | 6.000 | 12.000 | 6.943 | 12.943 |
| 7.0 | 21.991 | 10.996 | 7.000 | 14.000 | 8.100 | 15.100 |
| 8 | 25.133 | 12.566 | 8.000 | 16.000 | 9.257 | 17.257 |
| 9 | 28.274 | 14.137 | 9.000 | 18.000 | 10.414 | 19.414 |
| 10 | 31.416 | 15.708 | 10.000 | 20.000 | 11.571 | 21.571 |
| 11 | 34.558 | 17.279 | 11.000 | 22.000 | 12.728 | 23.728 |
| 12 | 37.699 | 18.850 | 12.000 | 24.000 | 13.885 | 25.885 |
| 13 | 40.841 | 20.420 | 13.000 | 26.000 | 15.042 | 28.042 |
| 14 | 43.982 | 21.991 | 14.000 | 28.000 | 16.199 | 30.199 |
| 15 | 47.124 | 23.562 | 15.000 | 30.000 | 17.356 | 32.356 |
| 16 | 50.266 | 25.133 | 16.000 | 32.000 | 18.513 | 34.513 |
| 17 | 53.407 | 26.704 | 17.000 | 34.000 | 19.670 | 36.670 |
| 18 | 56.549 | 28.274 | 18.000 | 36.000 | 20.827 | 38.827 |
| 19 | 59.690 | 29.845 | 19.000 | 38.000 | 21.985 | 40.985 |
| 20 | 62.832 | 31.416 | 20.000 | 40.000 | 23.142 | 43.142 |
| 25 | 78.540 | 39.270 | 25.000 | 50.000 | 28.927 | 53.927 |
| 30 | 94.248 | 47.124 | 30.000 | 60.000 | 34.712 | 64.712 |
| 35 | 109.656 | 54.978 | 35.000 | 70.000 | 40.498 | 75.498 |
| 40 | 125.664 | 62.832 | 40.000 | 80.000 | 46.283 | 86.283 |
| 45 | 141.372 | 70.686 | 45.000 | 90.000 | 52.069 | 97.069 |
| 50 | 157.080 | 78.540 | 50.000 | 100.000 | 57.854 | 107.854 |
| 60 | 188.496 | 94.248 | 60.000 | 120.000 | 69.425 | 129.425 |

### 표 10-7  지름 피치 기준의 이의 치수                (단위 : inch)

| 지름 피치 $P_d$ | 원주 피치 $p$ | 이 두께 $t$ | 이끝 높이 $h_k$ | 유효 이높이 $h_e$ | 이뿌리 높이 $h_f$ | 총 이 높이 $h = h_k + h_f$ |
|---|---|---|---|---|---|---|
| 1/2 | 6.2832 | 3.1416 | 2.000 | 4.0000 | 2.3142 | 4.3142 |
| 3/4 | 4.1888 | 2.0944 | 1.3333 | 2.6666 | 1.5428 | 2.8761 |
| 1 | 3.1416 | 1.5708 | 1.0000 | 2.0000 | 1.1571 | 2.1571 |
| 1 1/4 | 2.5133 | 1.2566 | 0.8000 | 1.6000 | 0.9257 | 1.7257 |
| 1 1/2 | 2.0944 | 1.0472 | 0.6666 | 1.3333 | 0.7714 | 1.4381 |
| 1 3/4 | 1.7952 | 0.8976 | 0.5714 | 1.1429 | 0.6612 | 1.2326 |
| 2 | 1.5708 | 0.7854 | 0.5000 | 1.0000 | 0.5785 | 0.0785 |
| 2 1/4 | 1.3963 | 0.6981 | 0.4444 | 0.8888 | 0.5143 | 0.9587 |

| | | | | | | |
|---|---|---|---|---|---|---|
| 2 1/2 | 1.2566 | 0.6283 | 0.4000 | 0.8000 | 0.4628 | 0.8628 |
| 2 3/4 | 0.1424 | 0.5712 | 0.3636 | 0.7273 | 0.4208 | 0.7844 |
| 3 | 1.0472 | 0.5236 | 0.3333 | 0.6666 | 0.3857 | 0.7190 |
| 3 1/3 | 0.8976 | 0.4488 | 0.2857 | 0.5714 | 0.3306 | 0.6163 |
| 4 | 0.7854 | 0.3927 | 0.2500 | 0.5000 | 0.2893 | 0.5393 |
| 5 | 0.6283 | 0.3142 | 0.2000 | 0.4000 | 0.2314 | 0.4314 |
| 6 | 0.5236 | 0.2618 | 0.1666 | 0.3333 | 0.1928 | 0.3595 |
| 7 | 0.4488 | 0.2244 | 0.1429 | 0.2857 | 0.1653 | 0.3081 |
| 8 | 0.3927 | 0.1963 | 0.2520 | 0.2500 | 0.1446 | 0.2696 |
| 9 | 0.3491 | 0.1745 | 0.1111 | 0.2222 | 0.1286 | 0.2397 |
| 10 | 0.3142 | 0.1571 | 0.1000 | 0.2000 | 0.1157 | 0.2157 |
| 11 | 0.2856 | 0.1428 | 0.0909 | 0.1818 | 0.1052 | 0.1961 |
| 12 | 0.2618 | 0.1309 | 0.0833 | 0.1666 | 0.0964 | 0.1798 |
| 13 | 0.2417 | 0.1208 | 0.0769 | 0.1538 | 0.0890 | 0.1659 |
| 14 | 0.2244 | 0.1122 | 0.0714 | 0.1429 | 0.0826 | 0.1541 |
| 15 | 0.2094 | 0.0047 | 0.0666 | 0.1333 | 0.0771 | 0.1438 |
| 16 | 0.1963 | 0.0982 | 0.0625 | 0.1250 | 0.0723 | 0.1348 |
| 17 | 0.1848 | 0.0924 | 0.0588 | 0.1176 | 0.0681 | 0.1269 |
| 18 | 1.1745 | 0.0873 | 0.0555 | 0.1111 | 0.0643 | 0.1198 |
| 19 | 0.1653 | 0.0827 | 0.0526 | 0.1053 | 0.0609 | 0.1135 |
| 20 | 0.1571 | 0.0785 | 0.0500 | 0.1000 | 0.0579 | 0.1079 |
| 22 | 0.1428 | 0.0714 | 0.0455 | 0.0909 | 0.0526 | 0.0980 |
| 24 | 0.1309 | 0.0654 | 0.0417 | 0.0833 | 0.0483 | 0.0898 |
| 26 | 0.1208 | 0.0604 | 0.0385 | 0.0769 | 0.0445 | 0.0829 |
| 28 | 0.1122 | 0.0561 | 0.0357 | 0.0714 | 0.0413 | 0.0770 |
| 30 | 0.1047 | 0.0524 | 0.0333 | 0.0666 | 0.0386 | 0.0719 |
| 32 | 0.0982 | 0.0491 | 0.0312 | 0.0625 | 0.0362 | 0.0674 |
| 34 | 0.0924 | 0.0462 | 0.0294 | 9.0588 | 0.0340 | 0.0634 |
| 36 | 0.0873 | 0.0436 | 0.0278 | 0.0555 | 0.0321 | 0.0599 |
| 38 | 0.0827 | 0.0413 | 0.0263 | 0.0526 | 0.0304 | 0.0568 |
| 40 | 0.0785 | 0.0393 | 0.0250 | 0.0500 | 0.0289 | 0.0539 |
| 42 | 0.0748 | 0.0374 | 0.0238 | 0.0476 | 0.0275 | 0.0514 |
| 44 | 0.0714 | 0.0357 | 0.0227 | 0.0455 | 0.0263 | 0.0490 |
| 46 | 0.0683 | 0.0341 | 0.0217 | 0.0435 | 0.0252 | 0.0469 |
| 48 | 0.0654 | 0.0327 | 0.0208 | 1.0417 | 0.0241 | 0.0449 |
| 50 | 0.0628 | 0.0314 | 0.0200 | 0.0400 | 0.0231 | 0.0431 |

**Q 예제 10-1**

모듈 3, 잇수 40인 스퍼 기어의 피치원 지름을 구하여라.

**해설** $D = mz = 3 \times 40 = 120 \, mm$

**Q 예제 10-2**

피치원 지름 480 mm, 잇수 80인 스퍼 기어의 지름 피치를 구하여라.

**해설** 먼저 모듈 $m$을 구하면

$$m = \frac{D}{z} = \frac{480}{80} = 6 \, mm \qquad \therefore p_d = \frac{25.4}{m} = \frac{25.4}{6} = 4.233 \, in$$

## 2-3 ○ 표준 스퍼 기어의 일반 계산식

표준 스퍼 기어의 속도비 및 일반 계산식은 다음과 같다.

① 속도비($i$)

두 기어가 맞물려 회전하고 있을 때, 원동측(구동측) 기어의 회전수를 $n_1$, 종동측(피동측) 기어의 회전수를 $n_2$라 하면

$$i = \frac{n_1}{n_2} = \frac{D_2}{D_1} = \frac{mz_2}{mz_1} = \frac{z_2}{z_1} \quad \cdots\cdots (10-6)$$

② 피치원 지름($D$)

$$D = mz \quad \cdots\cdots (10-7)$$

③ 기초원 지름($D_g$)

$$D_g = D\cos\alpha = mz\cos\alpha \quad \cdots\cdots (10-8)$$

④ 원주 피치($p$)

$$p = \frac{\pi D}{z} = \pi m \quad \cdots\cdots (10-9)$$

⑤ 법선 피치$(p_n)$

$$p_n = \frac{\pi D_g}{z} = \frac{\pi D \cos\alpha}{z} = p\cos\alpha = \pi m \cos\alpha \quad \text{(10-10)}$$

⑥ 이끝 높이$(h_k)$

$$h_k = m \quad \text{(10-11)}$$

⑦ 이뿌리 높이$(h_f)$

$$h_f = h_k + C_k \geqq 1.25\,m \quad \text{(10-12)}$$

⑧ 이끝 틈새$(C_k)$

$$C_k = h_f - h_k \quad \text{(10-13)}$$

⑨ 바깥지름(이끝원 지름)$(D_k)$

$$D_k = D + 2h_k = m(z+2) \quad \text{(10-14)}$$

⑩ 중심 거리$(C)$

$$C = \frac{D_1 + D_2}{2} = \frac{m(z_1 + z_2)}{2} \quad \text{(10-15)}$$

⑪ 이 두께$(t)$

$$t = \frac{p}{2} = \frac{\pi m}{2} \quad \text{(10-16)}$$

⑫ 유효 이높이$(h_e)$

$$h_e = h_k + (h_f - C_k) \quad \text{(10-17)}$$

⑬ 총 이높이$(h)$

$$h = h_k + h_f \quad \text{(10-18)}$$

**물림률과 미끄럼률**

## (1) 물림률

그림 10-11에서 한 쌍의 이 $xx$와 $yy$의 물림은 점 G에서 시작하여 피치점 P를 지나 점 H에서 끝나게 된다. 여기서 작용선 GPH의 길이를 **물림 길이**라 하고, GP를 **접근 물림 길이**, PH를 **퇴거 물림 길이**라 한다.

기어가 원활하게 동력을 전달하기 위해서는 한 쌍의 이 물림이 끝나기 전에 다음 한 쌍의 이 물림이 시작되어야 한다. 따라서 작용선 GPH의 길이는 작용선 방향의 피치, 즉 법선 피치보다 커야 하며, 물림 길이를 법선 피치로 나눈 값을 물림률이라고 한다. 이와 같이 물림률은 동시에 물고 있는 잇수를 의미하며, 항상 1보다 커야 한다.

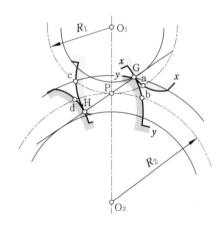

**그림 10-11  물림률**

또한 그림에서 $\overset{\frown}{aPc}$ 및 $\overset{\frown}{bPd}$를 접촉호라고 하며, 이 접촉호의 길이를 원주 피치로 나눈 값이 물림률이 된다. 즉

$$물림률(\varepsilon) = \frac{접촉호의\ 길이(\overset{\frown}{aPc}\ 또는\ \overset{\frown}{bPd})}{원주\ 피치(p)}$$

$$= \frac{물림길이(\overline{GPH})}{법선\ 피치(p_n)} = \frac{\overline{GPH}}{p\cos\alpha} \quad \cdots\cdots\cdots(10-19)$$

물림률이 1.6이라면 물림 길이가 $1.6p_n$이고, 물림이 시작되는 앞쪽과 물림이 끝나는 뒤쪽의 $0.6p_n$ 길이(물림 길이의 60 %)에서는 두 쌍의 이가 맞물리고, 물림 중간에서의 $0.4p_n$ 길이(물림 길이의 40 %)에서는 한 쌍의 이가 맞물려 회전한다는 의미이다.

① 물림률은 압력각이 작을수록 잇수가 많을수록 커진다.

③ 운전 성능상 되도록 물림률이 큰 값이 바람직하며 최소 1.2 이상이 바람직하다.

### (2) 미끄럼률

두 기어가 서로 맞물려 회전 운동을 하는 경우, 피치 점에서는 구름 접촉을 하지만 치면상(齒面上)의 다른 점에서는 구름 접촉과 동시에 미끄럼 접촉을 하게 된다. 따라서 치면에서는 마찰이 생기고 이로 인하여 동력의 손실을 일으켜 효율을 저하시킨다.

그림 10-12에서 양치면(兩齒面)의 단위 시간당 변위량을 각각 $ds_1$ 및 $ds_2$라고 하면, 각각의 치면에 대한 미끄럼률 $\sigma_1$ 및 $\sigma_2$는

$$\left.\begin{array}{l} \sigma_1 = \dfrac{ds_1 - ds_2}{ds_1} \\[2mm] \sigma_2 = \dfrac{ds_2 - ds_1}{ds_2} \end{array}\right\} \quad \cdots\cdots\cdots\cdots\cdots\cdots\cdots\cdots\cdots\cdots\cdots\cdots (10-20)$$

로 표시되며, 미끄럼의 정도를 나타낸다.

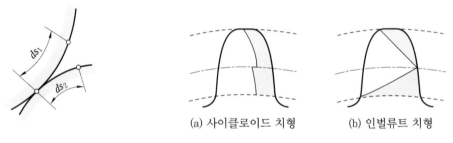

| 그림 10-12  미끄럼률 | 그림 10-13  미끄럼의 분포 |
|---|---|
| | (a) 사이클로이드 치형    (b) 인벌류트 치형 |

또 미끄럼의 크기는 치형(齒形)이나 치면의 접촉 위치에 따라 다르다. 그림 10-13은 치형에 따른 미끄럼의 분포 상태를 나타낸 것으로 인벌류트 치형에서는 이끝과 이뿌리에서 미끄럼이 커 마멸도 커지며, 사이클로이드 치형에서는 이끝과 이뿌리에서 약간의 차이는 있으나 미끄럼이 균일하게 분포하는 것을 알 수 있다.

**Q 예제 10-8**

기초원 지름 150 mm, 잇수 30, 압력각 20°인 인벌류트 스퍼 기어에서 물림 길이가 $7\pi$ (mm)라면 이 기어의 물림률은 얼마인가?

**해설** $p_n = \dfrac{\pi D_g}{z} = \dfrac{\pi \times 150}{30} = 5\pi$

$\therefore \varepsilon = \dfrac{\text{물림 길이}(S)}{\text{법선 피치}(p_n)} = \dfrac{7\pi}{5\pi} = 1.4$

## 2-5 ○ 이의 간섭과 언더컷

### (1) 이의 간섭

두 기어가 서로 맞물려 회전하는 한 쌍의 기어에서, 지름이 큰 쪽 기어의 이끝이 지름이 작은 쪽 기어의 이뿌리에 부딪쳐서 회전을 방해하는 현상을 이의 간섭(interference of tooth)이라고 하며, 주로 인벌류트 치형에서 문제가 된다. 표준 스퍼 기어에서 작은 기어의 잇수를 $z_1$, 큰 기어의 잇수를 $z_2$, 압력각을 $\alpha$라 하면 간섭을 일으키지 않는 큰 기어의 잇수 $z_2$는 다음 식으로 구한다.

$$z_2 \leq \frac{z_1^2 \sin^2\alpha - 4}{4 - 2z_1 \sin^2\alpha} \quad \cdots\cdots (10-21)$$

표 10-8은 두 기어가 맞물려 회전할 때 이의 간섭을 일으키지 않는 잇수 관계를 나타낸 것이다.

**표 10-8 간섭을 일으키지 않는 잇수 관계**

| 압력각 $\alpha$ | 작은 기어의 잇수 $z_1$ | 큰 기어의 잇수 $z_2$ | 잇수 비 $z_2/z_1$ | 물림률 $\varepsilon$ | |
|---|---|---|---|---|---|
| | 22 | 22 | 1.00 | 1.83 | 1.83 |
| | 23 | 26 | 1.13 | 1.86 | 1.84 |
| | 24 | 32 | 1.33 | 1.91 | 1.85 |
| | 25 | 40 | 1.60 | 1.96 | 1.86 |
| | 26 | 52 | 2.00 | 2.00 | 1.88 |
| 14.5° | 27 | 68 | 2.52 | 2.06 | 1.90 |
| | 28 | 92 | 3.28 | 2.08 | 1.91 |
| | 29 | 132 | 4.55 | 2.14 | 1.93 |
| | 30 | 220 | 7.34 | 2.21 | 1.94 |
| | 31 | 506 | 16.35 | 2.50 | 1.96 |
| | 32 | 랙 | ∞ | 2.30 | 1.97 |
| | 21 | 21 | 1.00 | 1.78 | 1.78 |
| | 22 | 27 | 1.23 | 1.83 | 1.80 |
| 15° | 23 | 32 | 1.39 | 1.88 | 1.81 |
| | 24 | 45 | 1.87 | 1.93 | 1.82 |
| | 25 | 58 | 2.31 | 1.99 | 1.83 |

| 26 | 81 | 3.12 | 2.04 | 1.84 |
|---|---|---|---|---|
| 27 | 118 | 4.37 | 2.08 | 1.85 |
| 28 | 194 | 6.92 | 2.14 | 1.86 |
| 29 | 476 | 16.40 | 2.19 | 1.87 |
| 30 | 랙 | ∞ | 2.23 | 1.87 |

| 20° | 12 | 12 | 1.00 | 1.25 | 1.25 |
|---|---|---|---|---|---|
| | 13 | 16 | 1.23 | 1.48 | 1.44 |
| | 14 | 25 | 1.79 | 1.49 | 1.47 |
| | 15 | 44 | 2.94 | 1.61 | 1.48 |
| | 16 | 94 | 5.87 | 1.68 | 1.51 |
| | 17 | 랙 | ∞ | 1.73 | 1.53 |

## (2) 언더컷

랙 공구(rack cutter)나 호브(hob)를 사용하여 기어를 가공할 때, 그림 10-14와 같이 이의 간섭에 의해 이뿌리 부분을 깎아내어 이뿌리가 가느다란 이가 되는 현상을 언더컷(undercut)이라고 한다.

언더컷이 발생하면 이뿌리 부분이 약해지고 물림 길이가 감소되므로 원활한 동력 전달이 불가능해진다. 랙 공구로 표준 스퍼 기어를 가공할 때 언더컷을 일으키지 않는 잇수는 다음 식으로 구한다.

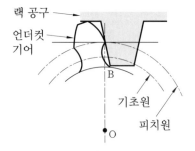

$$z_1 = z_g = \frac{2h_k}{m\sin^2\alpha} = \frac{2}{\sin^2\alpha} \quad \cdots\cdots\cdots\cdots (10-22)$$

**그림 10-14 언더컷**

여기서, $z_1$을 **한계 잇수**($z_g$) 또는 **최소 잇수**라고 하며, $h_k$는 이끝 높이, $m$은 모듈로서 표준 스퍼 기어에서는 $h_k = m$이다. 계산한 값이 소수점 이하일 때에는 올린 값으로 한다.

다음은 언더컷의 방지책이다.
① 압력각을 크게 한다.
② 이끝 높이를 낮춘다.
③ 기어의 잇수를 한계 잇수 이상으로 한다.
④ 전위 기어를 사용한다.

## 2-6 ◦ 전위 기어

전위 기어(profile shift gear)란 언더컷이 생기지 않도록 그림 10-15(b)와 같이 랙형 공구의 기준 피치선과 가공할 기어의 기준 피치원이 접하지 않도록 임의의 양만큼 간격을 갖게 설치하여 절삭한 기어를 말한다. 이때 랙형 공구를 기어의 기준 피치원으로부터 바깥쪽 또는 안쪽으로 이동시킨 거리를 **전위량**(轉位量)이라고 하며, 전위량$= xm$의 관계를 갖는다. 여기서 $x$를 **전위계수**라고 한다. 즉, 전위계수는 $\dfrac{\text{전위량}}{\text{모듈}}$으로 나타내어지는 비율을 말한다. 그림 10-15(b)의 경우는 랙 커터의 기준 피치선이 기어의 기준 피치원 바깥쪽으로 전위된 (+) 전위량일 때를 나타낸 것으로, 전위량 만큼 이끝 높이가 낮아진다. 이와는 반대로 랙 커터의 기준 피치선이 기어의 기준 피치원 안쪽으로 전위된 (−) 전위량을 주었을 때에는 전위량 만큼 이뿌리 높이가 커진다.

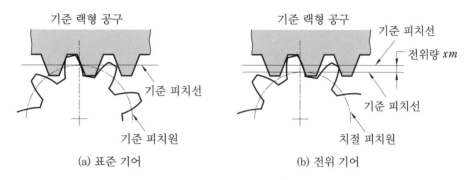

(a) 표준 기어    (b) 전위 기어

**그림 10-15  표준 기어와 전위 기어**

기어의 잇수를 $z$, 압력각을 $\alpha$라 하면, 언더컷 방지를 위한 전위계수 $x$는 다음 식에 의하여 구한다.

$$x = 1 - \frac{z}{2}\sin^2\alpha \quad \cdots\cdots\cdots\cdots\cdots\cdots\cdots (10\text{-}23)$$

따라서 이론상의 전위계수 $x$는 압력각의 크기에 따라 다음과 같다.

$$\left. \begin{array}{ll} \alpha = 14.5\,° \text{일 때} & x = \dfrac{32 - z}{32} \\[2mm] \alpha = 20\,° \text{일 때} & x = \dfrac{17 - z}{17} \end{array} \right\} \quad \cdots\cdots\cdots\cdots\cdots (10\text{-}24)$$

전위 기어의 장점과 단점은 다음과 같다.

〈장 점〉

① 언더컷을 방지할 수 있으며 미끄럼률을 줄이고 물림률을 증가시킨다.

② 축간 거리를 어느 정도 자유롭게(짧게) 변경시킬 수 있다.

③ 이뿌리가 넓어져 굽힘 강도를 증가시킨다.

④ 최소 잇수를 적게 할 수 있다.

〈단 점〉

① 압력각 증가로 인해 베어링 하중이 증대된다.

② 이론 계산식이 복잡하며 호환성이 좋지 않다.

**Q 예제 10-9**

압력각 14.5°, 모듈 5, 잇수 11개인 전위 기어를 깎으려고 한다. 전위량을 구하여라.

**해설** $x = \dfrac{32 - z}{32} = \dfrac{32 - 11}{32} = 0.656$

$\therefore xm = 0.656 \times 5 = 3.28 \, \text{mm}$

## 2-7 ○ 스퍼 기어의 강도 계산

한 쌍의 기어가 서로 맞물려 회전하면서 동력을 전달할 때 이(齒)는 굽힘 하중에 의해 이가 부러지는 **굽힘 파괴**와, 압축 하중에 의해 이의 접촉면에서의 피로(疲勞)와 마멸(磨滅)에 의한 **점부식**(點腐蝕, pitting), 큰 전달하중이 걸렸을 때 이 면 사이의 유막 파괴에 의한 금속과 금속의 직접 접촉으로 발생되는 온도 상승으로 나타나는 융착현상(融着現象)

**그림 10-16 기어의 굽힘 파괴**

의 **스코링**(scoring) 등이 있다. 그림 10-16은 기어의 굽힘 파괴를 나타낸 것이다.

### (1) 굽힘 강도에 의한 전달력

이의 굽힘 강도에 대하여는 미국의 W. Lewis가 1893년에 발표한 소위 'Lewis의 식'이 널리 사용되고 있다. 기어의 허용 굽힘 응력을 $\sigma_a$, 이 너비를 $b$, 모듈을 $m$이라고 하면, 피치 점에서의 기어의 전달력(회전력) $P$는 다음 식과 같다.

$$P = \sigma_a b \, my \quad \cdots\cdots\cdots\cdots\cdots\cdots\cdots\cdots\cdots\cdots\cdots\cdots\cdots\cdots\cdots\cdots\cdots (10-25)$$

여기서 $y$를 **치형계수**(齒形係數, toothed form factor) 또는 **강도계수**, Lewis계수라고 부르며, 이 값은 잇수만에 의해서 결정되는 형상계수이다.

표 10-9는 표준 스퍼 기어의 치형계수로서 일반적인 경우는 왼쪽의 $y$값을 사용하는 것이 안전하며, 기어 재료의 허용 굽힘 응력은 표 10-10을 기준으로 하면 된다.

**표 10-9 표준 스퍼 기어의 치형계수 $y$(모듈 기준)**

| 잇수 $z$ | 압력각 $\alpha=14.5°$ 표준 기어 | | 압력각 $\alpha=20°$ 표준 기어 | | 압력각 $\alpha=20°$ 낮은 이 표준 기어 | |
|---|---|---|---|---|---|---|
| | $y$ | $y_0'=(\beta=\alpha)$ | $y$ | $y_0'=(\beta=\alpha)$ | $y$ | $y_0'=(\beta=\alpha)$ |
| 12 | 0.237 | 0.355 | 0.277 | 0.415 | 0.338 | 0.496 |
| 13 | 0.249 | 0.377 | 0.292 | 0.443 | 0.350 | 0.515 |
| 14 | 0.261 | 0.399 | 0.308 | 0.468 | 0.365 | 0.540 |
| 15 | 0.270 | 0.415 | 0.319 | 0.490 | 0.374 | 0.556 |
| 17 | 0.289 | 0.446 | 0.330 | 0.512 | 0.391 | 0.587 |
| 18 | 0.293 | 0.459 | 0.335 | 0.522 | 0.399 | 0.603 |
| 19 | 0.299 | 0.471 | 0.340 | 0.534 | 0.409 | 0.616 |
| 20 | 0.305 | 0.481 | 0.346 | 0.543 | 0.415 | 0.628 |
| 22 | 0.313 | 0.496 | 0.354 | 0.559 | 0.426 | 0.647 |
| 24 | 0.313 | 0.509 | 0.359 | 0.572 | 0.434 | 0.663 |
| 26 | 0.327 | 0.522 | 0.367 | 0.587 | 0.443 | 0.679 |
| 28 | 0.332 | 0.534 | 0.372 | 0.597 | 0.448 | 0.688 |
| 30 | 0.334 | 0.540 | 0.377 | 0.606 | 0.453 | 0.697 |
| 34 | 0.342 | 0.553 | 0.388 | 0.628 | 0.461 | 0.713 |
| 38 | 0.347 | 0.565 | 0.400 | 0.650 | 0.469 | 0.729 |
| 43 | 0.352 | 0.575 | 0.411 | 0.672 | 0.474 | 0.738 |
| 50 | 0.357 | 0.587 | 0.422 | 0.694 | 0.486 | 0.757 |
| 60 | 0.365 | 0.603 | 0.433 | 0.713 | 0.493 | 0.773 |
| 75 | 0.369 | 0.613 | 0.443 | 0.735 | 0.504 | 0.792 |
| 100 | 0.374 | 0.622 | 0.454 | 0.757 | 0.512 | 0.807 |
| 150 | 0.378 | 0.635 | 0.464 | 0.779 | 0.523 | 0.829 |
| 300 | 0.385 | 0.650 | 0.474 | 0.801 | 0.536 | 0.855 |
| 랙 | 0.390 | 0.660 | 0.484 | 0.823 | 0.550 | 0.880 |

표 10-10   기어 재료의 허용 굽힘 응력

| 재 료 | 기 호 | 인장 강도 $\sigma_t$[MPa] | 경도 [HB] | 허용 반복 굽힘 응력 $\sigma_a$[MPa] |
|---|---|---|---|---|
| 주철 | GC150 | >127 | 140~160 | 69 |
| | GC200 | >167 | 160~180 | 88 |
| | GC250 | >216 | 180~240 | 108 |
| | GC300 | >265 | 190~240 | 127 |
| 주강 | SC410 | >412 | 140 | 118 |
| | SC450 | >451 | 160 | 186 |
| | SC480 | >480 | 190 | 196 |
| 기계구조용 탄소강 | SM15C(침탄용) | >490 | 400 | 294 |
| | SM25C | >441 | 111~163 | 206 |
| | SM35C | >568 | 121~235 | 255 |
| | SM45C | >686 | 163~269 | 294 |
| 니켈 크로뮴강 | SNC236 | >686 | 212~255 | 343~392 |
| | SNC631 | >784 | 248~302 | 392~588 |
| | SNC836 | >880 | 269~321 | 392~588 |
| | SNC415(표면경화용) | >784 | 600 | 294~392 |
| | SNC815(표면경화용) | >931 | 600 | 392~539 |
| 포금 | | >176 | 85 | >49 |
| 델타메탈 | | 343~588 | – | 98~196 |
| 인청동 | | 186~294 | 70~100 | 49~69 |
| 니켈청동 | | 627~880 | 180~260 | 196~294 |

식 (10-25)는 정하중의 경우의 식이며, 실제로는 기어의 가공 정밀도, 전달 동력에 의한 이의 변형, 이면 사이의 미끄럼 속도의 주기적 변화, 축의 탄성 변형 등에 의하여 이에 가해지는 하중은 항상 변동하는 동적인 굽힘 하중으로 작용한다.

굽힘 하중은 기어의 원주 속도의 영향을 받으므로 Carl G. Barth는 이것을 고려한 실험식으로서 **속도계수** $f_v$를 제시하였다. 따라서 **수정된 Lewis의 식**은

$$P = f_v \sigma_a b m y \quad\quad\quad\quad\quad\quad\quad\quad\quad\quad\quad\quad (10-26)$$

속도계수 $f_v$는 일종의 안전계수로서 **Barth의 식**이라고 불리며 널리 사용된다. 피치 원에서의 원주 속도를 $v$라고 하면 속도계수 $f_v$는 표 10-11과 같다.

이 밖에 Buckingham은 기어의 오차 및 재료의 탄성에 의하여 부가되는 동적 하중에 대한 설계 식을 부여하고 있다. 이것을 **하중계수** $f_w$로 표시하면 하중 상태에 따라 대략 다음과 같다.

① 조용한 하중이 작용할 때　$f_w = 0.80$

② 하중이 변동하는 경우　　$f_w = 0.74$

③ 충격을 동반하는 경우　　$f_w = 0.67$

**표 10-11　속도계수($f_v$)**

| $f_v$ | 적용 범위 | 적용 예 |
|---|---|---|
| $f_v = \dfrac{3.05}{3.05 + v}$ | 기계 다듬질을 하지 않거나, 거친 기계 다듬질을 한 기어 <br> $v = 0.5 \sim 10\,\mathrm{m/s}$ (저속용) | 크레인, 윈치, 시멘트 밀 등 |
| $f_v = \dfrac{6.1}{6.1 + v}$ | 기계 다듬질을 한 기어 <br> $v = 5 \sim 20\,\mathrm{m/s}$ (중속용) | 전동기, 그 밖의 일반 기계 |
| $f_v = \dfrac{5.55}{5.55 + \sqrt{v}}$ | 정밀한 절삭 가공, 셰이빙, 연삭 다듬질, 래핑 다듬질을 한 기어 <br> $v = 20 \sim 50\,\mathrm{m/s}$ (고속용) | 증기 터빈, 송풍기, 그 밖의 고속 기계 |
| $f_v = \dfrac{0.75}{1 + v} + 0.25$ | 비금속 기어 <br> $v < 20\,\mathrm{m/s}$ | 전동기용 소형 기어, 그 밖의 경하중용 소형 기어 |

또 물림률을 고려한 **물림계수** $f_c$를 적용하기도 한다. 예컨대, 물림률 $\varepsilon = 2$이면 $f_c = 2$로 한다. 일반적으로 스퍼 기어에서는 $2 > \varepsilon > 1$의 경우가 많으므로 안전을 위하여 $f_c = 1$로 하여 계산하는 것이 보통이다. 이상을 모두 고려한다면 기어의 전달력 $P$는 식 10-25로부터 다음과 같이 쓸 수 있다.

$$P = f_v f_w f_c \sigma_a bmy \qquad \cdots\cdots (10\text{-}27)$$

기어의 전달 토크 $T$는 피치원 반지름을 $R\left( = \dfrac{D}{2} \right)$이라고 하면

$$T = P \cdot R = P \cdot \dfrac{D}{2} \qquad \cdots\cdots (10\text{-}28)$$

## (2) 면압 강도에 의한 전달력

스퍼 기어의 잇면은 직선으로 접촉하고 그 접촉에 의한 응력이 재료의 한도 값을 초과하면, 잇면에 현저한 마모가 발생하거나 점부식과 같은 잇면 손상이 발생하여 진동이나 소음을 일으키는 원인이 된다. 일반적으로 표면 경화를 하지 않은 재료에서는 면압(面壓) 강도에 의해서 부하 능력이 정해진다.

압축 하중에 의해 이의 접촉면에서의 피로(疲勞)와 마멸(磨滅)에 의한 점부식을 고려한 기어의 전달력 $P$는 일반적으로 다음 식에 의하여 구한다.

$$P = f_v kmb \frac{2z_1 z_2}{z_1 + z_2} \quad \cdots\cdots\cdots\cdots\cdots\cdots\cdots\cdots\cdots\cdots\cdots\cdots\cdots\cdots (10\text{-}29)$$

여기서 $k$를 **비응력계수**$[\mathrm{N/mm^2}]$ 또는 **접촉면 응력계수**라고 하며, 그 값은 표 10-12와 같다.

## (3) 전달동력

전달동력 $H$는 다음 식으로 구할 수 있다.

$$H = Pv \quad \cdots\cdots\cdots\cdots\cdots\cdots\cdots\cdots\cdots\cdots\cdots\cdots\cdots\cdots\cdots\cdots (10\text{-}30)$$

여기서 $P$는 기어의 전달력(회전력)으로 굽힘강도와 면압강도에 의해 구한 값 중 작은 값을 택한다.

**표 10-12  기어의 비응력계수$(k)$**

| 기어 재료의 경도(HB) | | 접촉면 응력계수 $k$[MPa] | | 기어 재료의 경도(HB) | | 접촉면 응력계수 $k$[MPa] | |
|---|---|---|---|---|---|---|---|
| 작은 기어 | 큰 기어 | 압력각 $\alpha$ | | 작은 기어 | 큰 기어 | 압력각 $\alpha$ | |
| | | 14.5° | 20° | | | 14.5° | 20° |
| 강(150) | 강(150) | 0.196 | 0.265 | 강(400) | 강(400) | 2.293 | 3.048 |
| 강(200) | 강(150) | 0.284 | 0.382 | 강(500) | 강(400) | 2.430 | 3.224 |
| 강(250) | 강(150) | 0.392 | 0.519 | 강(600) | 강(400) | 2.568 | 3.410 |
| 강(200) | 강(200) | 0.392 | 0.519 | 강(500) | 강(500) | 2.871 | 3.812 |
| 강(250) | 강(200) | 0.510 | 0.941 | 강(600) | 강(600) | 4.214 | 5.576 |
| 강(300) | 강(200) | 0.647 | 0.843 | | | | |
| 강(250) | 강(250) | 0.647 | 0.843 | 강(150) | 주철 | 0.294 | 0.382 |
| 강(300) | 강(250) | 0.794 | 1.049 | 강(200) | 주철 | 0.578 | 0.774 |
| 강(350) | 강(250) | 0.960 | 1.274 | 강(250) | 주철 | 0.960 | 1.274 |
| | | | | 강(300) | 주철 | 1.029 | 1.362 |
| 강(300) | 강(300) | 0.960 | 1.274 | 강(150) | 인청동 | 0.304 | 0.402 |
| 강(350) | 강(300) | 1.137 | 1.509 | 강(200) | 인청동 | 0.608 | 0.804 |
| 강(400) | 강(300) | 1.245 | 1.646 | 강(250) | 인청동 | 0.902 | 1.323 |
| 강(350) | 강(350) | 1.245 | 1.784 | 주철 | 주철 | 1.294 | 1.842 |
| 강(400) | 강(350) | 1.588 | 2.058 | 니켈주철 | 니켈주철 | 1.372 | 1.823 |
| 강(500) | 강(350) | 1.666 | 2.215 | 니켈주철 | 인청동 | 1.137 | 1.519 |

㊟ ( ) 안의 숫자는 브리넬경도(HB)를 나타낸다.

**Q 예제 10-10**

피치원 지름이 40 cm 인 기어가 60 rpm 으로 회전하고, 7.5 kW 의 동력을 전달하고 있다. 피치원에 작용하는 힘(전달력)을 구하여라.

**해설** 먼저, 피치원에서의 원주 속도 $v$를 구하면

$$v = \frac{\pi Dn}{60} = \frac{3.14 \times 0.4 \times 60}{60} = 1.256 \text{ m/s}$$

따라서, 전달 동력 $H = Pv$에서

$$P = \frac{H}{v} = \frac{7.5}{1.256} = 5.97 \text{ kN}$$

**Q 예제 10-11**

잇수 $z_1 = 20$, $z_2 = 60$, 회전수 $n_1 = 600 \text{ rpm}$, $n_2 = 200 \text{ rpm}$, 모듈 $m = 4$, 압력각 $\alpha = 20°$, 이폭 $b = 40 \text{ mm}$ 인 두 기어가 맞물려 회전할 때, 전달 동력을 구하여라. (단, 허용 굽힘 응력 $\sigma_a = 260 \text{ MPa}$, 접촉면 응력계수 $k = 0.382 \text{ MPa}$, 치형계수 $y = 0.346$ 으로 한다.)

**해설** 먼저, 피치원에서의 원주 속도 $v$를 구하면

$$v = \frac{\pi Dn}{60} = \frac{\pi m z_1 n_1}{60} = \frac{3.14 \times 4 \times 20 \times 600}{60} = 2512 \text{ mm/s} = 2.512 \text{ m/s}$$

$$f_v = \frac{3.05}{3.05 + v} = \frac{3.05}{3.05 + 2.512} = 0.55$$

① 면압 강도에서

$$P = f_v k \ m \ b \ \frac{2z_1 z_2}{z_1 + z_2} = 0.55 \times 0.382 \times 4 \times 40 \times \frac{2 \times 20 \times 60}{20 + 60} = 1008.48 \text{ N}$$

② 굽힘 강도에서

$$P = f_v \sigma_a b \ m \ y = 0.55 \times 260 \times 40 \times 4 \times 0.346 = 7916.48 \text{ N}$$

위의 두 값에서 작은 값을 택하여 전달 동력을 구한다.

$$\therefore H = Pv = 1008.48 \times 2.512 = 2533.3 \text{ N} \cdot \text{m/s} = 2.5 \text{ kW}$$

# 3. 헬리컬 기어

스퍼 기어는 이와 이가 물렸을 때 선 접촉(線接觸)을 함으로써, 이의 물림이 시작할 때와 끝날 때 갑자기 작용하는 하중에 의하여 이의 탄성 변형의 변동이 심하게 되어 진동이나 소음을 일으키기 쉽다. 따라서 이 물림을 원활하게 하기 위해서 그림 10-17과 같이 잇줄을 나선형(螺線形)으로 만들면 이 물림은 한 쪽 끝에서 점 접촉(點接觸)으로 시작되어, 이어서 이의 접촉 폭이 증가하여 최대가 되고, 그 다음부터는 점차로 감소하여 이의 다른 쪽 끝에서 점 접촉으로 끝나게 된다.

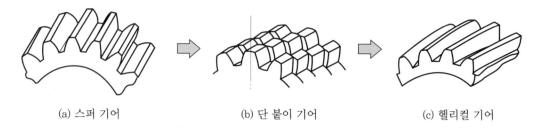

(a) 스퍼 기어          (b) 단 붙이 기어          (c) 헬리컬 기어

**그림 10-17  헬리컬 기어의 형성**

헬리컬 기어는 이에 작용하는 힘의 변화가 원활하여 스퍼 기어에 비해 다음과 같은 특징을 갖게 된다.
① 진동이나 소음이 적어진다.
② 물림 길이가 길어져 물림률이 큼에 따라 큰 동력의 전달에 적합하다.
③ 이면의 마모가 균일하게 일어나 고속 운전에서도 이물림이 원활하고 정숙하다.
④ 이가 비틀려 있으므로 축 방향으로 추력(推力)이 발생하여 이를 지지하는 스러스트 베어링을 설치해야 하고, 이런 이유로 큰 동력의 고속 운전을 할 때에는 그림 10-18과 같은 **더블 헬리컬 기어**를 사용해야 한다.

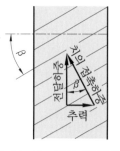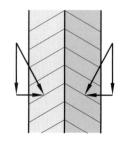

**그림 10-18  더블 헬리컬 기어**

**헬리컬 기어의 치형 방식**

헬리컬 기어의 치형 방식에는 그림 10-19와 같이 축에 직각인 단면의 치형으로 표시하는 **축직각 방식**과 잇줄에 직각인 단면의 치형으로 표시하는 **치직각 방식**의 두 가지 방법이 있다. 그림에서 $p_s$는 축직각 방식에 의한 피치이고, $p_n$은 치직각 방식에 의한 피치이다.

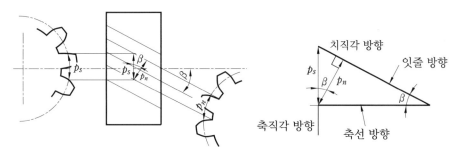

**그림 10-19 축직각 방식과 치직각 방식**

그림에서 축선과 이루는 각 $\beta$를 **나선각**(helix angle), 또는 **비틀림각**이라고 하며, 축직각 방식에는 아래 첨자 $s$를, 치 직각 방식에는 $n$을 붙여 나타내면, 헬리컬 기어의 각 부 주요 치수는 다음과 같다.

① 압력각

$$\tan\alpha_n = \tan\alpha_s\cos\beta\,(\alpha_n < \alpha_s) \quad \text{(10-31)}$$

② 피치

$$p_n = p_s\cos\beta \quad \text{(10-32)}$$

③ 모듈

$$m_n = \frac{p_n}{\pi} = \frac{p_s\cos\beta}{\pi} = m_s\cos\beta \quad \text{(10-33)}$$

④ 피치원 지름

$$D_s = m_s z_s = \frac{m_n z_s}{\cos\beta} \quad \text{(10-34)}$$

⑤ 바깥지름

$$D_k = D_s + 2m_n = \left(\frac{z_s}{\cos\beta} + 2\right)m_n \quad \cdots\cdots\cdots\cdots\cdots\cdots (10-35)$$

⑥ 중심 거리

$$C = \frac{D_{s1} + D_{s2}}{2} = \frac{m_s(z_{s1} + z_{s2})}{2} = \frac{m_n(z_{s1} + z_{s2})}{2\cos\beta} \quad \cdots\cdots\cdots\cdots\cdots (10-36)$$

⑦ 총 이 높이

$$\left. \begin{array}{l} h = 2.157\,m_n \;\;\cdots\cdots\text{압력각 } 14.5\,° \\ h = 2.25\,m_n \;\;\cdots\cdots\text{압력각 } 20\,° \end{array} \right\} \quad \cdots\cdots\cdots\cdots\cdots\cdots\cdots (10-37)$$

## 3-2 ● 헬리컬 기어의 상당 스퍼 기어

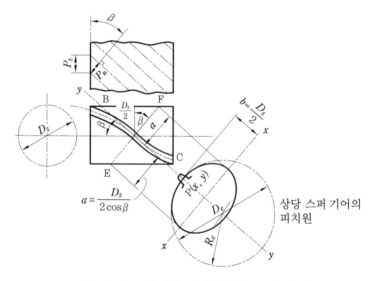

그림 10-20 헬리컬 기어의 상당 스퍼 기어

그림 10-20에서 잇줄 BC에 직각인 평면 EF로 끊으면 그 단면은 장축(長軸)이 $2a$, 단축(短軸)이 $2b$인 타원이 된다. 여기서 P점의 이(齒)는 P점에서 곡률 반지름 $R_e$와 같은 반지름의 피치원을 가진 스퍼 기어의 치형과 같다. 즉, P점에서 $R_e$를 피치원 반지름으로 하는 스퍼 기어를 가상할 수 있는데 이것을 헬리컬 기어의 상당 스퍼 기어(equivalent spur gear)라고 한다. 또한 상당 스퍼 기어의 잇수를 헬리컬 기어의 실제

잇수$(z_s)$에 대한 **상당 스퍼 기어 잇수**$(z_e)$라고 하며, 이들은 다음의 관계식을 갖는다.

$$z_e = \frac{z_s}{\cos^3\beta} \quad\cdots\cdots\cdots (10-38)$$

## 3-3 ○ 헬리컬 기어의 강도 계산

헬리컬 기어가 동력을 전달할 때 피치원에 작용하는 접선 하중, 즉 전달 하중 $P$는 그림 10-21과 같이 축 방향의 스러스트 하중 $P_a$와 치 직각 방향의 하중 $P_n$으로 나눌 수 있다.

$$\left.\begin{array}{l} P_n = \dfrac{P}{\cos\beta} \\[2mm] P_a = P\tan\beta \end{array}\right\} \quad\cdots\cdots (10-39)$$

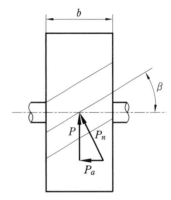

그림 10-21  헬리컬기어에 작용하는 힘

헬리컬 기어의 강도 계산은 피치원 지름이 $2R$, 잇수가 $z_e$인 상당 스퍼 기어로서 근사적으로 계산할 수 있다. 이때 전달력은 $P_n$이 된다. 따라서 스퍼 기어의 Lewis식에서 $P$ 대신에 $P_n = \dfrac{P}{\cos\beta}$를, 이 너비 $b$ 대신에 잇줄의 길이 $\dfrac{b}{\cos\beta}$ (여기서 $b$는 헬리컬 기어의 이 너비)를 대입하여 구한다.

### (1) 굽힘 강도에 의한 전달력

$$P_n = \frac{P}{\cos\beta} = f_v\sigma_a\frac{b}{\cos\beta}m_n y_e$$

$$\therefore P = f_v\sigma_a b\, m_n y_e \quad\cdots\cdots\cdots (10-40)$$

여기서 $y_e$는 $z_e$에 대한 치형계수이다.

## (2) 면압 강도에 의한 전달력

$$P_n = \frac{P}{\cos\beta} = f_v\, C_w\, k\;\; D_{e1}\frac{b}{\cos\beta}\;\cdot\;\frac{2z_{e2}}{z_{e1}+z_{e2}}$$

$$= f_v\, C_w\, k\;\frac{D_{s1}}{\cos^2\beta}\;\cdot\;\frac{b}{\cos\beta}\;\cdot\;\frac{2z_{s2}}{z_{s1}+z_{s2}}$$

위 식에서 $D_{s1} = m_s\, z_{s1}$ 을 대입하면

$$P = f_v\, \frac{C_w}{\cos^2\beta}\, k\;\; b\;\; m_s\, \frac{2z_{s1}z_{s2}}{z_{s1}+z_{s2}} \quad \cdots\cdots\cdots\cdots (10{-}41)$$

여기서 $C_w$는 공작 정밀도를 고려한 계수(면압계수)로서 보통의 기어에서는 $C_w = 0.75$ 로 하고, 한 쌍의 기어에 대하여 똑 같이 정밀하게 가공한 것에 대하여는 $C_w = 1$로 한다.

### Q 예제 10-12

비틀림각이 30°인 헬리컬 기어에서 피치원 지름이 200 mm, 치직각 모듈이 4일 때, 이 기어의 바깥지름을 구하여라.

**해설** $D_k = D_s + 2m_n = 200 + 2 \times 4 = 208\,\text{mm}$

### Q 예제 10-13

비틀림각이 29°인 헬리컬 기어에서 잇수가 각각 40, 90이고, 치직각 모듈이 5일 때, 중심 거리를 구하여라.

**해설** $C = \dfrac{m_n(z_{s1}+z_{s2})}{2\cos\beta} = \dfrac{5(40+90)}{2\times\cos 29°} = 371.59\,\text{mm}$

# 4. 베벨 기어

베벨 기어(bevel gear)는 두 축이 서로 교차할 때 사용되는 기어로서 원추 마찰차의 원추면에 이(齒)를 가공한 것과 같으며, 헬리컬 기어에 비하여 운전이 원활하고 진동과 소음이 적다.

## 4-1 ◦ 베벨 기어의 분류

베벨 기어는 교차하는 잇줄의 모양, 축의 각도 등에 따라 분류한다. 그림 10-22는 잇줄의 모양에 따른 베벨 기어를 나타내고 있다.

① 직선 베벨 기어(straight bevel gear)

잇줄이 직선이며, 원추의 모선(母線)과 일치하는 베벨 기어이다.

② 헬리컬 베벨 기어(helical bevel gear)

잇줄은 직선이나 원추의 모선과 경사를 이룬다.

③ 스파이럴 베벨 기어(spiral bevel gear)

헬리컬 베벨 기어의 잇줄을 곡선으로 한 베벨 기어이다.

④ 마이터 기어(mitre gear)

두 축이 직교(直交)하고 잇수가 동일한(속도비 1:1) 한 쌍의 베벨 기어이다.

⑤ 크라운 기어(crown gear)

그림 10-22(d)와 같이 꼭지각이 180°인 평판에 이를 붙인 기어이다.

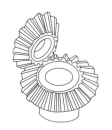   

크라운 기어

(a) 직선 베벨 기어　　(b) 헬리컬 베벨 기어　　(c) 스파이럴 베벨 기어　　(d) 크라운 기어

**그림 10-22 베벨 기어의 종류**

## 4-2 ◦ 베벨 기어의 각부 명칭 및 치수

베벨 기어의 치형은 그림 10-23과 같이 바깥쪽에서 안쪽으로 가면서 비례적으로 작아진다. 이때 바깥쪽을 대단부(大端部) 또는 외단부(外端部), 작은 쪽을 소단부(小端部) 또는 내단부(內端部)라고 하며, 베벨 기어의 치형은 외단부의 것으로 표시한다. 따라서 베벨 기어의 모듈은 외단부 치형의 모듈을 말한다.

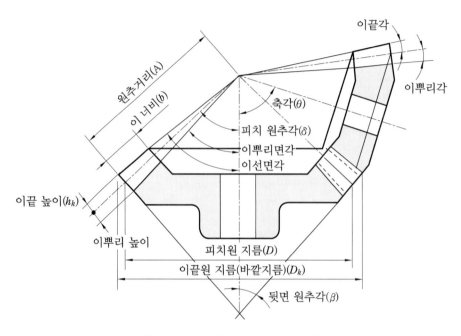

그림 10-23 베벨 기어의 각부 명칭

① 피치 원추각($\delta$)

피치 원추 꼭지각의 $\frac{1}{2}$을 피치 원추각이라 하며, 두 기어가 서로 맞물려 회전할 때 각각의 피치 원추각을 $\delta_1$, $\delta_2$ 회전수를 $n_1$, $n_2$ 잇수를 $z_1$, $z_2$라 하고 축각을 $\theta$라 하면, 그 계산식은 원뿔 마찰차(원추 마찰차)의 경우와 같으므로 다음과 같다.

$$\left.\begin{array}{l} \tan\delta_1 = \dfrac{\sin\theta}{\dfrac{n_1}{n_2}+\cos\theta} = \dfrac{\sin\theta}{\dfrac{z_2}{z_1}+\cos\theta} \\[4mm] \tan\delta_2 = \dfrac{\sin\theta}{\dfrac{n_2}{n_1}+\cos\theta} = \dfrac{\sin\theta}{\dfrac{z_1}{z_2}+\cos\theta} \end{array}\right\} \quad \cdots\cdots (10-42)$$

보통 축각 $\theta = 90°$인 직선 베벨 기어가 많이 사용되며, 이때 계산식은 다음과 같다.

$$\left.\begin{array}{l} \tan\delta_1 = \dfrac{z_1}{z_2} \\[3mm] \tan\delta_2 = \dfrac{z_2}{z_1} \end{array}\right\} \quad \cdots\cdots (10-43)$$

② 축 각($\theta$)

교차하는 베벨 기어의 두 축 선이 이루는 각이다.

$$\theta = \delta_1 + \delta_2 \quad \cdots\cdots (10-44)$$

③ 뒷면 원추각($\beta_1$, $\beta_2$)

외단부의 치형에 접하는 원추를 뒷면 원추(back cone), 또는 배원추(背圓錐)라 하며 피치 원추와 직각으로 교차한다. 이 뒷면 원추 꼭지각의 $\frac{1}{2}$을 뒷면 원추각이라고 한다.

$$\beta_1 = 90° - \delta_1, \quad \beta_2 = 90° - \delta_2 \quad \cdots\cdots (10-45)$$

⑤ 피치원 지름($D_1$, $D_2$)

$$D_1 = \frac{n_2}{n_1} D_2 = m z_1, \quad D_2 = \frac{n_1}{n_2} D_1 = m z_2 \quad \cdots\cdots (10-46)$$

⑥ 바깥지름($D_{k1}$, $D_{k2}$)

$$D_{k1} = D_1 + 2 h_k \cos\delta_1, \quad D_{k2} = D_2 + 2 h_k \cos\delta_2 \quad \cdots\cdots (10-47)$$

이끝 높이 $h_k$는 보통 이의 경우 $h_k = m$이므로

$$D_{k1} = m(z_1 + 2\cos\delta_1), \quad D_{k2} = m(z_2 + 2\cos\delta_2) \quad \cdots\cdots (10-48)$$

⑦ 원추 거리($A$)

피치 원추의 외단부까지의 모선의 길이를 외단 원추 거리 또는 원추 거리(cone distance)라고 한다.

$$A = \frac{D_1}{2\sin\delta_1} = \frac{D_2}{2\sin\delta_2} \quad \cdots\cdots (10-49)$$

⑧ 이 너비($b$)

베벨 기어의 이 너비는 보통 다음과 같이 잡는다.

$$b = \left(\frac{1}{3} \sim \frac{1}{4}\right)A \quad \cdots\cdots (10-50)$$

### 4-3 ○ 베벨 기어의 속도비

베벨 기어의 속도비 $i$는 마찰차의 경우와 같으며, 피치원 지름 $D = mz$에 의하여 다음 식과 같이 나타낼 수 있다.

$$i = \frac{n_1}{n_2} = \frac{D_2}{D_1} = \frac{z_2}{z_1} = \frac{\sin\delta_2}{\sin\delta_1}$$ ················································· (10-51)

### 4-4 ○ 베벨 기어의 상당 스퍼 기어

베벨 기어의 강도 계산은 그림 10-24와 같이, 뒷면 원추 거리를 반지름으로 한 피치원의 가상 스퍼 기어에 대한 강도 계산식을 적용한다. 이 가상의 스퍼 기어를 **베벨 기어의 상당 스퍼 기어**라 하고, 베벨 기어의 실제 잇수를 $z$, 상당 스퍼 기어의 잇수를 $z_e$라고 하면

$$z_e = \frac{z}{\cos\delta}$$ ······································································· (10-52)

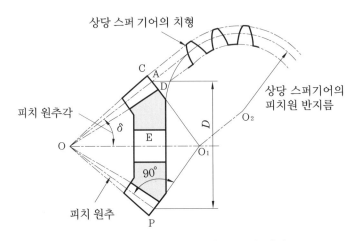

**그림 10-24 베벨 기어의 상당 스퍼 기어**

## 4-5 ● 베벨 기어의 강도 계산

### (1) 굽힘 강도에 의한 전달력

원추 거리를 A, 상당 잇수의 치형계수를 $y_e$, 이 너비를 $b$라고 하면 전달력 $P$는

$$P = f_v \sigma_b b \; my_e \frac{A-b}{A} \quad \cdots\cdots\cdots\cdots\cdots\cdots\cdots\cdots\cdots\cdots\cdots (10\text{-}53)$$

### (2) 면압 강도에 의한 전달력

미국의 AGMA(American Gear Manufacturer's Association)에서는 베벨 기어 면압 강도의 식을 다음과 같이 정의하고 있으며, 이 식을 널리 사용하고 있다.

$$P = 1.67b \sqrt{D_1} \, f_m \, f_s \quad \cdots\cdots\cdots\cdots\cdots\cdots\cdots\cdots\cdots\cdots\cdots\cdots\cdots (10\text{-}54)$$

여기서 $b$는 이 너비, $D_1$은 피니언의 피치원 지름, $f_m$은 베벨 기어의 재료에 대한 계수, $f_s$는 베벨 기어의 사용 기계에 대한 계수로 표 10-13과 표 10-14와 같다.

표 10-13  베벨 기어의 재료에 대한 계수

| 베벨 기어의 재료 | | $f_m$ |
|---|---|---|
| 피니언 | 기　　어 | |
| 침　탄　강 | 침　탄　강 | 1.00 |
| 침　탄　강 | 기름담금질강 | 0.80 |
| 기름담금질강 | 기름담금질강 | 0.80 |
| 침　탄　강 | 조　질　강 | 0.50 |
| 기름담금질강 | 연 강, 주 강 | 0.45 |
| 침　탄　강 | 연 강, 주 강 | 0.45 |
| 기름담금질강 | 주　　철 | 0.40 |
| 침　탄　강 | 주　　철 | 0.40 |
| 조　질　강 | 조　질　강 | 0.35 |
| 주철또는주강 | 주　　철 | 0.35 |

표 10-14  베벨 기어의 사용 기계에 대한 계수

| 사용 기계 | $f_s$ |
|---|---|
| 자동차, 전동차 | 2.0 |
| 항공기, 송풍기, 기중기 공작기계(벨트구동) 원심펌프, 감속기 | 1.0 |
| 공기압축기, 전기공구 광산기계, 컨베이어 | 0.75 |
| 분쇄기, 공작기계(모터 직결구동), 왕복펌프 압연기 | 0.65~0.5 |

**Q 예제** 10-14

모듈 3, 잇수 30인 마이터 기어의 원추 거리와 바깥지름을 구하여라.

**해설** 마이터 기어이므로 피치 원추각 $\delta = 45°$ 이다.

$$\therefore A = \frac{D}{2\sin\delta} = \frac{mz}{2\sin\delta} = \frac{3 \times 30}{2 \times \sin 45°} = 63.64 \, \text{mm}$$

$$D_{k1} = m(z + 2\cos\delta) = 3(30 + 2\cos 45°) = 94.24 \, \text{mm}$$

# 5. 웜 기어

서로 직각으로 교차하지만 같은 평면상에 있지 않은 두 축 사이의 회전을 전달하는 기어로서, 그림 10-25와 같이 나사 모양으로 되어 있는 **웜**(worm)과 **웜 휠**(worm wheel)로 구성되어 있으며, 이 한 쌍의 조합을 **웜 기어**라고 한다. 웜은 사다리꼴 나사로 되어 있다.

그림 10-25  웜 기어

## 5-1 ◦ 웜 기어의 특징

① 감속비(減速比)가 크다(실용상의 감속비는 1단 감속으로 $\dfrac{1}{100}$ 정도까지 가능하다).
② 회전이 원활하여 조용하다.
③ 역회전을 방지할 수 있다.
④ 소형, 경량(輕量)이다.
⑤ 미끄럼이 커 전동효율이 나쁘다.
⑥ 웜과 웜 휠에 스러스트 하중이 작용한다.

## 5-2 ◦ 속도비

웜 기어에서 $n_w$를 웜의 회전수, $n_g$를 웜 휠의 회전수, $z_w$를 웜의 줄 수, $z_g$를 웜 휠의 잇수, $l$을 웜의 리드($l = z_w\,p$), $D_g$를 웜 휠의 피치원 지름이라고 하면, 속도비 $i$는 다음과 같다.

$$i = \frac{n_w}{n_g} = \frac{z_g}{z_w} = \frac{\dfrac{D_g}{m}}{\dfrac{l}{p}} = \frac{pD_g}{ml} = \frac{pD_g}{\dfrac{p}{\pi}l} = \frac{\pi D_g}{l} \quad \cdots\cdots\cdots\cdots\cdots (10-55)$$

Q 예제    10-15

1800 rpm의 모터에 3줄 웜을 달고, 잇수 72개의 웜 휠을 회전시킬 때, 웜 휠의 회전수를 구하여라.

**해설** $i = \dfrac{n_w}{n_g} = \dfrac{z_g}{z_w}$ 에서, $\dfrac{1800}{n_g} = \dfrac{72}{3}$ 이므로

$$\therefore \; n_g = \frac{3 \times 1800}{72} = 75 \, \text{rpm}$$

# 6. 기어 장치

## 6-1 ○ 기어 열

여러 개의 기어를 조합시켜 순서대로 회전 운동을 전달하는 장치를 기어 열(gear train)이라고 하며, 기어 열은 큰 속도비가 필요할 때와 회전 방향을 바꾸고자 할 때 사용한다.

### (1) 아이들 기어

그림 10-26에서 중간 기어를 아이들 기어(idle gear)라고 하며, 속도비와는 상관없이 회전 방향만 바꿔준다. 회전 방향은 마찰차의 경우와 마찬가지로 아이들 기어의 개수가 홀수일 때 같은 방향, 짝수일 때 반대 방향이 된다.

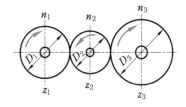

그림 10-26  아이들 기어

$$i = \frac{n_1}{n_3} = \frac{D_3}{D_1} = \frac{z_3}{z_1} \quad \cdots\cdots\cdots\cdots\cdots\cdots\cdots\cdots\cdots\cdots\cdots (10-56)$$

### (2) 2단 감속 장치

그림 10-27은 2단 감속(減速) 장치이며 2, 3이 중간 기어이고 회전수는 같다. 즉, $n_2 = n_3$이다. 따라서 속도비 $i$는

$$i = \frac{n_1}{n_4} = \frac{n_1}{n_2} \cdot \frac{n_3}{n_4} = \frac{z_2}{z_1} \cdot \frac{z_4}{z_3} \quad \cdots\cdots\cdots\cdots\cdots\cdots\cdots (10-57)$$

식 (10-57)은 3단 이상에서도 마찬가지이므로 일반적으로 속도비 $i$는

$$i=\frac{\text{원동 기어의 회전수}}{\text{종동 기어의 회전수}}=\frac{\text{종동 기어의 잇수의 곱}}{\text{원동 기어의 잇수의 곱}} \quad\cdots\cdots\cdots (10-58)$$

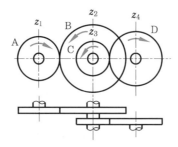

그림 10-27 2단 감속 장치

**Q 예제 10-16**

그림 10-27과 같은 2단 감속 장치에서 $z_1=16$, $z_2=60$, $z_3=12$, $z_4=64$인 경우 $n_1=1500\,\text{rpm}$일 때, $n_4$를 구하여라.

**해설** $i=\dfrac{n_1}{n_4}=\dfrac{z_2}{z_1}\cdot\dfrac{z_4}{z_3}$에서

$$\frac{1500}{n_4}=\frac{60}{16}\times\frac{12}{64}$$

$$\therefore\ n_4=1500\times\frac{16}{60}\times\frac{12}{64}=75\,\text{rpm}$$

## 6-2 ● 유성 기어 장치

유성 기어 장치는 그림 10-28과 같이 **태양 기어**(sun gear), **유성 기어**(planetary gear), 내접 기어인 **링기어**(ring gear), 유성 기어 캐리어(planetary gear carrier)로 구성되어 있으며, 서로 맞물리는 기어들이 회전하면서 한 쪽의 기어가 다른 쪽의 기어 축을 중심으로 공전(公轉)하는 장치이다.

유성 기어 장치는 작은 부피로 큰 감속비를 얻을 수 있으며, 소음이 적고 수명이 길어 자동 변속기 등에 많이 사용하고 있다.

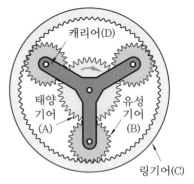

그림 10-28 유성 기어 장치

유성 기어 장치는 태양 기어, 유성 기어, 링기어 중 어느 한 기어를 고정시키고 나머지 두 기어를 동력 전달용으로 사용한다. 이때 각 기어의 회전수와 회전 방향은 표 10-15와 같은 방법으로 구할 수 있다.

**표 10-15 유성 기어의 계산식**

| 회전 유형 | 태양 기어(A) | 유성 기어(B) | 링기어(C) | 캐리어(D) |
|---|---|---|---|---|
| 전체 고정(①) | $+n$ | $+n$ | $+n$ | $+n$ |
| 캐리어 고정(②) | $\dfrac{z_C}{z_A} \cdot n$ | $\dfrac{z_C}{z_B} \cdot (-n)$ | $-n$ | $0$ |
| 합성 회전수 (①+②) | $n\left(1 + \dfrac{z_C}{z_A}\right)$ | $n\left(1 - \dfrac{z_C}{z_B}\right)$ | $0$ | $+n$ |

여기서 +는 시계 방향, -는 반 시계 방향이며
① : 세 기어와 캐리어를 모두 고정하고 중심축을 중심으로 전체를 $+n$회전시킬 경우의 계산 값
② : 캐리어를 고정시키고 태양기어를 $-n$회전시킬 경우의 계산 값
③ : ①과 ②의 회전수를 합한 최종 값

**Q 예제 10-17**

그림과 같이 링기어 잇수 $z_C = 80$, 유성 기어 잇수 $z_B = 20$, 태양 기어 잇수 $z_A = 40$이며, 링기어 $C$를 고정하고 캐리어 $D$를 +10회전시켰을 때, 기어 A와 B의 회전수를 구하여라.

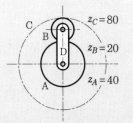

**해설** ① 전체 고정으로 +10회전한다.
② D를 고정하고 C를 -10회전한다.
③ 위의 ① 및 ②를 합성한다.

| 회전 유형 | 태양 기어(A) | 유성 기어(B) | 링기어(C) | 캐리어(D) |
|---|---|---|---|---|
| 전체 고정(①) | +10 | +10 | +10 | +10 |
| 캐리어 고정(②) | $\dfrac{80}{40} \times 10 = 20$ | $\dfrac{80}{20} \times (-10) = -40$ | -10 | 0 |
| 합성 회전수 (①+②) | +30 | -30 | 0 | +10 |

1. 모듈 $m = 5$, 잇수 $z_1 = 17$, $z_2 = 70$, 압력각 $\alpha = 20°$ 일 때 기초원 지름 및 법선 피치를 각각 구하여라.

2. 표준 스퍼 기어에서 바깥지름이 104 mm, 잇수가 50일 때 모듈을 구하여라.

3. 잇수가 15, 압력각이 20°인 기어에서 전위 계수를 구하여라.

4. 압력각이 20°인 표준 스퍼 기어에서 언더컷을 방지하기 위한 이론적인 최소 잇수를 구하여라.

5. 감속비가 $z_1 : z_2 = 1 : 3$이고 모듈이 3 mm, 피니언의 잇수가 30인 표준 스퍼 기어의 중심 거리를 구하여라.

6. 모듈 8 mm, 잇수가 46인 표준 스퍼 기어의 바깥지름을 구하여라.

7. 중심 거리 160 mm, 모듈 4 mm, 속도비가 $\dfrac{3}{5}$인 한 쌍의 스퍼 기어의 잇수를 각각 구하여라.

8. 1200 rpm으로 2 kW의 동력을 전달시키려고 할 때, 기어 잇수 20개, 모듈 4인 스퍼 기어의 이에 걸리는 힘(피치원 접선 방향 힘)을 구하여라.

9. 치 직각 모듈 6 mm, 잇수 60인 헬리컬 기어에서 피치원 지름을 구하여라(단, 비틀림 각 $\beta = 30°$이다).

10. 웜 기어에서 웜이 3줄, 웜 휠의 잇수가 90개일 때, 감속비를 구하여라.

11. 그림에서 기어 A의 잇수가 60개, 기어 B의 잇수가 20이다. 기어 A를 반시계 방향(−)으로 1회전하고 암 H를 시계 방향(+)으로 1회전시킬 때 기어 B는 어느 방향으로 몇 회전하는가?

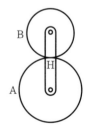

# 감아 걸기 전동 장치

제**11**장

# 1. 개 요

원동 축과 종동 축과의 축간 거리가 클 때에는 마찰차나 기어로서 직접 접촉에 의하여 동력을 전달할 수 없다. 이러한 경우 양 축에 풀리(pulley)를 부착하여 벨트(belt)나 로프(rope) 또는 체인(chain) 등을 감아 걸어서 간접적으로 동력을 전달할 수 있는데 이러한 장치를 감아 걸기 전동 장치 또는 **간접 전동 장치**라고 한다.

# 2. 벨트 전동

## 2-1 ◦ 평벨트 전동

그림 11-1과 같이 가죽, 고무, 직물(織物), 강판(鋼板) 등으로 만든 띠 모양의 벨트를 두 축에 각각 부착된 벨트 풀리에 감아 걸어, 접촉면의 마찰력에 의하여 동력을 전달하는 것으로서 축간 거리 10 m까지도 전동이 가능하다. 고속(高速) 고부하(高負荷)의 경우 벨트와 풀리의 접촉면에서 미끄럼을 수반하기 때문에 정확한 속도비를 얻을 수 없다.

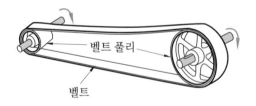

벨트 풀리

벨트

**그림 11-1 평벨트 전동**

평벨트 풀리는 그림 11-2와 같이 풀리의 둘레를 구성하는 **림**(rim)과 풀리 중앙 부분의 축 구멍을 구성하는 **보스**(boss), 림과 보스 부분을 연결하는 방사선 모양의 **암**(arm)으로 구성되어 있다. 또, 평벨트 풀리는 그림 11-3과 같이 림의 모양에 따라 **크라운 형**(crown type, C형)과 **평형**(flat type, F형)의 두 종류가 있다. 일반적으로는 벨트 접촉면 중앙부를 약간 높게 한 C형이 쓰이며, 고속 회전용 풀리나 소형 풀리에는 림면이 편평한 F형이 쓰인다. 풀리 재료로는 보통 주철(鑄鐵)을 많이 사용하지만 원주 속도 30 m/s 이상의 고속 회전인 경우 원심력으로 인해 림이 파괴될 수 있어 알루미늄 경합금이나 주강(鑄鋼)을 사용한다.

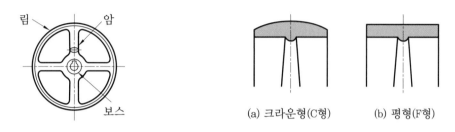

그림 11-2  평벨트 풀리의 구조                                 그림 11-3  평벨트 풀리의 림 모양

## (1) 벨트의 이음 방법

평벨트는 벨트의 양 끝을 잇는 방법에 따라 벨트의 수명과 작업 능률에 큰 영향을 미친다. 따라서 가능하면 끝이 없는 고리 모양의 벨트를 사용하는 것이 좋고, 이음을 하는 경우에는 겹치기 이음을 피하고 맞대기 이음을 하여야 한다. 이음 방법에는 그림 11-4와 같이 접착제(아교)로 잇는 방법, 가죽끈이나 철사로 잇는 방법, 벨트 레이싱(belt lacing), 앨리게이터(alligator)와 같은 이음쇠를 사용하는 방법이 있는데 이 중에서 접착제 이음이 가장 좋다.

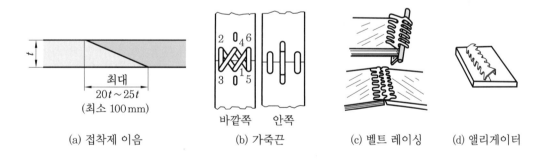

(a) 접착제 이음          (b) 가죽끈          (c) 벨트 레이싱          (d) 앨리게이터

그림 11-4  벨트의 이음 방법

표 11-1은 평벨트 이음에 의하여 강도가 약화되는 정도를 나타내는 이음효율을 나타낸 것이며, 벨트 설계에서는 벨트 재료 자체의 강도가 아니라 이음부의 강도를 기준으로 하여 계산하여야 한다.

## (2) 벨트 거는 방법

평벨트를 풀리에 감아 거는 방법에는 그림 11-5와 같이 평행 걸기와 십자 걸기의 두 가지 방법이 있다.

### ① 평행 걸기(open belting)

**바로 걸기**라고도 하며 양 풀리의 회전 방향이 같다. 위쪽을 이완측(弛緩側)이 되도록 하여 벨트와 풀리가 접촉하는 길이를 길게 함으로써 마찰력을 크게 한다.

### ② 십자 걸기(crossed belting)

**엇걸기**라고도 하며 양 풀리의 회전 방향이 반대가 된다. 평행 걸기에 비해 벨트와 풀리가 접촉하는 길이가 길어 큰 마찰력을 얻을 수 있다.

**표 11-1 가죽 벨트의 이음효율**

| 이음의 종류 | 이음효율(%) |
|---|---|
| 접착제 이음 | 80~90 |
| 가죽끈 이음 | 약 50 |
| 이음쇠 이음 | 30~65 |

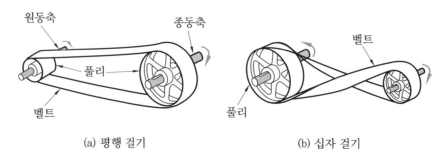

(a) 평행 걸기      (b) 십자 걸기

**그림 11-5 평벨트 거는 방법**

## (3) 속도 비

그림 11-6에서 원동 풀리와 종동 풀리의 회전속도, 각속도, 지름을 각각 $n_1$, $\omega_1$, $D_1$, $n_2$, $\omega_2$, $D_2$라 하고, 벨트와 풀리 사이에 미끄럼이 전혀 없다고 하면 원주 속도 $v$는 다음과 같다.

$$v = \frac{\pi D_1 n_1}{60} = \frac{\pi D_2 n_2}{60}$$

따라서 속도비 $i$는

$$i = \frac{n_1}{n_2} = \frac{\omega_1}{\omega_2} = \frac{D_2}{D_1} \quad \cdots\cdots (11-1)$$

이며, 만약 벨트의 두께 $t$를 고려한다면

$$i = \frac{n_1}{n_2} = \frac{\omega_1}{\omega_2} = \frac{D_2 + t}{D_1 + t} \quad \cdots\cdots\cdots\cdots\cdots\cdots\cdots\cdots\cdots\cdots\cdots (11-2)$$

가 된다.

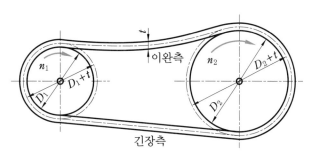

그림 11-6 속도비

## (4) 벨트의 길이와 접촉 중심각

벨트 전동은 마찰력을 이용하기 때문에 초기 장력(張力)을 주어 벨트를 걸어야 한다.

벨트는 탄성을 가지고 있으므로 이론적으로 계산하여 구한 길이의 벨트를 사용하면 적당한 초기 장력을 얻을 수 없다. 따라서 실제로는 이론적 계산으로 대략의 벨트 길이를 정하고 이것을 3 ~ 4 cm 짧게 하여 이음을 조절한다. 이론적으로 벨트의 길이를 계산하는 데는 벨트 두께의 중심에서 계산하여야 하나 일반적으로 벨트 두께는 풀리의 지름에 비하여 아주 작으므로 무시해도 좋다.

그림 11-7에서 $\theta_1$과 $\theta_2$를 벨트의 접촉 중심각이라고 한다. 이 값은 풀리와 벨트의 접촉 길이를 결정하는 값으로서, 큰 마찰력을 얻기 위해서는 접촉 중심각을 크게 하여야 한다.

① 벨트의 길이

평벨트의 길이를 이론적으로 구하면 다음과 같다.

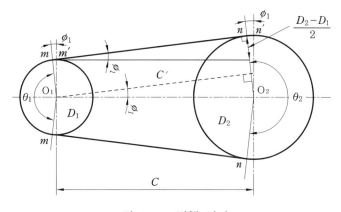

그림 11-7 평행 걸기

a. 평행 걸기

그림 11-7에서 $\cos\phi_1 = \dfrac{C'}{C}$ 이므로

$$C' = C\cos\phi_1$$

이고, 또

$$\sin\phi_1 = \frac{\dfrac{D_2 - D_1}{2}}{C} = \frac{D_2 - D_1}{2C} \quad \cdots\cdots\cdots (A)$$

$$\widehat{mm'} = \frac{D_1}{2}\phi_1, \quad \widehat{nn'} = \frac{D_2}{2}\phi_1$$

이므로, 벨트의 길이 $L$을 구하면

$$L = \left\{\frac{1}{2}\pi D_1 - 2\left(\frac{D_1\phi_1}{2}\right)\right\} + \left\{\frac{1}{2}\pi D_2 + 2\left(\frac{D_2\phi_1}{2}\right)\right\} + 2C'$$

$$= \frac{\pi}{2}(D_1 + D_2) + \phi_1(D_2 - D_1) + 2C\cos\phi_1$$

여기서, $\phi_1$이 극히 작을 때에는

$$\sin\phi_1 = \frac{D_2 - D_1}{2C} \fallingdotseq \phi_1$$

$$\cos\phi_1 \fallingdotseq 1 - \frac{1}{2}\phi_1^{\,2} = 1 - \frac{1}{2}\cdot\frac{(D_2 - D_1)^2}{4C^2}$$

이므로

$$L = \frac{\pi}{2}(D_1 + D_2) + \frac{(D_2 - D_1)^2}{2C} + 2C\left\{1 - \frac{1}{2}\cdot\frac{(D_2 - D_1)^2}{4C^2}\right\}$$

$$= \frac{\pi}{2}(D_1 + D_2) + \frac{(D_2 - D_1)^2}{4C} + 2C \quad \cdots\cdots\cdots (11-3)$$

b. 십자 걸기

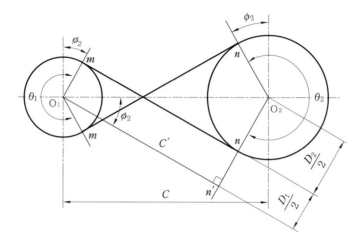

그림 11-8  십자 걸기

그림 11-8에서 $\cos\phi_2 = \dfrac{C'}{C}$ 이므로

$$C' = C\cos\phi_2$$

이고, 또

$$\sin\phi_2 = \frac{\dfrac{D_1+D_2}{2}}{C} = \frac{D_1+D_2}{2C} \quad \cdots\cdots\cdots\cdots\cdots\cdots\cdots\cdots\cdots\cdots\cdots\cdots\cdots\cdots\cdots\cdots\cdots\cdots (B)$$

이므로, 벨트의 길이 $L$을 구하면

$$L = \left\{\frac{1}{2}\pi D_1 + 2\left(\frac{D_1\phi_2}{2}\right)\right\} + \left\{\frac{1}{2}\pi D_2 + 2\left(\frac{D_2\phi_2}{2}\right)\right\} + 2C'$$

$$= \frac{\pi}{2}(D_1+D_2) + \phi_2(D_1+D_2) + 2C\cos\phi_2$$

여기서 $\phi_2$가 극히 작을 때에는

$$\left.\begin{array}{l} \sin\phi_2 = \dfrac{D_1+D_2}{2C} \fallingdotseq \phi_2 \\[2mm] \cos\phi_2 \fallingdotseq 1 - \dfrac{1}{2}\phi_2{}^2 = 1 - \dfrac{1}{2}\cdot\dfrac{(D_1+D_2)^2}{4C^2} \end{array}\right\}$$

이므로

$$L = \frac{\pi}{2}(D_1 + D_2) + \frac{(D_1 + D_2)^2}{2C} + 2C\left\{1 - \frac{1}{2} \cdot \frac{(D_1 + D_2)^2}{4C^2}\right\}$$

$$= \frac{\pi}{2}(D_1 + D_2) + \frac{(D_1 + D_2)^2}{4C} + 2C \quad \cdots\cdots\cdots\cdots\cdots\cdots\cdots (11\text{-}4)$$

② 벨트의 접촉 중심각

a. 평행 걸기($\theta_1 < \theta_2$)

그림 11-7과 식 (A)에서, $\phi_1 = \sin^{-1}\left(\dfrac{D_2 - D_1}{2C}\right)$이므로

$$\left.\begin{array}{l} \theta_1 = 180° - 2\phi_1 = 180° - 2\sin^{-1}\left(\dfrac{D_2 - D_1}{2C}\right) \\[3mm] \theta_2 = 180° + 2\phi_1 = 180° + 2\sin^{-1}\left(\dfrac{D_2 - D_1}{2C}\right) \end{array}\right\} \cdots\cdots\cdots\cdots (11\text{-}5)$$

벨트의 평행 걸기에서 그림 11-9와 같이 아이들러(idler) 풀리를 사용하면 접촉각을 크게 할 수 있어 큰 마찰력을 얻을 수 있다.

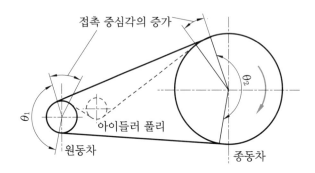

**11-9 아이들러 풀리의 사용**

식 (11-5)의 접촉각 중에서 작은 접촉각이 설계의 기준이 된다.

b. 십자 걸기($\theta_1 = \theta_2$)

그림 11-8과 식 (B)에서, $\phi_2 = \sin^{-1}\left(\dfrac{D_1 + D_2}{2C}\right)$이므로

$$\theta_1 = \theta_2 = 180° + 2\phi_2 = 180° + 2\sin^{-1}\left(\dfrac{D_1 + D_2}{2C}\right) \quad \cdots\cdots\cdots\cdots (11\text{-}6)$$

### (5) 벨트의 장력과 전달 동력

① 벨트의 장력

앞에서도 언급했듯이 벨트 전동에서 벨트와 풀리 사이의 전동에 필요한 마찰을 얻으려면 벨트를 걸 때 약간의 장력(張力)을 주어야 한다. 이 장력을 **초기 장력**($T_0$)이라고 한다.

그림 11-10에서 **긴장측 장력**을 $T_1$, **이완측 장력**을 $T_2$라고 하면 $P = T_1 - T_2$는 풀리를 돌리기 위한 유효 전달력이 되고 이 $P$를 **유효 장력**이라 한다.

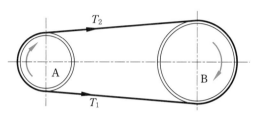

그림 11-10  벨트의 장력

$$P = T_1 - T_2 \quad\cdots\cdots\cdots\cdots\cdots (11-7)$$

벨트의 장력 간에는 다음의 관계가 있다.

$$T_1 > T_0, \quad T_2 < T_0, \quad T_1 > T_2 \quad\cdots\cdots\cdots\cdots\cdots\cdots\cdots\cdots\cdots\cdots\cdots (11-8)$$

벨트가 회전하고 있을 때, $T_1$과 $T_2$의 관계는 그림 11-11에서 벨트와 풀리의 접촉 부분 중 미소(微小) 부분 $r \cdot d\theta$(음영 부분)를 잡아, 이곳에 작용하는 힘의 평형 조건으로부터 구할 수 있다.

그림 11-11(b)의 미소 길이 사이에서 장력은 $T$에서 $T + dT$로 증가하고, 또 이 부분에 원심력 $dC$, 수직력 $dN$, 마찰력 $\mu \cdot dN$이 작용한다.

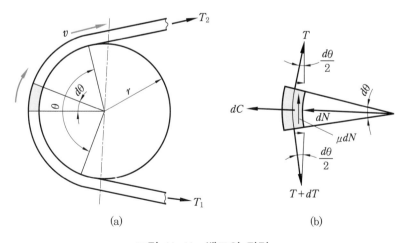

(a)  (b)

그림 11-11  벨트의 장력

a. 반지름 방향의 힘의 평형 조건

$$dN + dC - T\sin\frac{d\theta}{2} - (T+dT)\sin\frac{d\theta}{2} = 0$$

$$dN = T\sin\frac{d\theta}{2} + (T+dT)\sin\frac{d\theta}{2} - dC$$

$$= T\left(2\sin\frac{d\theta}{2}\right) + dT\sin\frac{d\theta}{2} - dC$$

$$≒ T d\theta - dC \quad\text{------------------------(A)}$$

**참고** $\sin\theta° ≒ \theta°$ 이다. 예를 들면

$\sin 2° = 0.03489\,\text{rad}$ 이고, $1\text{rad} = \dfrac{180°}{\pi}$ 이므로

$2° = \dfrac{\pi}{90}\text{rad} = 0.0349\,\text{rad}$

$\therefore\ \sin 2° ≒ 2°$

벨트의 미소 길이 $rd\theta$의 질량을 $M$이라 하면, 단위 길이 당 질량 $m$은

$$m = \frac{M}{rd\theta}$$

$$\therefore\ M = mrd\theta$$

이다. 따라서, 벨트 속도를 $v$라 하면, 미소 길이 부분의 원심력 $dC$는 식 (1-7)에서와 같이 '원심력 = 질량×구심가속도'이므로

$$dC = M \cdot \frac{v^2}{r} = mrd\theta \cdot \frac{v^2}{r} = mv^2 d\theta \quad\text{------------------(B)}$$

식 (B)를 식 (A)에 대입하면

$$dN = T d\theta - mv^2 d\theta = (T - mv^2)d\theta \quad\text{------------(C)}$$

b. 접선 방향의 힘의 평형 조건

$$(T+dT)\cos\frac{d\theta}{2} - T\cos\frac{d\theta}{2} - \mu dN = 0$$

여기서 $\dfrac{d\theta}{2} ≒ 0$이므로 $\cos\dfrac{d\theta}{2} ≒ 1$로 하면

$$T + dT - T - \mu dN = 0$$

$$\therefore\ dT = \mu dN \quad\text{-------------------------------(D)}$$

가 된다. 따라서 식 (C)를 식 (D)에 대입하면

$$dT = \mu \cdot (T - mv^2)d\theta$$

$$\frac{dT}{T - mv^2} = \mu d\theta$$

위 식을 전체에 걸쳐 적분하면

$$\int_{T_2}^{T_1} \frac{dT}{T - mv^2} = \int_0^\theta \mu d\theta$$

$$\ln\left[T - mv^2\right]_{T_2}^{T_1} = \mu\theta$$

$$\ln(T_1 - mv^2) - \ln(T_2 - mv^2) = \mu\theta$$

$$\therefore \ln\frac{T_1 - mv^2}{T_2 - mv^2} = \mu\theta$$

$$\therefore \frac{T_1 - mv^2}{T_2 - mv^2} = e^{\mu\theta} \quad \cdots\cdots\cdots\cdots\cdots\cdots\cdots\cdots (11\text{--}9)$$

참고 $\int_a^b \frac{1}{x}dx = \ln[x]_a^b$

$\log_e x = \ln x$ : 자연로그

$e = 2.7182818\cdots$ (무리수)

$\quad = \lim\limits_{n \to \infty}\left(1 + \frac{1}{n}\right)^n$

$a^x = b$ 일 때, $x = \log_a b$

벨트의 속도가 $v \le 10\,\text{m/s}$ 에서는 원심력의 영향을 무시할 수 있으므로 식 (11-9)에서

$$\frac{T_1}{T_2} = e^{\mu\theta} \quad \cdots\cdots\cdots\cdots\cdots\cdots\cdots\cdots\cdots (11\text{--}10)$$

또, 유효 장력 $P = T_1 - T_2$를 식 (11-9)에 대입하면

$$\left.\begin{array}{l} T_1 = \dfrac{e^{\mu\theta}}{e^{\mu\theta} - 1}P + mv^2 \\[3mm] T_2 = \dfrac{1}{e^{\mu\theta} - 1}P + mv^2 \end{array}\right\} \quad \cdots\cdots\cdots\cdots\cdots (11\text{--}11)$$

위 식은 $v > 10 \, \text{m/s}$ 일 때로 원심력에 의하여 벨트에 부가되는 힘을 고려한 식이다. 여기서 $mv^2$을 **부가 장력**(附加張力)이라고 한다. 다음 식은 $v \leqq 10 \, \text{m/s}$ 일 때로 식 (11-11)에서 원심력을 무시한 경우이다.

$$\left. \begin{array}{l} T_1 = \dfrac{e^{\mu\theta}}{e^{\mu\theta} - 1} P \\[3mm] T_2 = \dfrac{1}{e^{\mu\theta} - 1} P \end{array} \right\} \quad \dotfill \quad (11\text{-}12)$$

표 11-2는 벨트와 풀리의 재료 조합에 따른 마찰계수를 나타낸 것이다.

**표 11-2 마찰계수**

| 재 료 | | 마찰계수($\mu$) |
|---|---|---|
| 벨 트 | 풀 리 | |
| 가 죽 | 주 철 | 0.2 ~ 0.3 |
| 가 죽 | 나 무 | 0.4 |
| 천 | 주 철 | 0.2 ~ 0.3 |
| 고 무 | 주 철 | 0.2 ~ 0.25 |

② 전달 동력

벨트는 유효 장력 $P$를 받고 속도 $v$로 전동하고 있으므로 전달 동력 $H$는 다음과 같다.

a. 원심력을 무시할 때 ($v \leqq 10 \, \text{m/s}$)

$$H = Pv = T_1 v \cdot \frac{e^{\mu\theta} - 1}{e^{\mu\theta}} \quad \dotfill \quad (11\text{-}13)$$

b. 원심력을 고려할 때($v > 10 \, \text{m/s}$)

$$H = Pv = v\left(T_1 - mv^2\right) \cdot \frac{e^{\mu\theta} - 1}{e^{\mu\theta}} \quad \dotfill \quad (11\text{-}14)$$

위의 식에서 알 수 있듯이 평벨트 전동에서 일정한 동력을 전달하기 위해서는 벨트 장력을 일정하게 유지시켜 주는 것이 중요하다. 만약, 장력이 너무 크면 베어링에 큰 하중이 걸려 베어링 수명이 짧아지게 되며, 장력이 너무 작으면 미끄럼이 발생되어 전달동력이 불확실하게 된다. 그림 11-12는 **인장 풀리**(tension pulley)를 이용하여 벨트의 장력을 일정하게 유지시켜 주는 것을 보여준다.

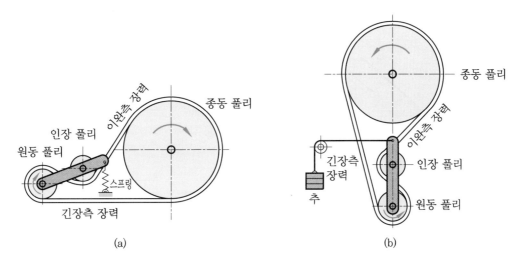

그림 11-12　인장 풀리의 이용

## (6) 벨트의 강도

　벨트에는 긴장측의 장력 $T_1$에 의한 인장응력과 벨트 풀리를 따라 굽혀지는 것에 의한 굽힘 응력이 발생하게 된다. 그림 11-13(a)에서 벨트의 폭을 $b$, 벨트의 두께를 $t$라 하면 인장응력 $\sigma_t$는

$$\sigma_t = \frac{T_1}{bt} \quad\cdots\cdots\cdots\cdots\cdots\cdots\cdots\cdots\cdots\cdots\cdots\cdots\cdots\cdots (11\text{-}15)$$

　여기서, 벨트 이음 효율을 $\eta$라 하면 인장응력 $\sigma_t$는

$$\sigma_t = \frac{T_1}{bt\eta} \quad\cdots\cdots\cdots\cdots\cdots\cdots\cdots\cdots\cdots\cdots\cdots\cdots\cdots (11\text{-}16)$$

가 된다. 또, 벨트가 Hooke의 법칙을 따르고 그림 11-13(b)와 같이 지름 $D(=2R)$인 풀리의 전 둘레에 감겨 있다고 가정하면 굽힘 응력 $\sigma_b$는

$$\sigma_b = E\varepsilon = E\,\frac{2\pi(R+t) - 2\pi\left(R+\dfrac{t}{2}\right)}{2\pi\left(R+\dfrac{t}{2}\right)} \fallingdotseq E\,\frac{t}{2R}$$

$$\therefore \sigma_b = E\,\frac{t}{D}$$

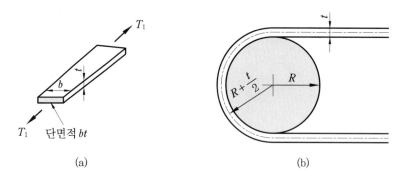

(a)　　　　　　　　　　(b)

그림 11-13 벨트에 생기는 응력

그러나, 실제로는 벨트가 Hooke의 법칙에 따르지 않으므로 대략 다음의 식으로 굽힘 응력을 구한다.

$$\sigma_b = 0.7E\frac{t}{D} \quad\cdots\cdots (11\text{-}17)$$

따라서 벨트에 생기는 최대 응력 $\sigma_{max}$ 은

$$\sigma_{max} = \sigma_t + \sigma_b = \frac{T_1}{bt} + 0.7E\frac{t}{D} \quad\cdots\cdots (11\text{-}18)$$

가 된다. 그러나 $\frac{t}{D}$ 가 작을 때에는 굽힘 응력을 무시해도 좋다.

또, 벨트의 크기(단면적 $bt$)를 식 (11-16)으로부터 구하면

$$bt = \frac{T_1}{\sigma_t \eta} \,[\text{mm}^2] \quad\cdots\cdots (11\text{-}19)$$

표 11-3은 벨트의 재료에 따른 인장강도와 허용 인장응력을 나타낸 것이다.

표 11-3 벨트 재료의 인장강도와 허용 인장응력

| 벨트 재료 | 인장강도(MPa) | 허용 인장응력(MPa) |
|---|---|---|
| 가 죽 | 24.5 ~ 34.3 | 2.45 ~ 3.43 |
| 직 물 | 34.3 ~ 54.0 | 1.96 ~ 2.45 |
| 고 무 | 39.2 ~ 44.1 | 1.96 ~ 2.45 |
| 강 철 | 127.5 ~ 147.2 | 122.6 |

**Q 예제** 11-1

벨트 풀리의 지름이 각각 $D_1 = 400\,\text{mm}$, $D_2 = 1000\,\text{mm}$ 이다, 풀리 지름 $D_1$의 회전수 $n_1 = 650\,\text{rpm}$일 때, 풀리 지름 $D_2$의 회전수 $n_2$를 구하여라.

**해설** $i = \dfrac{n_1}{n_2} = \dfrac{D_2}{D_1}$ 에서  $n_2 = n_1 \times \dfrac{D_1}{D_2} = 650 \times \dfrac{400}{1000} = 260\,\text{rpm}$

**Q 예제** 11-2

중심 거리 $C = 700\,\text{mm}$, 풀리의 지름 $D_1 = 300\,\text{mm}$, $D_2 = 600\,\text{mm}$인 전동 장치에서 평벨트의 길이 $L$을 구하여라.

**해설** $L = \dfrac{\pi}{2}(D_1 + D_2) + \dfrac{(D_2 - D_1)^2}{4C} + 2C$

$= \dfrac{\pi}{2}(300 + 600) + \dfrac{(600 - 300)^2}{4 \times 700} + 2 \times 700 = 2845.14\,\text{mm}$

**Q 예제** 11-3

$10\,\text{m/s}$의 속도로 $8\,\text{kW}$를 전달하는 평벨트 전동 장치가 있다. 긴장측 장력 $T_1$이 이완측 장력 $T_2$의 2배일 때, 유효 장력 $P$와 긴장측 장력 $T_1$을 구하여라.

**해설** 전달 동력 $H = Pv$에서 $P = \dfrac{H}{v} = \dfrac{8 \times 10^3}{10} = 800\,\text{N}$

또, $\dfrac{T_1}{T_2} = e^{\mu\theta}$에서, $e^{\mu\theta} = \dfrac{2T_2}{T_2} = 2$이므로

$T_1 = \dfrac{e^{\mu\theta}}{e^{\mu\theta} - 1}P = \dfrac{2}{2 - 1} \times 800 = 1600\,\text{N}$

**Q 예제** 11-4

평벨트 전동에서 유효 장력이 $1500\,\text{N}$이고, 긴장측 장력 $T_1$이 이완측 장력 $T_2$의 3배일 때, 벨트 폭을 구하여라(단, 이음효율은 $80\,\%$, 벨트의 두께는 $5\,\text{mm}$, 벨트의 허용 인장 응력은 $5\,\text{MPa}$이다).

**해설** $\sigma_t = \dfrac{T_1}{bt\eta}$에서 $b = \dfrac{T_1}{t\eta\sigma_t}$이고, $P = T_1 - T_2 = T_1 - \dfrac{T_1}{3} = \dfrac{2}{3}T_1$에서 $T_1 = \dfrac{3}{2}P$ 이므로

$b = \dfrac{T_1}{t\eta\sigma_t} = \dfrac{\dfrac{3}{2} \times 1500}{5 \times 0.8 \times 5} = 112.5\,\text{mm}$

---

**2-2** ○ V 벨트 전동

V 벨트 전동은 그림 11-14와 같이 단면이 사다리꼴인 이음매가 없는 고리 모양의 벨트를 풀리의 V형 홈에 끼워, 홈 마찰차의 경우와 같이 쐐기작용에 의하여 큰 마찰력으로 회전을 전달하는 장치이다. 벨트가 홈에 감겨져 있을 때에는 그림 11-15와 같이 안쪽 부분은 압축을 받아 폭이 넓어져 풀리 홈의 양쪽 면에 잘 밀착되어 큰 마찰력을 얻게 된다. 이때, V 벨트의 안쪽 면이 풀리의 바닥면에 접촉하지 않도록 하여야 한다.

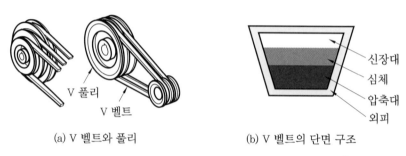

(a) V 벨트와 풀리　　　(b) V 벨트의 단면 구조

**그림 11-14  V 벨트 전동**

V 벨트의 구조는 그림 11-14(b)와 같다. 신장대(伸張帶)와 압축대(壓縮帶)는 늘어나고 줄어드는 데 무리가 없도록 고무층으로 하고, 중간 부분의 심체(心體)는 강력하고 신장이 적은 인견(人絹) 로프나 합성섬유 로프로 되어 있다. 그리고 이들을 둘러싼 외피(外被)는 고무를 입힌 면포(綿布)로 몇 겹을 둘러 내부를 보호하고 마멸에 견딜 수 있도록 되어 있다.

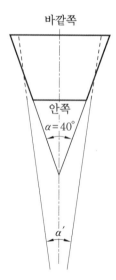

**그림 11-15  V 벨트의 변형**

### (1) V 벨트 전동 특징

V 벨트 전동은 평벨트 전동에 비해 다음과 같은 특징들이 있다.
① 쐐기 작용에 의하여 비교적 작은 장력으로 큰 회전력을 전달할 수 있다.
② 비교적 미끄럼이 적어 정확한 동력 전달이 가능하다.
③ 이음매가 없어 운전이 정숙하고 충격을 완화시킨다.
④ 초기 장력이 적어도 되므로 베어링에 작용하는 하중이 적다.
⑤ 평벨트 전동거리보다 축 간 거리가 짧은 곳에 사용한다(5 m까지 가능).
⑥ 큰 속도비를 얻을 수 있다(10 : 1까지 가능).
⑦ 고속 운전이 가능하고 벨트가 벗겨지지 않는다.

⑧ 평행한 두 축 사이에 평행 걸기로 회전을 전달한다.

## (2) V 벨트의 종류 및 치수

KS 규격에 M, A, B, C, D, E 형의 6종류가 규정되어 있으며, 동력 전달용으로는 M형을 제외한 5종류의 것이 주로 사용된다. V 벨트는 이음매가 없어 길이를 조정할 수가 없으므로 여러 종류의 길이와 표준 치수를 표 11-4와 같이 규정하고 있다. 또, V 벨트의 두께 방향 중앙부를 통과하는 원둘레 길이를 **유효 길이**라 하며, 유효 길이를 25.4 mm로 나눈 값(인치)을 호칭 번호로 규정하고 있다.

**표 11-4  V 벨트의 치수와 허용 장력**

| 단 면 | 종 류 | $a$[mm] | $b$[mm] | $\alpha$[도] | 허용 장력[N] |
|---|---|---|---|---|---|
| | M | 10.0 | 5.5 | 40 | 98 |
| | A | 12.5 | 9.0 | 40 | 196 |
| | B | 16.5 | 11.0 | 40 | 294 |
| | C | 22.0 | 14.0 | 40 | 736 |
| | D | 31.5 | 19.0 | 40 | 1373 |
| | E | 38.0 | 24.0 | 40 | 1765 |

예를 들면, 호칭 번호 20은 유효 길이가 $20 \times 25.4 = 508$ mm이다.

V 벨트의 각도는 모두 40°로 규정되어 있으나, V 벨트 풀리의 홈을 따라 굽으면, 그림 11-15와 같이 바깥쪽의 폭은 줄어들고 안쪽의 폭은 늘어나서 변형한 V 벨트의 각도 ($\alpha'$)는 40°보다 작아진다. 따라서 V 벨트 풀리의 홈 각도는 40°보다 작게 가공하여 접촉 부분의 압력을 균일하게 해야 한다.

## (3) V 벨트의 상당 마찰 계수

홈 마찰차의 경우와 마찬가지이므로 벨트와 벨트 풀리 사이의 마찰계수를 $\mu$, V 벨트 풀리의 홈의 각도를 $\alpha$라 하면 상당 마찰계수 $\mu'$는 '제9장 마찰차'의 식 (9-7)에서

$$\mu' = \frac{\mu}{\sin\frac{\alpha}{2} + \mu\cos\frac{\alpha}{2}} \quad \cdots\cdots (11\text{-}20)$$

이다.

따라서 V 벨트의 모든 계산식은 평벨트 계산식의 $\mu$ 대신에 $\mu'$를 대입하면 된다.

## (4) V 벨트의 장력

① 원심력의 영향을 무시하는 경우$(v \le 10\,\mathrm{m/s})$
식 (11-10)과 식 (11-12)에서

$$
\left.
\begin{aligned}
\frac{T_1}{T_2} &= e^{\mu'\theta} \\
T_1 &= \frac{e^{\mu'\theta}}{e^{\mu'\theta}-1}P \\
T_2 &= \frac{1}{e^{\mu'\theta}-1}P
\end{aligned}
\right\}
\quad\cdots\cdots (11\text{-}21)
$$

② 원심력의 영향을 고려하는 경우$(v > 10\,\mathrm{m/s})$
식 (11-9)와 식 (11-11)에서

$$
\left.
\begin{aligned}
\frac{T_1 - mv^2}{T_2 - mv^2} &= e^{\mu'\theta} \\
T_1 &= \frac{e^{\mu'\theta}}{e^{\mu'\theta}-1}P + mv^2 \\
T_2 &= \frac{1}{e^{\mu'\theta}-1}P + mv^2
\end{aligned}
\right\}
\quad\cdots\cdots (11\text{-}22)
$$

## (5) V 벨트의 전달 동력

V 벨트의 가닥수를 $z$라고 하면 전달 동력 $H$는

① 원심력을 무시할 때 $(v \le 10\,\mathrm{m/s})$

$$
H = Pv = zT_1v \cdot \frac{e^{\mu'\theta}-1}{e^{\mu'\theta}} \quad\cdots\cdots (11\text{-}23)
$$

② 원심력을 고려할 때 $(v > 10\,\mathrm{m/s})$

$$
H = Pv = zv\left(T_1 - mv^2\right) \cdot \frac{e^{\mu'\theta}-1}{e^{\mu'\theta}} \quad\cdots\cdots (11\text{-}24)
$$

**Q 예제 ○ 11-5**

D형 V 벨트로 $v = 7\,\text{m/s}$의 속도로 14 kW의 동력을 전달하려고 할 때, 몇 개의 V 벨트가 필요한가? (단, $e^{\mu'\theta} = 3$, 긴장측 장력 $T_1 = 860\,\text{N}$이다.)

**해설** $H = z\,T_1 v \cdot \dfrac{e^{\mu'\theta}-1}{e^{\mu'\theta}}$ 에서

$$z = \frac{H}{T_1 v \cdot \dfrac{e^{\mu'\theta}-1}{e^{\mu'\theta}}} = \frac{14\times10^3}{860\times7\times\dfrac{3-1}{3}} = 3.49 \fallingdotseq 4개$$

## 2-3 ○ 치형 벨트

평벨트와 V 벨트 전동에서는 풀리와 벨트의 미끄러짐 때문에 정확한 각속도로 동력 전달이 불가능하다. 그러나 내연 기관의 캠 축(camshaft)과 같은 경우는 크랭크 축 (crankshaft)과 정확하게 각속도비가 같아야 하고, 축간 거리가 멀기 때문에 그림 11-16과 같은 **치형 벨트**(또는 timing belt)가 필요하다.

치형 벨트 전동의 원리는 제작 회사마다 선택하고 있는 독특한 형상의 치형(인벌류트 치형 등)으로 벨트와 풀리의 치(齒)를 성형하고, 이들의 치합(齒合)으로 벨트 치와 풀리 치의 상호 간섭이 없는 원활한 회전을 얻는 것이다.

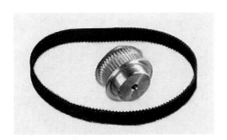

**그림 11-16 치형 벨트와 풀리**

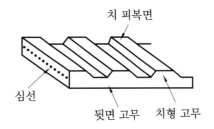

**그림 11-17 치형 벨트의 구조도**

### (1) 치형 벨트의 구조

치형 벨트는 그림 11-17과 같은 구조로 되어 있다.

① 심선(또는 심체)

심선(心線)은 치형 벨트의 심장부라 일컫는 중요한 부분으로 큰 항장력(抗張力)과 뛰어난 굴곡(屈曲) 수명 및 신장률(伸張率)에 대한 강한 저항력을 갖춘 유리섬유(glass fiber)가 사용되고 있다.

② 뒷면 고무

심선과 견고하게 밀착되어 이를 감싸고 있는 내구성과 유연성이 풍부한 부분으로 강력한 내마모 특성을 가진 합성 고무인 네오프렌(neoprene), 우레탄 등이 사용되고 있다.

③ 치형 고무

고무 또는 폴리비닐 등의 고분자 재료를 사용하며, 뒷면 고무와 완전히 일체로 성형되어 있다.

④ 치 피복면

풀리와 접촉하는 치면(齒面)은 높은 강도에 견디는 나일론, 직물 등으로 만들어져 있어 내마모성이 크다. 일반적으로 뒷면과 같은 재료로 되어 있으나, 특별한 환경에서 사용될 때에는 특수 재료로 피복(被覆)하여 사용하기도 한다.

## (2) 치형 벨트의 표시 방법

치형 벨트의 호칭은 피치 길이, 피치, 폭의 3요소로 나타낸다. 피치 길이는 인치(inch)로 계산한 치형 벨트의 원주 길이를 10배로 하여 표시한다. 피치는 표 11-5와 같이 타입(type) 명칭으로 나타내고, 폭은 인치로 계산한 값의 100배로 하여 표시한다.

### 표 11-5 표준 피치와 그 명칭

| 피 치 | 타입 명칭 |
| --- | --- |
| 2.032mm(2/25") | MXL |
| 5.08mm(1/5") | XL |
| 9.525mm(3/8") | L |
| 12.70mm(1/2") | H |
| 22.225mm(7/8") | XH |
| 31.75mm(1 1/4") | XXH |

예를 들어, 피치 길이 571.7 mm(22.5"), 피치 9.525 mm(3/8"), 폭 19.65 mm(3/4")의 치형 벨트를 나타내면

피치 길이 : $22.5 \times 10 = 225$,

피치 : $3/8" \rightarrow$ L

폭 : $3/4 \times 100 = 075$

따라서, 벨트 표시는 225L075가 된다.

## (3) 치형 벨트 전동의 장점

① 슬립(slip)이 없는 정확한 치합(齒合)

벨트의 치와 풀리의 홈이 정확히 맞물림하고, 심선이 유리섬유로 늘어남이 없으며, 또한 백래시(backlash)도 거의 없기 때문에 미끄럼이나 속도 변화가 없다(기어, 체인으로는 불가능한 정도의 정확한 전동을 얻을 수 있다).

② 넓은 속도 범위

벨트의 중량이 가벼우므로 고속 회전 시 원심력이 작아 원주 속도 85 m/s, 회전수 20000 rpm까지도 사용할 수 있고, 동시에 저속 회전도 가능하다.

③ 윤활유 불필요

금속과 금속의 접촉이 아니기 때문에 윤활 장치가 필요 없다.

④ 초장력(初張力) 설정 후의 조정 불필요

치형 벨트는 수명이 다할 때까지 변형이 거의 없기 때문에 한번 초장력(初張力)을 설정하면 그 후의 조정은 필요 없다. 또한 치형 벨트 전동은 구동 마찰에 의한 것이 아니기 때문에 높은 초장력이 필요하지 않으므로 베어링에 가해지는 하중을 최소로 할 수 있다.

⑤ 콤팩트(compact)한 디자인

두께가 얇고, 좁은 벨트 폭으로 설계할 수 있어 굴곡성에 잘 견딜 수 있고, 또한 작은 지름의 풀리 사용으로 축간 거리를 짧게 할 수 있기 때문에 그림 11-18과 같이 좁은 공간에서도 설치가 용이하다.

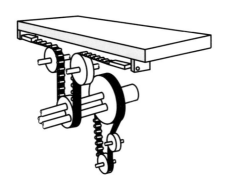

그림 11-18  치형 벨트의 사용 예

⑥ 조용한 구동

치형 벨트 전동은 보통의 운전 조건에서 기어나 체인 전동과는 비교가 되지 않을 만큼 매우 조용하게 구동한다.

# 3. 로프 전동

로프(rope) 전동은 그림 11-19와 같이 면(綿, cotton), 마(麻, hemp), 강선(鋼線, steel wire) 등의 소선(素線)을 꼬아 만든 로프를 홈이 있는 로프 풀리(rope pulley)에 감아 걸어서 회전을 전달하는 방법으로 로프 풀리는 **시브**((sheave)라고도 한다.

로프의 호칭은 그림 11-20과 같이 그 외접원의 지름으로 나타낸다.

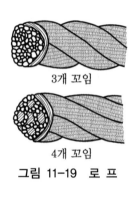

그림 11-19  로 프

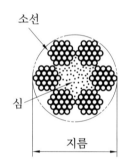

그림 11-20  로프의 지름 표시

## 3-1 ○ 로프 전동의 특징

로프 전동은 벨트 전동에 비해 다음과 같은 특징들을 가지고 있다.

① 벨트 전동보다 큰 동력을 전달할 수 있다(여러 개의 로프를 연이어 걸어서 사용할 수 있다).

② 상당히 먼 거리의 동력 전달이 가능하다.

③ 로프는 그 폭이 작으므로 그림 11-21과 같이 1개의 원동 축에서 여러 개의 종동축으로 동력을 분배하는 경우에 적합하다.

④ 벨트에 비하여 미끄럼이 적고 고속 운전이 가능하다.

⑤ 양 축의 위치가 평행하지 않고 다소의 교차각(交叉角)을 갖더라도 무리 없이 큰 동력을 전달할 수 있다.

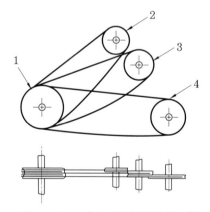

그림 11-21  여러 개의 종동 풀리를 구동하는 로프 전동

⑥ 벨트와 같이 자유로이 로프를 감아 걸고 벗길 수 없다.

⑦ 벨트보다 수명이 짧고 절단되었을 경우 이음이 곤란하다.

## 3-2 ❍ 로프의 꼬는 방법

소선(素線)을 몇 가닥 또는 수십 가닥을 꼬아서 **밧줄**(strand)을 만들고, 이 작은 밧줄을 꼬아서 로프를 만든다. 로프는 그림 11-22와 같이 꼬임 방향과 방법에 따라 분류할 수 있다.

### (1) 로프의 꼬임 방향에 의한 분류

① Z 꼬임

오른쪽 꼬임, 즉 오른나사와 같은 방향으로 꼬인 로프를 말하며 주로 많이 사용하는 꼬임이다.

(a) 보통 Z 꼬임　(b) 보통 S 꼬임　(c) 랭 Z 꼬임　(d) 랭 S 꼬임

그림 11-22  로프의 꼬임 명칭

② S 꼬임

왼쪽 꼬임, 즉 왼나사와 같은 방향으로 꼬인 로프를 말한다.

### (2) 소선과 로프의 꼬는 방법에 의한 분류

① 보통 꼬임

일반적으로 사용되는 방법으로 스트랜드의 꼬임 방향과 로프의 꼬임이 반대 방향인 꼬임이다. 보통 꼬임은 소선 꼬임의 경사가 급하기 때문에 접촉 면적이 적어 소선의 마멸이 빠르지만, 엉키어 풀리지 않으므로 취급이 쉽다.

② 랭 꼬임(Lang's lay)

스트랜드의 꼬임 방향과 로프의 꼬임이 같은 방향인 꼬임이다. 랭 꼬임은 꼬임의 경사가 완만하므로 접촉 면적이 커 마멸에 의한 손상이 적기 때문에 내구성(耐久性)이 높고, 유연성(柔軟性)도 보통 꼬임보다 좋으나, 엉키어 풀리기 쉬우므로 취급에 주의하여야 한다.

## 3-3 ❍ 로프 풀리

### (1) 섬유 로프의 경우

섬유 로프 풀리 홈의 모양은 그림 11-23과 같이 V형으로 하여 로프가 바닥에 접촉하지 않고, 홈 속에 쐐기 모양으로 끼워져서 큰 마찰력을 얻을 수 있도록 한다. 그러나 안

내 또는 인장 풀리는 홈의 모양을 U형으로 하여 로프가 홈 바닥에 닿도록 하여 로프가 손상되는 것을 방지한다.

홈의 각도는 보통 45°, 60°이며, 홈의 안쪽 측면을 매끄럽게 다듬질하지 않으면 로프의 수명이 짧아진다. 로프 풀리의 재료는 주로 주철 또는 주강을 사용한다.

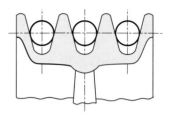

그림 11-23  섬유 로프 풀리

## (2) 와이어 로프의 경우

와이어 로프 풀리의 경우에는 보통 로프를 1개 또는 2개 사용하므로 풀리의 홈도 1개 또는 2개로 한다. 홈의 모양은 일반적으로 그림 11-24(a)와 같이 홈의 측면에서 접촉하지 않고 홈의 바닥에서 접촉하도록 하며, 홈 바닥 둥글기의 반지름은 로프의 반지름보다 약 1.07배 정도 크게 하고, 바닥 접촉각은 120° 정도로 하여 로프 둘레의 $\frac{1}{3}$ 을 지지할 수 있도록 한다. 접촉면에서의 마찰력을 증가시키고 로프의 마멸을 방지하기 위하여 그림 11-24(b)와 같이 풀리 바닥면에 나무, 가죽, 고무 등을 파묻는다. 그러나 안내 풀리에는 이들 재료를 파묻지 않고 사용한다. 또, 엘리베이터는 로프가 홈에 꼭 끼어서 미끄럼이 없도록 해야 하기 때문에 섬유 로프 풀리와 같이 로프 밑에 공간을 주어 로프가 홈의 양쪽 경사면에 접촉하도록 한다.

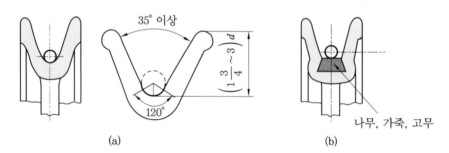

그림 11-24  와이어 로프 풀리

## 3-4 ○ 로프 거는 방법

섬유 로프 전동 장치에서 큰 동력을 전달하는 경우에는 1개의 굵은 로프보다 여러 개의 가는 로프를 연이어 걸어서 사용하는 것이 좋다. 로프를 감아 거는 방법에는 그림 11-25와 같이 **단독식**(單獨式)과 **연속식**(連續式)의 두 종류가 있다.

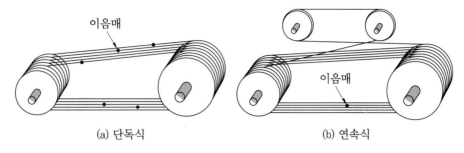

(a) 단독식                       (b) 연속식

그림 11-25  로프 거는 방법

## (1) 단독식

**영국식** 또는 **병렬식**이라고도 하며, 그림 11-25(a)와 같이 여러 개의 고리 모양의 로프를 평행하게 각각 거는 방법으로 다음과 같은 특징들이 있다.

① 설비비가 저렴하다.

② 1, 2개의 로프가 절단되어도 전동을 계속할 수 있다.

③ 모든 로프를 같은 장력으로 유지하기가 곤란하다

④ 이음매가 많아 진동을 일으키기 쉽다.

## (2) 연속식

**미국식**이라고도 하며 그림 11-25(b)와 같이 1개의 긴 로프를 연속적으로 감아 걸고 **인장 풀리**(tension pulley)를 통하여 로프의 양 끝을 연결하는 방법으로 다음과 같은 특징들이 있다.

① 이음매가 1개이므로 진동이 적다.

② 장력이 전체적으로 평균화되어 균일하다.

③ 절단되면 전동이 곧 정지된다.

④ 설비비가 다소 고가(高價)이다.

### 3-5 ◦ 로프에 걸리는 장력

로프를 사용하여 중량물(重量物)을 달아 올리는 경우, 로프에 생기는 장력(張力, tension)은 로프의 각도에 따라 다르다. 따라서 가능하면 긴 로프를 사용하여 로프의 달아매기 각도를 작게 해야만 로프에 걸리는 장력의 부담이 적어진다.

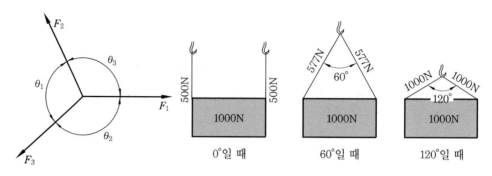

그림 11-26  라미의 정리        그림 11-27  각도에 의한 장력의 변화

로프에 걸리는 장력은 '제1장 기계설계 기초'의 식 (1-19) 라미의 정리를 이용해서 구하면 된다. 즉, 그림 11-26에서

$$\frac{F_1}{\sin\theta_1} = \frac{F_2}{\sin\theta_2} = \frac{F_3}{\sin\theta_3}$$

그림 11-27은 로프의 달아 매기 각도에 의한 장력의 변화를 나타낸 것이다. 예를 들어 달아 매기 각도가 60°일 때 각 로프에 걸리는 장력을 구하면

$$\frac{1000}{\sin 60^\circ} = \frac{F_2}{\sin 150^\circ} = \frac{F_3}{\sin 150^\circ}$$

$$\therefore F_2 = F_3 = 1000 \times \frac{\sin 150^\circ}{\sin 60^\circ} ≒ 577\,\mathrm{N}$$

### 3-6 ◦ 로프의 응력 해석과 전달 동력

로프에 발생되는 응력은 로프의 장력에 의한 인장응력과 굽힘에 의한 굽힘 응력, 그리고 원심력에 의한 원심응력을 생각할 수 있다.

소선의 지름을 $d$, 소선의 수를 $n$, 로프에 걸리는 장력을 $P$라 하면 인장응력 $\sigma_t$는

$$\sigma_t = \frac{P}{\frac{\pi}{4}d^2 n} \quad\cdots\cdots (11-25)$$

따라서, 소선의 허용 인장응력을 $\sigma_a$라 하면 소선의 지름 $d$는

$$\therefore d = \sqrt{\frac{4P}{\pi\sigma_a n}} \quad\cdots\cdots (11-26)$$

이다.

　로프의 전달 동력은 풀리 홈의 바닥에 접촉하여 동력을 전달하는 와이어 로프의 경우, 평 벨트의 전달 동력 식을 그대로 사용하면 되고, 풀리 홈의 경사면에 접촉하여 동력을 전달하는 섬유 로프의 경우는 V 벨트의 전달 동력 식을 그대로 사용하면 된다. 표 11-6은 와이어 로프와 풀리와의 마찰계수를 나타낸 것이며, 표 11-7은 섬유 로프의 마찰계수와 상당 마찰계수를 나타낸 것이다.

**표 11-6  와이어 로프와 풀리와의 마찰계수($\mu$)**

| 풀리의 종류 | 건조 | 그리스 바름 |
|---|---|---|
| 금속 로프 풀리 | 0.17 | 0.07 |
| 홈 바닥 목재 메움 | 0.24 | 0.14 |
| 홈 바닥 가죽 메움 | 0.50 | 0.20 |

**표 11-7  섬유 로프의 상당 마찰계수($\mu'$)**

| 마찰계수($\mu$) | 0.10 | 0.15 | 0.20 | 0.25 | 0.30 |
|---|---|---|---|---|---|
| 상당 마찰계수($\mu'$) | 0.21 | 0.29 | 0.35 | 0.40 | 0.45 |

# 4. 체인 전동

　그림 11-28과 같이 체인(chain)을 **스프로킷**(sprocket)에 감아 걸어서 회전을 전달하는 방법을 체인 전동이라고 한다. 체인의 종류에는 여러 가지가 있으나, 사용 목적에 따라서는 동력을 전달하는 전동용 체인(power chain)과 하중을 들어 올리거나 지탱하는 데 사용하는 하중용 체인(chain for hoisting), 물품 등을 운반하는데 사용하는 물품 운반용 체인(conveyor chain) 등이 있다.

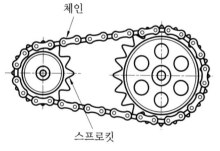

**그림 11-28  체인 전동**

　스프로킷은 체인 기어라고도 하며, 이(齒)가 체인 구멍, 또는 홈과 맞물려 동력이 전달되도록 만들어져 있다.

## 4-1 ○ 체인 전동의 특징

체인 전동은 다음과 같은 특징들이 있다.
① 미끄럼이 없어서 전동이 확실하고 속도비가 일정하다.
② 속도비를 비교적 크게 할 수 있고, 큰 동력을 전달할 수 있다.
③ 초기 장력이 필요 없어 베어링에 작용 하중 이외의 하중이 걸리지 않는다.
④ 체인의 탄성에 의하여 어느 정도의 충격을 흡수, 완화시킬 수 있다.
⑤ 유지 및 수리가 용이하다.
⑥ 여러 개의 축을 동시에 구동(驅動)시킬 수 있다.
⑦ 내유(耐油), 내열(耐熱), 내습성(耐濕性)이 크다.
⑧ 너무 장거리(4 m 정도 이상)의 전동이나, 고속도(10 m/s)의 전동은 곤란하며, 두 축은 반드시 평행이어야 한다.
⑨ 진동이나 소음을 일으키기 쉽다.

## 4-2 ○ 전동용 체인의 설계

전동용 체인에는 **블록 체인**(block chain)과 **롤러 체인**(roller chain), **사일런트 체인**(silent chain)이 있으며, 이들 중 롤러 체인과 사일런트 체인이 가장 많이 사용된다.

### (1) 롤러 체인의 설계

롤러 체인은 그림 11-29와 같이 링크(link)와 부시(bush), 핀(pin), 롤러(roller) 등을 연속적으로 조합한 체인으로, 저속 회전에서 고속 회전까지 넓은 범위에서 사용된다.

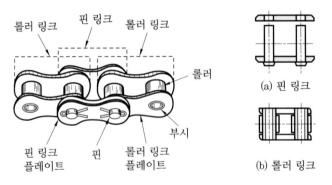

그림 11-29 롤러 체인의 구성

① 체인의 길이

체인의 끝과 끝을 롤러 링크와 핀 링크만으로 연결하기 위해서는 전체 링크의 수를 짝수로 해야 한다. 만약 링크의 수가 홀수가 되면 그림 11-30과 같이 한 쪽은 롤러 링크, 다른 쪽은 핀 링크로 되어 있는 **옵셋링크**(offsetlink)를 사용한다. 체인의 길이는 식 (11-3)의 벨트 길이를 구

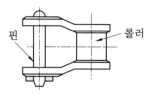

그림 11-30　**옵셋링크**

하는 식으로부터 근사적으로 구한다. 체인의 길이를 $L$, 핀과 핀 사이의 거리인 피치를 $p$, 축간 거리를 $C$, 작은 스프로킷의 잇수와 피치원 지름을 $z_1$, $D_1$, 큰 스프로킷의 잇수와 피치원 지름을 $z_2$, $D_2$라 하면(피치원은 체인이 스프로킷에 감겼을 때 체인의 핀 중심을 지나는 원이다.)

$$L = \frac{\pi}{2}(D_1 + D_2) + \frac{(D_2 - D_1)^2}{4C} + 2C$$

에서, 스프로킷의 잇수 $z ≒ \dfrac{\pi D}{p}$ 이므로 $D ≒ \dfrac{pz}{\pi}$ 를 위 식에 대입하여 정리하면

$$L = \frac{(z_1 + z_2)p}{2} + \frac{(z_2 - z_1)^2 p^2}{4C\pi^2} + 2C \quad\text{……………………} (11\text{-}27)$$

따라서, 링크 수 $L_n$은

$$L_n = \frac{L}{p} = \frac{(z_1 + z_2)}{2} + \frac{(z_2 - z_1)^2 p}{4C\pi^2} + \frac{2C}{p} \quad\text{…………} (11\text{-}28)$$

여기서 소수점 이하는 올려서 정수로 하여 1개의 링크를 증가시킨다. 일반적으로 축간 거리 $C$ 는 $40p \sim 50p$로 하며, 체인의 길이 $L$ 은 식 (11-28)에서 정수 개로 계산된 링크 수에 피치를 곱하여 구한다.

$$L = L_n \cdot p \quad\text{………………………………………} (11\text{-}29)$$

② 스프로킷

체인이 스프로킷에 감기면 그림 11-31과 같이 굴곡(屈曲)이 발생한다. 이때 인접한 핀들의 중심간 직선거리가 이루는 각도를 **굴곡 각도**라고 하며 스프로킷 잇수를 $z$라 하면 다음 식으로 계산된다.

$$굴곡\ 각도 = \frac{360°}{z} \quad\text{……………………………} (11\text{-}30)$$

체인의 굴곡은 인접한 링크 간의 반복적인 상대운동에 의하여 발생하므로 체인의 원활한 운전과 마멸에 영향을 미친다. 스프로킷의 잇수가 적으면 굴곡 각도가 커져서 원활한 운전을 할 수 없고 진동을 일으켜 수명을 단축시킨다. 스프로킷의 잇수가 17개 이상에서는 굴곡 각도가 20°보다 작으며 각도의 변화도 작아지지만 17개 이하가 되면 굴곡 각도가 급격히 증가하여 원활한 운전을 할 수가 없다. 따라서 가

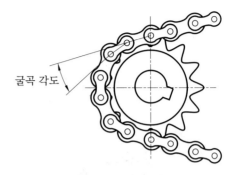

**그림 11-31 굴곡 각도**

능하면 스프로킷 잇수는 17개 이상으로 하는 것이 좋으며, 마멸을 균일하게 하기 위해서는 홀수로 한다. 또한 감속비는 7 : 1 이내, 원주 속도는 5 m/s 이내가 바람직하다.

③ 체인의 속도

양 스프로킷의 회전수를 $n_1$, $n_2$, 잇수를 $z_1$, $z_2$라 할 때 속도비 $i$를 구하면 다음과 같다.

$$i = \frac{n_1}{n_2} = \frac{z_2}{z_1} \quad \text{(11-31)}$$

체인이 스프로킷에 감기면 그림 11-32와 같이 정다각형의 풀리에 감은 것과 같게 된다. 따라서 체인의 속도는 그림 11-32(a)와 같이 정다각형의 정점으로 진입할 때 최대가 되고, 그림 11-32(b)와 같이 정다각형의 변(邊)에 따라 진입할 때 최소가 된다. 이와 같이 체인의 속도는 주기적으로 변동하기 때문에 평균 속도로 나타낸다.

체인의 평균 속도는 스프로킷의 피치원 지름 $D$에서의 속도이다. 피치를 $p$[mm]라 할 때 평균 속도 $v_m$[m/s]과 스프로킷의 피치원 지름 $D$를 구하면 다음과 같다.

$$v_m = \frac{npz}{60 \times 1000} \quad \text{(11-32)}$$

$$D = \frac{p}{\sin\left(\dfrac{\pi}{z}\right)} \quad \text{(11-33)}$$

또, 체인의 **속도 변동률** $\varepsilon$은

$$\varepsilon = \frac{v_{\max} - v_{\min}}{v_{\max}} \times 100\,[\%] \quad \text{(11-34)}$$

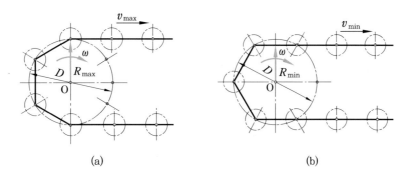

그림 11-32 체인의 속도 변화

④ 체인의 전달 동력

긴장측의 장력을 $P$라고 하면 이완측의 장력은 거의 0이라고 생각할 수 있으므로 체인의 전달 동력 $H$는

$$H = P v_m \quad \text{(11-35)}$$

## (2) 사일런트 체인의 설계

롤러 체인은 오랫동안 사용하면 늘어나서 체인의 피치가 길어지고, 스프로킷 휠의 피치와 맞지 않으므로 물림 상태가 나빠지고 소음이 발생한다. 사일런트 체인에서는 이런 결점을 없애 고속 회전에서도 정숙하고 원활한 운전이 이루어진다.

사일런트 체인은 고가(高價)이지만 롤러 체인으로는 원활한 운전을 기대할 수 없는 고속 운전이나 특히 정숙한 운전을 필요로 하는 경우에 사용된다. 물론 롤러 체인에서도 스프로킷과의 물림은 롤러의 구름 접촉에 의하여 이루어지므로 기어보다는 정숙한 운전을 할 수 있다.

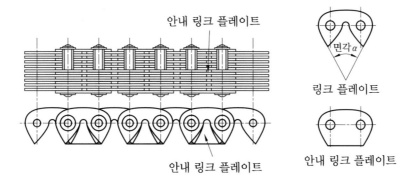

그림 11-33 사일런트 체인의 구조

사일런트 체인은 그림 11-33과 같이 강판으로 만든 링크 플레이트(link plate) 여러 장을 겹쳐서 핀으로 연결하며, 안내 링크 플레이트를 가운데 또는 사이드(side)에 설치하여 운전 중 체인이 가로방향으로 미끄러지지 않도록 한다. 링크 플레이트 양 측면이 이루는 각을 **면각**(面角)이라고 하며, 면각은 보통 52°, 60°, 70°, 80°의 4종류가 있다. 면각은 피치가 클수록 작은 것을 사용해야 한다.

그림 11-34에서 스프로킷 휠 1개의 이의 양면이 맺는 각을 $\beta$, 잇수를 $z$, 면각을 $\alpha$라 하면 $\triangle$OAB에서 다음과 같은 식이 얻어진다.

$$\frac{\alpha}{2} = \frac{\beta}{2} + \frac{2\pi}{z}$$

$$\therefore \beta = \alpha - \frac{4\pi}{z} \quad\text{----------------------------------------------------------------(11-36)}$$

사일런트 체인의 파괴 하중 $P_B$ 는 제품에 따라 다르나 고품질의 제품에 대해서는 다음 식으로 구한다.

$$P_B = 3773\,pb\;[\text{N}] \quad\text{----------------------------------------------------------------(11-37)}$$

여기서 $p$ 는 체인의 피치[cm], $b$ 는 체인의 폭[cm]이다.

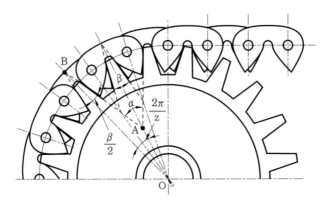

**그림 11-34  사일런트 체인의 모양과 면각**

1. 평벨트 전동에서 원동 풀리의 지름 300 mm, 회전수 240 rpm, 종동 풀리의 지름이 600 mm일 때 종동 풀리의 회전수를 구하여라(단, 벨트와 풀리 사이에 미끄럼은 없다고 가정한다).

2. 벨트 풀리의 지름이 각각 1200 mm, 300 mm이고 축간 거리가 4000 mm인 십자 걸기에서 벨트의 접촉 각 $\theta$를 구하여라.

3. 중심 거리 $C = 500$ mm, 풀리의 지름 $D_1 = 50$ mm, $D_2 = 300$ mm인 평벨트의 길이는 몇 mm인가? (단, 평행 걸기이다.)

4. 4 m/s의 속도로 전동하고 있는 벨트 전동에서 긴장 측의 장력이 125 N, 이완 측의 장력이 50 N이라고 할 때, 전달 동력을 구하여라.

5. 평 벨트에서 전달 동력이 3 kW, 속도가 5 m/s, $e^{\mu\theta} = 2$일 때 긴장측 장력을 구하여라.

6. 풀리의 지름 200 mm, 회전수 1600 rpm으로 4 kW의 동력을 전달할 때, 벨트의 장력을 구하여라(단, 벨트의 원심력과 마찰은 무시한다).

7. 풀리의 지름 500 mm, 긴장측 장력 16 N, 이완측 장력 5 N일 때 비틀림 모멘트를 구하여라.

8. 평벨트 전동 장치에서 $e^{\mu\theta} = 2$이고, 벨트의 속도가 5 m/s일 때, 전달 동력을 구하여라(단, 긴장 측의 장력을 900 N으로 한다).

9. 평벨트 전동 장치에서 벨트의 긴장측 장력이 500 N, 허용 인장응력이 2.5 MPa일 때, 벨트의 너비(폭)는 최소 몇 mm 이상이어야 하는가? (단, 벨트의 두께는 2 mm, 이음 효율은 80 %이다.)

10. 그림과 같이 5 kN의 물체를 지름 20 mm인 강봉 AB와 로프 BC로 지지하고 있을 때, 강봉 AB에 발생하는 수직 응력을 구하여라.

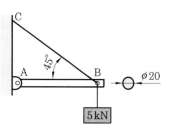

**11.** 피치가 12.7 mm, 잇수가 20인 체인 휠(스프로킷)이 매 분 500회전할 때 이 체인의 평균 속도를 구하여라.

**12.** 5 kW를 전달시키는 롤러 체인의 파단 하중을 구하여라(단, 롤러 체인의 평균 속도는 2 m/s, 안전율은 15로 한다).

# 브레이크

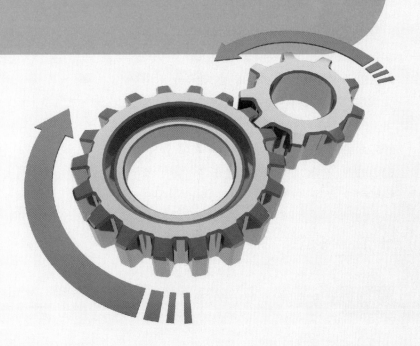

# 브레이크

## 1. 브레이크의 개요

브레이크(brake)는 마찰을 이용하여 회전축의 운동 에너지를 열 에너지로 변환시켜 회전축의 속도를 조정하거나 정지시키는 장치이다. 마찰력을 발생시키기 위해 가해지는 조작력에는 인력(人力), 스프링의 힘, 공기력, 유압력(油壓力), 원심력, 전자력 등이 있다. 일반적으로 사용되는 브레이크에는 마찰력을 이용한 블록 브레이크, 밴드 브레이크, 축압 브레이크, 자동 하중 브레이크 등이 있으며, 마찰력을 이용하지 않는 폴 브레이크(pawl brake)가 있다.

## 2. 블록 브레이크

블록 브레이크(block brake)는 그림 12-1과 같이 회전하는 브레이크 드럼(brake drum)에 브레이크 블록(brake block)을 반지름 방향으로 눌러 제동시키는 브레이크로, 한 개의 블록으로 누르는 **단식 블록 브레이크**와 두 개의 블록으로 양쪽 방향에서 누르는 **복식 블록 브레이크**가 있다. 브레이크 블록은 나무 또는 나무에 가죽을 입힌 것도 있으나 일반적으로는 주철재의 블록에 석면 라이닝(lining)을 붙인 것을 사용한다.

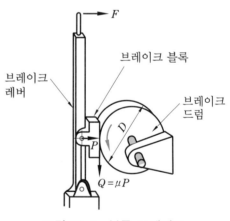

그림 12-1 블록 브레이크

### 2-1 ○ 단식 블록 브레이크

단식 블록 브레이크에는 표 12-1의 그림과 같이 3종류가 있으며, 구조는 간단하지만 제동 축에 굽힘 모멘트가 작용하고 따라서 베어링 하중이 커지므로 큰 제동력을 얻을 수 없다.

## (1) 제동력과 토크 및 조작력

표 12-1 블록 브레이크 레버에 가하는 힘의 계산식

| 형식 | (a) 내작용선형 | (b) 외작용선형 | (c) 중작용선형 |
|------|------|------|------|
| 그림 | $c>0$ | $c<0$ | $c=0$ |
| 우회전 | $F=Q(b+\mu c)/\mu a$ | $F=Q(b-\mu c)/\mu a$ | $F=Qb/\mu a$ |
| 좌회전 | $F=Q(b-\mu c)/\mu a$ | $F=Q(b+\mu c)/\mu a$ | |

표에서 제동 토크를 $T$, 드럼의 지름을 $D$, 제동력을 $Q$, 블록을 드럼에 밀어붙이는 힘을 $P$, 블록과 드럼 사이의 마찰계수를 $\mu$, 브레이크 레버에 작용시키는 힘(조작력)을 $F$, 브레이크 레버의 각 치수를 $a$, $b$, $c$라 하면, 제동력과 토크, 조작력은 다음과 같다.

① 제동력
브레이크 드럼을 정지시키는 제동력은 드럼의 회전력과 최소한 같아야 한다. 따라서

$Q=\mu P$ ·······(12-1)

② 제동 토크

$T=Q\cdot\dfrac{D}{2}=\mu P\cdot\dfrac{D}{2}$ ·······(12-2)

③ 조작력
조작력 $F$는 표 12-1의 형식에 따라, 블록과 일체(一體)로 되어 있는 브레이크 레버(brake lever)의 모멘트 평형 조건으로부터 구한다.

참고 모멘트 평형 조건 : 힘을 받고 있는 어떤 물체가 어느 방향로든 회전하지 않기 위해서는 어느 임의의 점에 대한 모든 모멘트의 합이 0이 되어야 한다는 조건을 말한다. 즉 $\sum M_i=0$이어야 한다.

(a) 내작용선형(內作用線形)의 경우($c > 0$)
- 우회전할 때

$$Fa - Pb - \mu Pc = 0$$

$$\therefore F = \frac{P}{a}(b + \mu c) \quad \cdots\cdots\cdots\cdots\cdots\cdots\cdots\cdots\cdots\cdots\cdots\cdots\cdots\cdots (12\text{-}3)$$

- 좌회전할 때

$$Fa - Pb + \mu Pc = 0$$

$$\therefore F = \frac{P}{a}(b - \mu c) \quad \cdots\cdots\cdots\cdots\cdots\cdots\cdots\cdots\cdots\cdots\cdots\cdots\cdots\cdots (12\text{-}4)$$

(b) 외작용선형(外作用線形)의 경우($c < 0$)
- 우회전할 때

$$Fa - Pb + \mu Pc = 0$$

$$\therefore F = \frac{P}{a}(b - \mu c) \quad \cdots\cdots\cdots\cdots\cdots\cdots\cdots\cdots\cdots\cdots\cdots\cdots\cdots\cdots (12\text{-}5)$$

- 좌회전할 때

$$Fa - Pb - \mu Pc = 0$$

$$\therefore F = \frac{P}{a}(b + \mu c) \quad \cdots\cdots\cdots\cdots\cdots\cdots\cdots\cdots\cdots\cdots\cdots\cdots\cdots\cdots (12\text{-}6)$$

(c) 중작용선형(中作用線形)의 경우($c = 0$) : 회전 방향에 관계 없이 제동 효과는 일정하다.

$$Fa - Pb = 0$$

$$\therefore F = P \cdot \frac{b}{a} \quad \cdots\cdots\cdots\cdots\cdots\cdots\cdots\cdots\cdots\cdots\cdots\cdots\cdots\cdots (12\text{-}7)$$

## (2) 브레이크 압력과 용량

### ① 브레이크 압력

그림 12-2에서 브레이크 블록의 길이를 $e$, 브레이크 블록의 폭을 $b$, 브레이크 블록과 드럼 사이의 접촉 투영(投影) 면적을 $A(= be)$라 하면 브레이크 압력(제동 압력) $p$는

$$p = \frac{P}{A} = \frac{P}{be} \quad \cdots\cdots\cdots\cdots\cdots\cdots\cdots\cdots\cdots\cdots\cdots\cdots\cdots\cdots (12\text{-}8)$$

브레이크 압력 $p$가 너무 커지면 접촉면이 압궤(壓潰)될 수도 있고, 아주 빨리 마멸되므로 표 12-2의 허용 브레이크 압력 이내가 되도록 설계하여야 한다. 또한 접촉면에서 압력이 균일하게 분포할 수 있도록 하기 위해서는 그림 12-2에서 드럼의 반지름에 비하여 $e$의 값을 작게 해주어야 하나, 보통 접촉 중심각 $\alpha = 50 \sim 70°$가 되도록 한다.

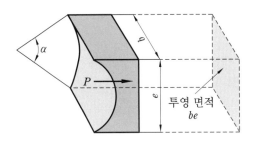

그림 12-2  브레이크 블록

표 12-2  브레이크 재료에 따른 허용 브레이크 압력 및 마찰계수

| 사용 재료 | 허용 브레이크 압력 $p[\text{MPa}]$ | 마찰계수 $\mu$ | 사용 조건 |
|---|---|---|---|
| 주 철 | 1.0 이하 | 0.1~0.2 | 건 조 |
| | | 0.08~0.12 | 윤 활 |
| 강철 밴드 | | 0.15~0.20 | 건 조 |
| | | 0.10~0.15 | 윤 활 |
| 연 강 | | 0.15 | 건 조 |
| 황 동 | | 0.1~0.2 | 건조, 윤활 |
| 청 동 | 0.4~0.8 | 0.1~0.2 | 건조, 윤활 |
| 목 재 | 0.2~0.3 | 0.15~0.25 | 소량의 기름 |
| 석면 직물 | 0.25~0.35 | 0.35~0.6 | 건 조 |
| 석면 누름판 | 0.4~0.45 | 0.3~0.5 | 건 조 |
| 파이버 | 0.05~0.1 | 0.05~0.10 | 건조, 윤활 |
| 가 죽 | 0.07~0.25 | 0.23~0.30 | 건조, 윤활 |

② 브레이크 용량

브레이크 드럼의 원주 속도를 $v$라 하면 단위 시간당 마찰에 의한 일량 $W_f$는

$$W_f = Qv = \mu Pv = \mu pvA \quad\cdots\cdots (12\text{-}9)$$

여기서, 마찰 면의 단위 면적, 단위 시간 당 마찰 일량을 **브레이크 용량**($w_f$)이라고 하며 그 값은 다음과 같다.

$$w_f = \frac{W_f}{A} = \frac{\mu pvA}{A} = \mu pv [\text{MPa} \cdot \text{m/s}] \quad\cdots\cdots (12\text{-}10)$$

브레이크 용량 값이 너무 크면 브레이크에 축적되는 열을 방산(放散)할 수 없게 되어 눌어 붙음이 생기므로, 어느 정도까지 블록의 치수 $be$를 크게 잡아 $\mu pv$의 값을 제한하여야 한다.

### (3) 제동 동력

브레이크 드럼, 즉 회전하는 축을 정지시키기 위한 제동 동력 $H$는

$$H = Qv = \mu Pv = \mu pvA \quad\cdots\cdots\cdots\cdots\cdots\cdots\cdots\cdots\cdots\cdots\cdots\cdots\cdots\cdots\cdots\cdots\cdots\cdots (12-11)$$

**Q 예제 12-1**

브레이크 드럼에 블록을 밀어붙이는 힘이 1500 N, 드럼과 블록 사이의 마찰계수가 0.25, 드럼의 지름이 400 mm일 때, 제동 토크를 구하여라.

**해설** $T = \mu P \cdot \dfrac{D}{2} = 0.25 \times 1500 \times \dfrac{400}{2} = 75000\ \text{N} \cdot \text{mm} = 75\ \text{N} \cdot \text{m} = 75\ \text{J}$

**Q 예제 12-2**

브레이크 드럼에 560 J의 토크가 작용하고 있을 때, 이 드럼을 정지시키는 데 필요한 최소 제동력을 구하여라. (단, 브레이크 드럼의 지름은 500 mm 이다.)

**해설** $T = Q \cdot \dfrac{D}{2}$ 에서

$$Q = \frac{2T}{D} = \frac{2 \times 560}{0.5} = 2240\ \text{N}$$

**Q 예제 12-3**

그림과 같이 브레이크 바퀴에 72 J의 토크가 작용하고 있을 경우, 레버에 150 N 의 힘을 가하여 제동하려면, 브레이크 드럼의 지름을 몇 mm로 하여야 하는가? (단, 좌회전이고 마찰계수는 0.3이다.)

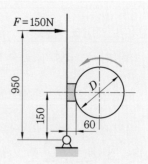

**해설** $F = \dfrac{P}{a}(b - \mu c)$ 에서

$$P = \frac{Fa}{b - \mu c} = \frac{150 \times 950}{150 - 0.3 \times 60} = 1079.55\ \text{N}$$

이므로, 제동력 $Q$는

$$Q = \mu P = 0.3 \times 1079.55 = 323.87\ \text{N}$$

$$\therefore D = \frac{2T}{Q} = \frac{2 \times 72 \times 10^3}{323.87} = 444.62\ \text{mm} = 445\ \text{mm}$$

**Q 예제** 12-4

블록 브레이크에서 제동 동력이 5 kW이다. 이 브레이크 블록의 길이와 폭이 각각 100 mm, 25 mm일 때, 브레이크 용량을 구하여라.

**해설** $H = Qv = \mu Pv = \mu pvA$에서

$$\mu pv = \frac{H}{A} = \frac{5 \times 10^3}{100 \times 25} = 2 \text{ MPa} \cdot \text{m/s}$$

**Q 예제** 12-5

그림과 같은 브레이크 드럼에 150 J의 토크가 우회전으로 작용하는 경우, 드럼을 정지시키기 위해 브레이크 레버에 가해야 할 힘 $F$를 구하여라. (단, 드럼의 지름 $D = 500$ mm, $a = 1250$ mm, $b = 250$ mm, $c = 90$ mm, 마찰계수 $\mu = 0.2$이다.)

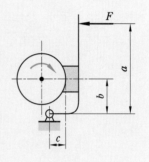

**해설** $P = \frac{2T}{\mu D} = \frac{2 \times 150 \times 10^3}{0.2 \times 500} = 3000 \text{ N}$이므로

$$F = \frac{P}{a}(b + \mu c) = \frac{3000}{1250}(250 + 0.2 \times 90) = 643.2 \text{ N}$$

## 2-2 ○ 복식 블록 브레이크

복식 블록 브레이크는 그림 12-3(a)와 같이 축에 대하여 대칭으로 두 개의 브레이크 블록을 두고 브레이크 드럼을 양쪽에서 밀어붙이는 브레이크로, 축에 굽힘 모멘트가 작용하지 않을 뿐만 아니라 베어링에도 하중이 걸리지 않아 큰 제동력을 얻을 수 있다. 제동력은 스프링 또는 추(錘)에 의하여 주어지며, 제동을 풀 때에는 전자석이 많이 사용된다.

그림 12-3(b)에서 $F$를 전자석의 힘(조작력), $F'$를 스프링의 힘이라고 하면 지점 A에서의 모멘트 평형 조건으로부터

$$F'a - Pb = 0$$

$$\therefore F' = \frac{Pb}{a}$$

또, 지점 E에서의 모멘트 평형 조건으로부터

$$F'd - Fe = 0$$

$$\therefore F = \frac{F'd}{e}$$

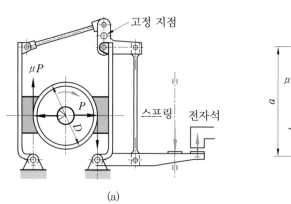

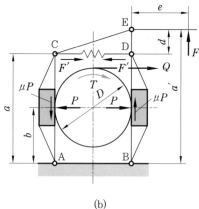

그림 12-3 복식 블록 브레이크

따라서,

$$\left. \begin{array}{l} F = \dfrac{Pbd}{ae} \\[3mm] P = F\,\dfrac{ae}{bd} \end{array} \right\} \quad \text{.......................................................................(12-12)}$$

가 되며, 제동력 $Q = 2\mu P$ 이므로

$$Q = 2\mu F \cdot \frac{ae}{bd} \quad \text{.......................................................................(12-13)}$$

또, 제동 토크 $T$ 는

$$T = 2\mu P \cdot \frac{D}{2} \quad \text{.......................................................................(12-14)}$$

이다.

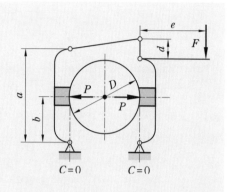

**예제 12-6**

그림과 같이 $D=500\,\mathrm{mm}$, $a=500\,\mathrm{mm}$, $b=250\,\mathrm{mm}$, $d=50\,\mathrm{mm}$, $e=800\,\mathrm{mm}$인 복식 블록 브레이크에서 브레이크 레버를 몇 N의 힘으로 누르면 제동이 되겠는가? (단, 토크는 200 J, 마찰계수는 0.3이다.)

**해설** 제동력 $Q=\dfrac{2T}{D}=\dfrac{2\times200\times10^3}{500}=800\,\mathrm{N}$이므로

$$F=\frac{Qbd}{2\mu ae}$$

$$=\frac{800\times250\times50}{2\times0.3\times500\times800}$$

$$=41.67\,\mathrm{N}$$

## 2-3 내확 브레이크

내확(內擴) 브레이크(internal expansion brake)는 그림 12-4와 같이 두 개의 브레이크 블록이 브레이크 드럼의 안쪽에 있으며, 이들이 캠(cam) 또는 유압 장치에 의하여 바깥쪽으로 확장되어 브레이크 슈(brake shoe)가 브레이크 드럼에 접촉함으로써 브레이크 작용을 일으키는 브레이크다. 이 형식의 브레이크는 자동차에 많이 사용되고 있다.

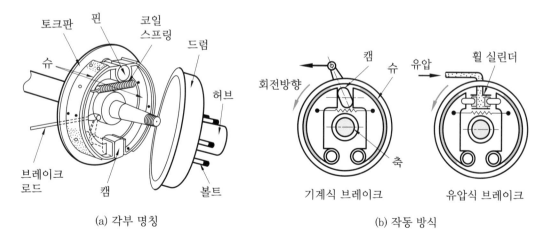

(a) 각부 명칭 　　(b) 작동 방식

그림 12-4 내확 브레이크

# 3. 밴드 브레이크

밴드 브레이크(band brake)는 그림 12-5와 같이 드럼에 브레이크 밴드(brake band)를 감고, 이 밴드에 장력을 주어 밴드와 브레이크 드럼 사이의 마찰에 의하여 제동 작용을 하는 것이다. 마찰력을 크게 하기 위하여 밴드 안쪽에는 나무토막, 가죽, 석면, 직물 등을 라이닝한다.

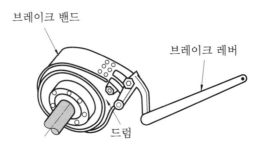

브레이크 밴드

브레이크 레버

드럼

그림 12-5   밴드 브레이크

밴드 브레이크는 브레이크 레버에 밴드를 연결하는 부착 위치에 따라 그림 12-6과 같이 여러 종류가 있고, 장력의 관계는 평벨트 때와 같다. 그림에서 밴드의 장력을 $T_1$, $T_2$, 레버의 조작력을 $F$, 브레이크의 제동력을 $Q$, 밴드와 브레이크 드럼의 접촉각을 $\theta$, 밴드와 브레이크 드럼사이의 마찰계수를 $\mu$라 하면, 레버의 조작력 및 제동 동력과 밴드 치수는 다음과 같이 구할 수 있다.

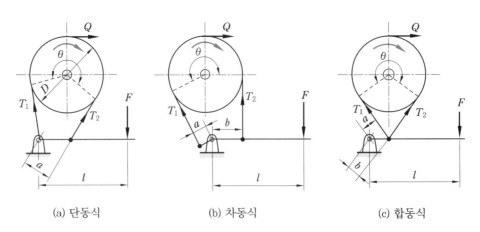

(a) 단동식          (b) 차동식          (c) 합동식

그림 12-6   밴드 브레이크의 종류

## (1) 레버의 조작력

① 단동식(그림 a)

• 우회전할 때

$$\frac{T_1}{T_2} = e^{\mu\theta}$$

제동력 $Q = T_1 - T_2$이므로

$$T_1 = \frac{e^{\mu\theta}}{e^{\mu\theta} - 1} Q$$

$$T_2 = \frac{1}{e^{\mu\theta} - 1} Q$$

이다. 또, 브레이크 레버의 지점에 관한 모멘트의 평형 조건으로부터

$$Fl - T_2\, a = 0$$

$$\therefore F = \frac{a}{l} \cdot T_2 = \frac{a}{l} \cdot \frac{1}{e^{\mu\theta} - 1} Q \quad\cdots\cdots (12\text{-}15)$$

• 좌회전할 때

$T_2$는 긴장측 장력, $T_1$은 이완측 장력이 되어 우회전할 때의 반대가 된다. 따라서

$$F = \frac{a}{l} \cdot \frac{e^{\mu\theta}}{e^{\mu\theta} - 1} Q \quad\cdots\cdots (12\text{-}16)$$

② 차동식(그림 b)

• 우회전할 때

장력 $T_1$과 $T_2$는 단동식의 우회전할 때와 같다. 브레이크 레버의 지점에 관한 모멘트의 평형 조건은

$$Fl - T_2 b + T_1 a = 0$$

이므로

$$F = \frac{T_2 b - T_1 a}{l} = \frac{Q(b - ae^{\mu\theta})}{l(e^{\mu\theta} - 1)} \quad\cdots\cdots (12\text{-}17)$$

• 좌회전할 때

장력 $T_1$과 $T_2$는 우회전할 때의 반대가 되므로

$$F = \frac{Q(be^{\mu\theta} - a)}{l(e^{\mu\theta} - 1)}$$ ········································ (12-18)

③ 합동식(그림 c)

• 우회전할 때

장력 $T_1$과 $T_2$는 단동식의 우회전할 때와 같다. 브레이크 레버의 지점에 관한 모멘트의 평형 조건은

$$Fl - T_2 a + T_1 b = 0$$

이므로

$$F = \frac{Q(a + be^{\mu\theta})}{l(e^{\mu\theta} - 1)}$$ ········································ (12-19)

• 좌회전할 때

장력 $T_1$과 $T_2$는 우회전할 때의 반대가 되므로

$$F = \frac{Q(ae^{\mu\theta} + b)}{l(e^{\mu\theta} - 1)}$$ ········································ (12-20)

## (2) 제동 토크와 동력

브레이크 드럼의 지름을 $D$, 원주 속도를 $v$라고 하면 제동 토크 $T$와 제동 동력 $H$는 다음 식으로 구할 수 있다.

$$T = Q \cdot \frac{D}{2}$$ ········································ (12-21)

$$H = Qv$$ ········································ (12-22)

## (3) 밴드의 치수

밴드의 폭을 $b$, 두께를 $t$, 허용 인장응력을 $\sigma_t$, 밴드의 긴장측 장력을 $T_1$이라 하면

$$\sigma_t = \frac{T_1}{bt}\text{에서}$$

$$t = \frac{T_1}{\sigma_t b} \quad\cdots\cdots\cdots\cdots\cdots\cdots\cdots\cdots\cdots\cdots\cdots\cdots (12\text{--}23)$$

**Q 예제 12-7**

그림과 같은 밴드 브레이크에서 제동 토크를 구하여라.
(단, 브레이크 레버 끝에 가하는 힘 $F = 200\,\text{N}$, $e^{\mu\theta} = 3$
이다.)

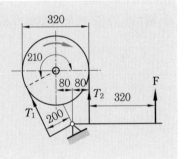

**해설** $Q = \dfrac{Fl(e^{\mu\theta}-1)}{b-ae^{\mu\theta}} = \dfrac{200\times400(3-1)}{80-200\times3} = 307.69\,\text{N}$

$$\therefore T = Q \cdot \frac{D}{2} = 307.69 \times \frac{320\times10^{-3}}{2} = 49.23\,\text{J}$$

# 4. 축압 브레이크

　브레이크를 축 방향으로 밀어 그 마찰력으로 제동하는 브레이크를 축압(軸壓) 브레이크라고 하며, **원판 브레이크**와 **원추 브레이크**가 있다.
　원판 브레이크는 그림 12-7과 같이 마찰 면이 원판으로 된 브레이크로 마찰 면의 수에 따라 **단판**(單板) **브레이크**와 **다판**(多板) **브레이크**가 있다.

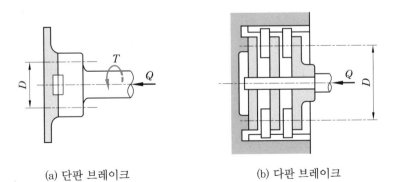

(a) 단판 브레이크　　　　　(b) 다판 브레이크

그림 12-7　원판 브레이크

단판 브레이크에서 축 방향으로 미는 힘(스러스트)을 $Q$, 원판의 평균 지름을 $D$, 평균 지름에서의 제동력을 $P$라 하면 $P = \mu Q$이므로 제동 토크 $T$는

$$T = \mu Q \cdot \frac{D}{2} = P \cdot \frac{D}{2} \quad \text{.....................} (12-24)$$

다판 브레이크에서 마찰 면, 즉 원판의 수를 $z$라 하면 제동력 $P$는

$$P = z \mu Q$$

가 된다. 다음 제동 동력 $H$를 구하면

$$H = Pv = \mu Q v \quad \text{.........................} (12-25)$$

여기서, $v$는 원판의 평균 지름 $D$[mm]에서의 원주 속도로 회전수를 $n$[rpm]이라 하면

$$v = \frac{\pi D n}{60 \times 1000} [\text{m/s}]$$

# 5. 래칫 휠

래칫 휠(ratchet wheel)은 **폴**(pawl)과 조합하여 축의 역회전 방지, 분할 작업 또는 동력과 토크를 한 방향으로 전달하고자 하는 곳에 사용되며, 브레이크의 일부로서 병용(竝用)되는 일이 많으므로 브레이크의 일종이라고 생각해도 좋다.

래칫 휠에는 그림 12-8과 같이 외측 래칫 휠과 내측 래칫 휠이 있으나 보통 외측의 경우가 많이 사용된다.

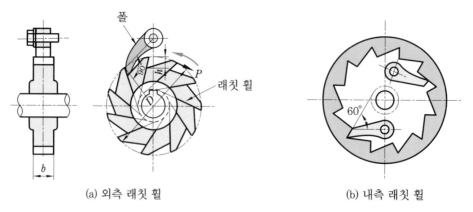

(a) 외측 래칫 휠            (b) 내측 래칫 휠

그림 12-8 래칫 휠

그림 12-8(a)에서 폴에 걸리는 힘을 $P$, 래칫 휠에 걸리는 토크를 $T$, 래칫 휠의 폭을 $b$, 이의 높이를 $h$, 래칫 휠의 외접원 지름을 $D$, 이에 걸리는 면압(面壓)을 $q$라 하면

$$\left.\begin{array}{l} T = P \cdot \dfrac{D}{2} \\[2mm] q = \dfrac{P}{bh} \end{array}\right\} \quad \text{(12-26)}$$

# 6. 플라이휠

플라이휠(flywheel)은 회전하는 기계에서 큰 관성 모멘트에 의한 변동 토크가 발생하는 경우, 운동 에너지의 축적 및 방출을 통해 속도나 운동 에너지를 조정하는 일종의 브레이크와 같은 장치의 하나이다. 즉, 플라이휠은 기계의 회전 속도 변동을 어느 한정된 범위 내로 유지하는 작용을 한다. 그림 12-9는 암식(arm type) 플라이휠을 나타낸 것이다.

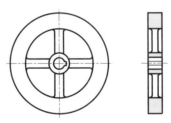

그림 12-9　암식 플라이휠

플라이휠의 최대 각속도를 $\omega_1$, 최소 각속도를 $\omega_2$, 평균 각속도를 $\omega$라고 하면 **속도 변동률** $\delta$는

$$\delta = \frac{\omega_1 - \omega_2}{\omega} \quad \text{(12-27)}$$

로 정의된다. 여기서 평균 각속도 $\omega$는 근사적으로

$$\omega = \frac{\omega_1 + \omega_2}{2} \quad \text{(12-28)}$$

이다.

1. 드럼의 지름이 500 mm인 브레이크 드럼축에 98.1 J의 토크가 작용하고 있다. 블록 브레이크를 사용하여 축을 멈추기 위해서는 블록에 몇 kN의 힘을 가해야 하는가? (단, 접촉부의 마찰계수는 0.2이다.)

2. 단식 블록 브레이크에서 브레이크 드럼의 지름이 450 mm, 블록을 브레이크 드럼에 밀어 붙이는 힘이 1.96 kN인 경우 브레이크 드럼에 작용하는 제동 토크는 몇 J인가? (단, 접촉부의 마찰계수는 0.2이다.)

3. 브레이크 드럼축에 554.27 J의 토크가 작용하고 있을 때, 이 축을 정지시키는 데 필요한 제동력을 구하여라. (단, 브레이크 드럼의 지름은 500 mm이다.)

4. 다음 그림과 같은 블록 브레이크에서 드럼축에 156.96 J의 제동 토크를 발생시키기 위해, 레버 끝에 $F = 981$ N의 힘이 필요한 경우 레버의 길이 $a$는 몇 mm이어야 하는가? (단, 블록과 드럼 사이의 마찰계수는 0.2이다.)

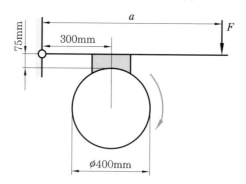

5. 브레이크의 드럼 지름이 300 mm, 접촉각이 1.5 rad, 폭이 15 mm의 블록 브레이크가 3 kW의 동력을 전달하고 있을 때 브레이크의 용량은 약 몇 MPa·m/s인가?

6. 드럼의 지름이 600 mm인 단동식 밴드 브레이크에서 밴드의 두께가 6 mm, 폭이 50 mm, 마찰 계수가 0.3, 접촉각이 250°, 밴드의 허용 인장응력이 6 MPa이면 제동 토크는 몇 J인가?

7. 래칫 휠에 걸리는 토크가 800 J, 래칫 휠의 이끝원 지름 300 mm, 이 높이 10 mm, 이 폭은 15 mm일 때, 래칫 휠의 면 압력을 구하여라.

# 스프링

제13장

# 스프링

## 1. 스프링의 종류와 용도

스프링(spring)은 넓은 의미에서 탄성(彈性, elasticity)을 이용하는 것을 주목적으로 하는 기계요소로 정의하며, 우리말로는 코일 스프링(coil spring)이 용의 수염과 비슷하다는 뜻으로 용수철(龍鬚鐵)이라고 부른다. 스프링은 탄성이 큰 재료를 특별한 모양 또는 구조로 만들어, 이에 하중이 가해지면 변형을 일으켜서 탄성 에너지를 저장하고, 하중을 제거하면 에너지를 방출한다. 스프링은 다음과 같은 용도에 주로 사용된다.

① 하중원(荷重源)으로서 일정한 누르는 힘, 또는 당기는 힘을 필요로 하는 밸브 스프링(valve spring) 등에 이용된다.

② 하중과 변형과의 비례 관계를 이용하여 저울이나 안전 밸브 등에 사용된다.

③ 에너지원으로서 시계나 계기류(計器類) 등에 사용되며, 태엽 스프링(spiral spring)이 여기에 해당된다.

④ 진동이나 충격을 흡수하여 완화하는 목적으로 사용된다.

스프링의 종류는 모양 또는 재료, 용도 등의 여러 가지 방법에 의하여 분류된다. 그림 13-1은 스프링을 모양에 따라 분류한 것이다.

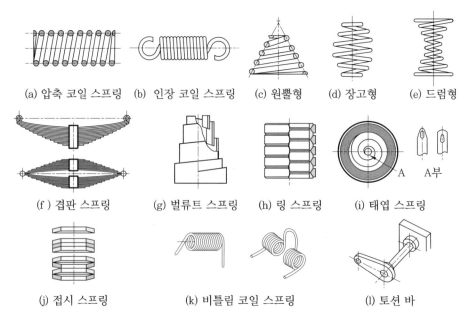

(a) 압축 코일 스프링  (b) 인장 코일 스프링  (c) 원뿔형  (d) 장고형  (e) 드럼형

(f) 겹판 스프링  (g) 벌류트 스프링  (h) 링 스프링  (i) 태엽 스프링

(j) 접시 스프링  (k) 비틀림 코일 스프링  (l) 토션 바

그림 13-1 모양에 따른 스프링의 종류

# 2. 스프링 상수 및 탄성 변형 에너지

**2-1** ◦ 스프링 상수

그림 13-2(a)와 같이 스프링에 하중 $P$가 작용하였을 때 발생된 변형을 $\delta$라고 하면, 하중의 크기와 변형의 관계는 그림 13-2(b) A, B, C와 같이 스프링의 특성에 따라 다르게 나타난다. 이들 중 직선 A와 같이 $P$와 $\delta$가 비례하는 선형(線形) 스프링에서는 다음의 관계식이 성립한다.

$$P = k\delta \quad\cdots\cdots\cdots\cdots\cdots\cdots\cdots\cdots\cdots\cdots\cdots\cdots\cdots\cdots\cdots\cdots\cdots\cdots (13\text{-}1)$$

여기서 $k[\text{N/mm}]$는 단위 변형을 일으키는 데 필요한 힘(하중)으로서 **스프링 상수** (spring constant)라 하며, 변형에 대한 강성을 나타내는 중요한 스프링의 특성 값이 된다.

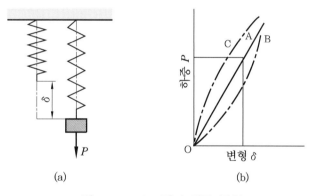

(a)　　　　　　　　　　(b)

**그림 13-2 스프링의 하중 특성**

마찬가지로 비틀림 스프링에서 토크를 $T$, 비틀림 각을 $\theta[\text{rad}]$라 하면 탄성한도 이내에서 $T$와 $\theta$는 역시 비례한다. 따라서

$$T = k\theta \quad\cdots\cdots\cdots\cdots\cdots\cdots\cdots\cdots\cdots\cdots\cdots\cdots\cdots\cdots\cdots\cdots\cdots\cdots (13\text{-}2)$$

가 되며 이 경우 $k[\text{J/rad}]$가 스프링 상수가 된다.

또한, 스프링을 그림 13-3과 같이 몇 개로 조합시키면 1개의 스프링으로 얻을 수 없는 특성을 얻을 수 있다. 이 조합의 기본 방식에는 직렬(直列)과 병렬(竝列)의 두 가지 방식이 있다.

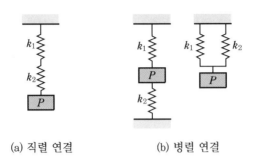

(a) 직렬 연결　　　　　(b) 병렬 연결

그림 13-3　조합 스프링

그림 13-3에서 각각의 스프링 상수를 $k_1$, $k_2$, $k_3$, … 라 하고, 이들 조합된 스프링 상수를 1개의 상당한 스프링 상수 $k$로 나타내면 다음과 같다.

$$\left.\begin{array}{l} \text{병렬의 경우} : \ k = k_1 + k_2 + k_3 + \cdots \\[2mm] \text{직렬의 경우} : \ \dfrac{1}{k} = \dfrac{1}{k_1} + \dfrac{1}{k_2} + \dfrac{1}{k_3} + \cdots \end{array}\right\} \ \cdots\cdots (13\text{-}3)$$

### Q 예제 13-1

그림 13-3(a)와 같이 직렬로 연결된 스프링 장치에서 변형량이 40 mm 일 때, 하중 $P$ 를 구하여라.(단, $k_1 = 40 \ \text{N/cm}$, $k_2 = 30 \ \text{N/cm}$ 이다.)

**해설** $\dfrac{1}{k} = \dfrac{1}{k_1} + \dfrac{1}{k_2}$ 에서

$$k = \cfrac{1}{\dfrac{1}{k_1} + \dfrac{1}{k_2}} = \cfrac{1}{\dfrac{1}{40} + \dfrac{1}{30}} = 17.15 \ \text{N/cm}$$

$$\therefore P = k\delta = 17.15 \times 4 = 68.6 \ \text{N}$$

### 2-2 ● 탄성 변형 에너지

인장 또는 압축 코일 스프링에 하중 $P$ 가 작용되어 $\delta$ 의 변형이 발생되었을 때, 탄성 변형에 의하여 스프링 내부에 저장되는 탄성 변형 에너지 $U$ 는 다음과 같다.

$$U = \frac{1}{2} P\delta = \frac{1}{2} k\delta^2 \ \cdots\cdots\cdots (13\text{-}4)$$

또한, 비틀림 스프링에서 토크 $T$ 가 작용되어 $\theta$ 의 각도만큼 비틀렸을 때 스프링 내부에 저장된 탄성 에너지 $U$ 는 다음과 같다.

$$U = \frac{1}{2} T\theta \quad \cdots\cdots\cdots\cdots\cdots\cdots\cdots\cdots\cdots\cdots\cdots\cdots\cdots\cdots\cdots\cdots\cdots\cdots (13-5)$$

이들 저장된 탄성 변형 에너지는 스프링이 복원(復原)할 때 저장된 에너지만큼 외부에 일을 하게 된다.

## 3. 원통 코일 스프링

그림 13-4와 같은 원통 코일 스프링에 축 방향으로 하중 $P$가 작용할 때, 축하중 $P$는 피치 각 $\alpha$만큼 경사지게 감겨진 소선(素線)의 방향과 같은 방향의 인장력 $N$과 직각 방향의 전단력 $F$로 분해할 수 있다. 즉

$$N = P \sin\alpha$$
$$F = P \cos\alpha$$

이 두 힘에 의해서 소선에는 굽힘 모멘트 $M$과 비틀림 모멘트 $T$가 발생하며 다음과 같다.

$$M = PR \sin\alpha$$
$$T = PR \cos\alpha$$

일반적으로 코일 스프링은 밀접(密接) 감김으로 피치 각 $\alpha$가 대단히 작기 때문에 $\sin\alpha \fallingdotseq 0$, $\cos\alpha \fallingdotseq 1$로 생각할 수 있으므로, 인장력 $N$과 굽힘 모멘트 $M$의 영향은 무시할 수 있고, 전단력 $F = P$, 비틀림 모멘트 $T = PR$로 볼 수 있다. 따라서 전단력 $F$와 비틀림 모멘트 $T$에 의한 전단응력과 비틀림 응력을 각각 $\tau_1$, $\tau_2$라고 하면

$$\tau_1 = \frac{P}{\dfrac{\pi d^2}{4}} = \frac{4P}{\pi d^2}$$

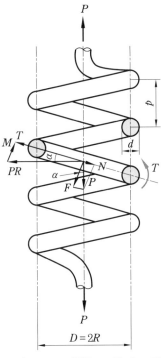

그림 13-4 원통 코일 스프링

이고, $T = PR = \tau_2 Z_P = \tau_2 \dfrac{\pi d^3}{16}$ 에서

$$\tau_2 = \frac{16PR}{\pi d^3}$$

이 된다. 이들 $\tau_1$과 $\tau_2$의 방향은 서로 같으므로 스프링 소선에 생기는 합성 전단응력 $\tau$는 다음과 같이 구할 수 있다.

$$\tau = \tau_1 + \tau_2$$

$$= \frac{4P}{\pi d^2} + \frac{16PR}{\pi d^3} = \frac{16PR}{\pi d^3}\left(1 + \frac{d}{4R}\right) = \frac{16PR}{\pi d^3}\left(1 + \frac{d}{2D}\right) \quad\cdots\cdots\cdots\cdots\cdots (13-6)$$

원통형 코일 스프링에서 코일의 평균 지름 $D$와 소선 지름 $d$와의 비 $C = \dfrac{D}{d}$를 **스프링 지수**(spring index)라고 한다. 스프링 지수 값은 보통 $4\sim10$으로 취하며, 4 이하가 되면 스프링을 제조할 때 코일링(coiling) 작업이 곤란하다. 따라서 식 (13-6)에서 $\dfrac{d}{2D}$는 1에 대하여 무시할 수 있으므로

$$\tau = \frac{16PR}{\pi d^3} = \frac{8PD}{\pi d^3} \quad\cdots\cdots\cdots\cdots\cdots\cdots\cdots\cdots\cdots\cdots\cdots\cdots\cdots\cdots\cdots\cdots\cdots\cdots (13-7)$$

가 된다. 그러나 이 응력은 코일의 곡률(曲率)과 전단력의 영향을 무시하고 있으므로 이들의 요인(要因)을 고려한 수정식(修正式)들이 제안되고 있다. 일반적으로 많이 사용하는 **A. M. Wahl에 의한 수정식**은 다음과 같다.

$$\tau = K\frac{16PR}{\pi d^3} = \left(\frac{4C-1}{4C-4} + \frac{0.615}{C}\right)\frac{16PR}{\pi d^3} \quad\cdots\cdots\cdots\cdots\cdots (13-8)$$

여기서, $K$를 **응력 수정계수**, 또는 **Wahl의 응력계수**라고 부르며 이 값은 스프링 지수 $C$가 작을수록 커진다.

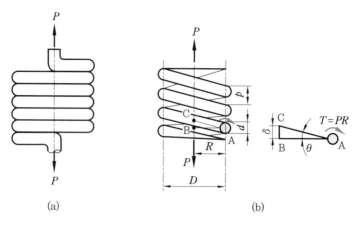

(a)  (b)

**그림 13-5 코일 스프링의 처짐**

다음, 스프링의 처짐을 구하면, 이 경우에도 비틀림 모멘트 $T = PR$ 만에 의해 처짐이 일어난다고 생각할 수 있다. 그림 13-5와 같이 소선의 유효(有效) 길이가 $L$이고, 유효 감김 수가 $n$인 원통형 코일 스프링이 축 방향으로 하중 $P$를 받아 $\delta$의 처짐이 발생하였다고 하자. 이때 소선의 전단 탄성계수를 $G$, 극단면 2차 모멘트를 $I_P$, 비틀림 각을 $\theta$라고 하면

$$\theta = \frac{TL}{GI_P} = \frac{32PRL}{G\pi d^4}$$

가 된다. 여기에서 $L = \pi D n = 2\pi R n$이고, 처짐량 $\delta = R\theta$이므로

$$\delta = R\theta = R\frac{32PR \cdot 2\pi Rn}{G\pi d^4}$$

$$= \frac{64nPR^3}{Gd^4} = \frac{8nPD^3}{Gd^4} \quad \cdots\cdots\cdots\cdots\cdots\cdots\cdots\cdots\cdots\cdots (13-9)$$

또, $P = k\delta$에서

$$k = \frac{P}{\delta} = \frac{Gd^4}{8nD^3} \quad \cdots\cdots\cdots\cdots\cdots\cdots\cdots\cdots\cdots\cdots (13-10)$$

스프링에 하중이 작용하지 않고 있을 때의 높이를 **자유 높이**라 하며, 코일의 평균 지름 $D$와 자유 높이 $H$와의 비를 **종횡비**(縱橫比)라고 한다. 따라서 종횡비 $r$은 다음과 같다.

$$r = \frac{H}{D} \quad \cdots\cdots\cdots\cdots\cdots\cdots\cdots\cdots\cdots\cdots\cdots (13-11)$$

**Q 예제 13-2**

소선의 지름 3 mm, 스프링의 평균 지름 30 mm, 유효 감김 수 15인 코일 스프링에 50 N의 하중을 가했을 때, 25 mm의 처짐이 생겼다면 이 스프링 재료의 전단 탄성계수를 구하여라.

**[해설]** $\delta = \dfrac{8nPD^3}{Gd^4}$ 에서

$$G = \frac{8nPD^3}{\delta d^4} = \frac{8 \times 15 \times 50 \times 30^3}{25 \times 3^4} = 80 \times 10^3 \, \text{N/mm}^2 = 80 \, \text{GPa}$$

**Q 예제 13-3**

스프링 지수 $C = 8$인 압축 코일 스프링에 700 N의 하중을 받을 수 있는 스프링을 제작하려고 한다. 스프링 재료로 허용 전단응력이 $\tau_a = 300$ MPa이고, 전단 탄성계수 $G = 80$ GPa인 경강선을 사용할 때, 소선의 지름을 구하여라.

**해설** 먼저, 응력 수정계수 $K$를 구하면

$$K = \frac{4C-1}{4C-4} + \frac{0.615}{C} = \frac{4 \times 8 - 1}{4 \times 8 - 4} + \frac{0.615}{8} = 1.184$$

$$\tau = K\frac{8PD}{\pi d^3} = K\frac{8PC}{\pi d^2} \text{에서} \left( C = \frac{D}{d} \text{이므로} \right)$$

$$d = \sqrt{\frac{8KPC}{\pi\tau}} = \sqrt{\frac{8 \times 1.184 \times 700 \times 8}{3.14 \times 300}} = 7.5 \text{ mm}$$

**Q 예제 13-4**

어느 엔진 밸브에 사용되고 있는 코일 스프링의 평균 지름이 40 mm이다. 스프링에 의한 밸브의 최대 변위량은 13 mm이고, 이때 스프링에 작용하는 하중은 200 N이다. 스프링 소선의 허용 전단응력 $\tau_a = 150$ MPa일 때, 다음 물음에 답하여라.(단, 전단 탄성계수 $G = 82$ GPa, 응력 수정계수 $K = 1$이다.)

① 소선의 지름

② 코일의 감김 수

**해설** ① $\tau_a = K\frac{8PD}{\pi d^3}$에서,

$$d = \sqrt[3]{\frac{8KPD}{\pi\tau_a}} = \sqrt[3]{\frac{8 \times 1 \times 200 \times 40}{3.14 \times 150}} = 5.14 \text{ mm}$$

② $\delta = \frac{8nPD^3}{Gd^4}$에서,

$$n = \frac{\delta Gd^4}{8PD^3} = \frac{13 \times 82 \times 10^3 \times 5.14^4}{8 \times 200 \times 40^3} = 7.27 = 8$$

# 4. 판스프링

판스프링은 판자(板子) 모양으로 된 재료의 굽힘 탄성을 이용한 스프링으로, 한 장으로 된 **단일판 스프링**과 두 장 이상을 겹쳐서 만든 **겹판 스프링**이 있다.

## 4-1 ◦ 단일판 스프링

### (1) 외팔보형 단일판 스프링

그림 13-6과 같은 외팔보(cantilever beam) 형태의 단일판 스프링에서 자유단(自由端)에 수직 하중 $P$가 작용할 때, 최대 굽힘 응력은 고정단(固定端)에서 발생하며, 최대 처짐은 자유단에서 발생한다.

판의 길이가 $l$, 두께가 $h$, 고정단에서의 폭이 $b$이고 자유단에서의 폭은 $b'$로 일정하게 변화한다면 최대 굽힘 응력 $\sigma_{\max}$과 최대 처짐 $\delta_{\max}$은 다음과 같다.

관성 모멘트 $I=\dfrac{bh^3}{12}$, 단면계수 $Z=\dfrac{bh^2}{6}$ 이므로

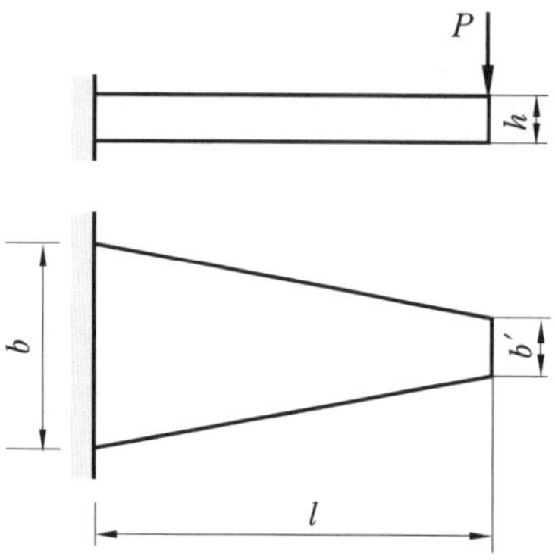

그림 13-6 외팔보형 단일판 스프링

$$\left.\begin{aligned}\sigma_{\max} &= \frac{M_{\max}}{Z} = \frac{Pl}{Z} = \frac{Pl}{\dfrac{bh^2}{6}} = \frac{6Pl}{bh^2} \\ \delta_{\max} &= K\frac{Pl^3}{3EI} = K\frac{Pl^3}{3E\cdot\dfrac{bh^3}{12}} = K\frac{4Pl^3}{Ebh^3}\end{aligned}\right\} \quad\cdots\cdots (13\text{-}12)$$

여기서, $K$는 폭의 변화에 따라 정해지는 **형상 수정계수**로서 폭이 일정한 경우 $(b=b')$ $K=1$이다. 표 13-1은 폭의 변화에 따른 $K$ 값을 나타낸 것이다.

표 13-1 판스프링에서의 폭 변화에 따른 형상 수정계수($K$)

| $\dfrac{b'}{b}$ | 0 | 0.1 | 0.2 | 0.3 | 0.4 | 0.5 | 0.6 | 0.7 | 0.8 | 0.9 | 1.0 |
|---|---|---|---|---|---|---|---|---|---|---|---|
| $K$ | 1.50 | 1.39 | 1.32 | 1.25 | 1.20 | 1.16 | 1.12 | 1.09 | 1.05 | 1.03 | 1.00 |

## (2) 양단 지지형 단일판 스프링

그림 13-7과 같이 양 끝단이 지지되어 있는 단순보(simple beam) 형태의 단일판 스프링에서, 중앙에 하중 $P$가 작용하면 최대 굽힘 모멘트와 최대 처짐은 스프링 중앙에서 발생하게 된다. 따라서 최대 굽힘 응력 $\sigma_{\max}$과 최대 처짐 $\delta_{\max}$은 다음과 같다.

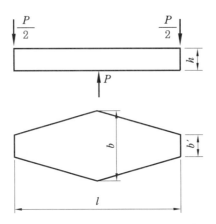

**그림 13-7 양단 지지형 단일판 스프링**

$$
\left.
\begin{aligned}
\sigma_{\max} &= \frac{M_{\max}}{Z} = \frac{\frac{P}{2} \times \frac{l}{2}}{\frac{bh^2}{6}} = \frac{3Pl}{2bh^2} \\
\delta_{\max} &= K \cdot \frac{Pl^3}{48EI} = K \cdot \frac{Pl^3}{48E \cdot \frac{bh^3}{12}} = K \cdot \frac{Pl^3}{4Ebh^3}
\end{aligned}
\right\} \quad \cdots\cdots (13\text{-}13)
$$

여기서 $K$는 폭의 변화에 따른 형상 수정계수로서 표 13-1과 같으며, 폭이 일정한 경우$(b=b')$ $K=1$이다.

## 4-2 ○ 겹판 스프링

겹판 스프링은 그림 13-8과 같이 길이가 서로 다른 판을 같은 폭으로 끊어서 U볼트, 클립(clip) 등으로 고정하여 제작한다. 이때 가장 긴 판을 **모판**(母板)이라 하며, 어느 한 장이 끊어지더라도 그 판스프링만을 바꿈으로써 재생해서 사용할 수 있다. 겹판 스프링은 자동차와 철도 차량의 현가장치(懸架裝置,

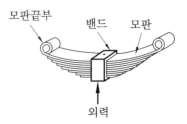

**그림 13-8 겹판 스프링의 구조**

suspension system)에 널리 사용되고 있다.

## (1) 외팔보형 겹판 스프링

그림 13-9(a)와 같은 외팔보 형태의 겹판 스프링은 고정단 쪽에는 여러 개의 판이 겹쳐지지만 자유단 쪽에는 1개의 판으로 구성되어 전체적으로는 판의 두께가 변화하는 것으로 볼 수 있다. 따라서 판 두께가 균일한 외팔보로 해석하기 위해서는 이에 상당하는 두께가 균일한 외팔보의 단일판 스프링으로 모형화한다.

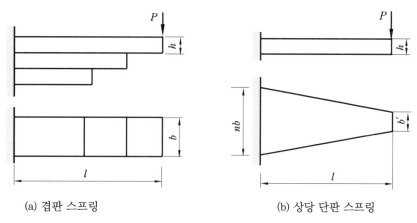

(a) 겹판 스프링  (b) 상당 단판 스프링

**그림 13-9  외팔보형 겹판 스프링**

판의 두께를 $h$, 판의 폭을 $b$, 판의 수를 $n$이라 하면 그림 13-9(b)와 같이 상당 단판 스프링으로 나타낼 수 있다. 여기서 그림 (a)와 같이 판 폭이 $b$로 균일하다면 자유단에서의 판 폭 $b' = b$가 된다.

따라서, 최대 굽힘 응력 $\sigma_{\max}$은 외팔보형 단일판 스프링일 때와 마찬가지로 고정단에서 발생하고 최대 처짐 $\delta_{\max}$은 자유단에서 발생하므로 식 (13-12)에서

$$\left.\begin{array}{l} \sigma_{\max} = \dfrac{6Pl}{nbh^2} \\[3mm] \delta = K \cdot \dfrac{4Pl^3}{Enbh^3} \end{array}\right\} \quad \text{(13-14)}$$

가 된다. 여기서 $K$는 폭의 변화에 따른 형상 수정계수로서 표 13-2와 같다.

**표 13-2  외팔보형 겹판 스프링에서의 폭 변화에 따른 형상 수정계수($K$)**

| $\dfrac{b'}{nb}$ | 0 | 0.1 | 0.2 | 0.3 | 0.4 | 0.5 | 0.6 | 0.7 | 0.8 | 0.9 | 1.0 |
|---|---|---|---|---|---|---|---|---|---|---|---|
| $K$ | 1.50 | 1.39 | 1.32 | 1.25 | 1.20 | 1.16 | 1.12 | 1.09 | 1.05 | 1.03 | 1.00 |

## (2) 양단 지지형 겹판 스프링

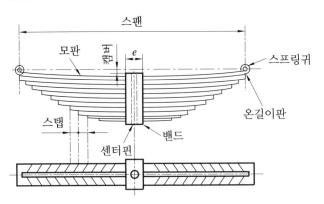

그림 13-10  양단 지지형 겹판 스프링

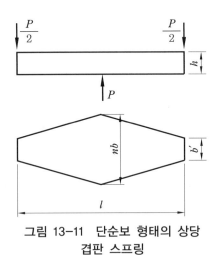

그림 13-11  단순보 형태의 상당
겹판 스프링

    단순보 형태의 양단 지지형 겹판 스프링은 그림 13-10과 같이 중앙에는 여러 개의 판이 겹쳐지지만 양 끝단은 1개의 판으로 구성된다. 따라서 스프링 해석은 의팔보형 겹판 스프링일 때와 마찬가지로 그림 13-11과 같이 단순보 형태의 상당 겹판 스프링으로 해석한다. 즉, 판 폭이 $b$, 판의 수가 $n$개라면 중앙에서의 상당 겹판 스프링 폭은 $nb$가 된다.

    스팬(span)이 $l$이고, 판의 수가 $n$개인 양단 지지형 겹판 스프링에서 중앙에 하중 $P$가 작용한다면 최대 굽힘 모멘트와 최대 처짐은 스프링 중앙에서 발생하게 된다. 따라서 최대 굽힘 응력 $\sigma_{\max}$과 최대 처짐 $\delta_{\max}$은 식 (13-13)에서

$$\left.\begin{array}{l} \sigma_{\max} = \dfrac{3Pl}{2nbh^2} \\[4mm] \delta_{\max} = K\dfrac{Pl^3}{4Enbh^3} \end{array}\right\} \quad \cdots\cdots\cdots\cdots\cdots\cdots\cdots\cdots\cdots\cdots\cdots\cdots\cdots\cdots\cdots\cdots\cdots\cdots (13\text{-}15)$$

여기서 $K$는 폭의 변화에 따른 형상 수정계수로서 표 13-2와 같다.

1. 스프링 상수가 $8\,\text{N/cm}$, 하중이 $40\,\text{N}$일 때 처짐을 구하여라.

2. 하중 $3\,\text{kN}$이 걸리는 압축 코일 스프링의 변형량이 $10\,\text{mm}$일 때, 스프링 상수는 몇 $\text{N/mm}$인가?

3. 장력이 있는 코일 스프링에서 $1\,\text{cm}$ 늘리는 데 필요한 힘이 $5\,\text{N}$이고, $2\,\text{cm}$를 늘리는 데 필요한 힘은 $8\,\text{N}$이면 초기 장력은 몇 $\text{N}$인가?

4. 그림과 같은 스프링 장치에서 $P=150\,\text{N}$의 하중을 매달면 처짐은 몇 cm가 되는가? (단, 스프링 상수 $k_1=20\,\text{N/cm}$, $k_2=40\,\text{N/cm}$이다.)

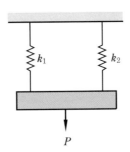

5. 그림과 같은 스프링 장치에서 각 스프링의 상수 $k_1=40\,\text{N/cm}$, $k_2=50\,\text{N/cm}$, $k_3=60\,\text{N/cm}$이다. 하중 방향의 처짐이 $150\,\text{mm}$일 때, 작용하는 하중 $P$는 약 몇 $\text{N}$인가?

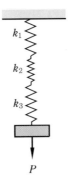

6. 코일 스프링에서 하중 $2\,\text{N}$, 소선 지름을 $2\,\text{mm}$, 스프링 평균 지름을 $20\,\text{mm}$라 할 때, 코일에 생기는 전단응력을 구하여라.(단, 응력 수정계수 $K=1.14$이다.)

7. 다음 그림과 같은 조합 스프링에서 스프링 상수 $k_1 = k_2 = 10 \, \text{N/cm}$일 때 합성 스프링 상수를 구하여라.

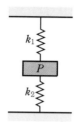

8. 코일의 지름이 $50 \, \text{mm}$, 유효 감김 수 $n = 8$, 소선의 지름 $d = 6 \, \text{mm}$, 전단 탄성계수 $G = 8 \, \text{GPa}$의 압축 코일 스프링에 $15 \, \text{N}$의 하중이 작용할 때 몇 mm만큼 처지는가?

9. 스프링 지수 $C = 5$인 코일 스프링이 축 하중 $600 \, \text{N}$을 받아서 $20 \, \text{cm}$의 처짐이 생겼다. 이 스프링 소재의 지름을 구하여라.(단, 유효 감김 수 $n = 10$, 스프링 소재의 전단 탄성계수 $G = 8 \, \text{GPa}$이다.)

10. 스프링 상수 $2 \, \text{N/mm}$의 코일을 만들어 $8 \, \text{N}$의 무게를 달았다. 소선은 $2 \, \text{mm}$의 피아노선이고 코일의 유효 감김 수 $n = 8$일 때 코일의 지름은 얼마인가?(단, 전단 탄성계수 $G = 8 \, \text{GPa}$이다.)

11. 코일의 평균 지름이 $60 \, \text{mm}$, 유효 감김 수 10, 소선 지름 $6 \, \text{mm}$, 전단 탄성계수 $78.48 \, \text{GPa}$인 코일 스프링이 하중 $490 \, \text{N}$을 받을 때, 처짐은 약 몇 mm가 되는가?

12. 하중이 $4 \, \text{kN}$ 작용하였을 때 처짐이 $100 \, \text{mm}$ 발생하는 코일 스프링의 소선 지름은 $20 \, \text{mm}$이다. 이 스프링의 유효 감김 수를 구하여라.(단, 스프링 지수는 10이고, 스프링 재료의 전단 탄성계수는 $80 \, \text{GPa}$이다.)

13. 길이 $400 \, \text{mm}$, 두께 $5 \, \text{mm}$, 폭 $45 \, \text{mm}$, 판 수 4개인 단면이 균일한 외팔보형 겹판 스프링에서 견딜 수 있는 최대 하중을 구하여라.(단, 판의 허용응력 $\sigma_a = 25 \, \text{MPa}$이다.)

# 관과 밸브

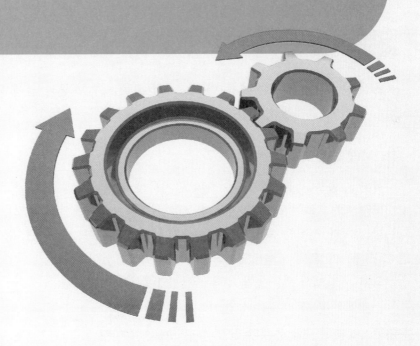

# 제 14 장 관과 밸브

## 1. 관과 관이음

물, 수증기, 가스 및 기름 등의 유체를 수송하기 위해 관(管, pipe)을 사용하고, 관을 잇는 것을 관이음이라고 한다.

### 1-1 ○ 관의 종류

관은 재질적으로 볼 때 금속관과 비금속관이 있는데, 금속관에는 주철관, 강관, 동관, 황동관, 납관, 알루미늄관, 휨관(flexible pipe) 등이 있고, 비금속관에는 철근 콘크리트관, 고무관, 염화비닐관 등이 있다. 또, 관을 사용 목적에 따라 분류하면 수도용, 압력 배관용, 열 교환기용, 구조용 등이 있다.

### 1-2 ○ 관의 설계

관은 수송하는 유체의 종류, 압력, 유량(流量), 부식 등과 열에 의한 수축과 팽창 등을 고려하여 설계해야 한다.

### (1) 유량과 관의 안지름

유체 수송을 목적으로 하는 관의 안지름은 유량과 유속(流速)으로부터 결정된다. 관내(管內)를 흐르는 유체의 속도 분포는 관 벽 가까이에서는 늦고, 관의 중앙에서는 빠르나 유체가 일정한 속도, 즉 평균 속도 $v$로 흐른다고 가정하면 유량은 유체의 질량 보존의 법칙에 의한 연속방정식으로부터 구할 수 있다.

그림 14-1에서 밀도 $\rho$인 유체가 단면 1에서 1′로, 단면 2에서 2′로 $dt$시간 동안 $ds_1$, $ds_2$만큼 움직였다면, 이때 통과한 유체의 질량 $m_1$과 $m_2$는 같아야 한다. 따라서 질량＝밀도×체적이므로

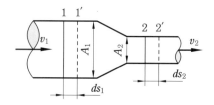

그림 14-1 질량 보존의 법칙

$$\rho A_1 ds_1 = \rho A_2 ds_2$$

여기서 양 변을 유체의 흐름 시간 $dt$로 나누면

$$\rho A_1 \frac{ds_1}{dt} = \rho A_2 \frac{ds_2}{dt}$$

$$\rho A_1 v_1 = \rho A_2 v_2$$

$$\therefore Q = A_1 v_1 = A_2 v_2 \quad \cdots\cdots\cdots\cdots\cdots\cdots\cdots\cdots\cdots\cdots\cdots (14-1)$$

가 된다. 여기서 $v_1$과 $v_2$는 단면 1과 2에서의 유체의 평균 속도이고, $Q$를 **체적유량** $[\mathrm{m^3/s}]$ 또는 **유량**이라고 한다.

따라서 유체의 관로 흐름에서 관의 안지름을 $D$라 하면 유량 $Q = Av$에서

$$\left. \begin{array}{l} Q = \dfrac{\pi D^2}{4} v \\[2mm] D = \sqrt{\dfrac{4Q}{\pi v}} \end{array} \right\} \quad \cdots\cdots\cdots\cdots\cdots\cdots\cdots\cdots\cdots\cdots (14-2)$$

식 (14-2)에서 평균 유속을 크게 하면 관의 안지름은 작아지나, 유체의 난류현상에 의한 마찰 손실이 커져 표 14-1과 같이 적당한 속도 값을 적용한다.

표 14-1  용도에 따른 관내 평균 유속($v$)의 기준

| 유 체 | 용 도 | | 유속[m/s] |
|---|---|---|---|
| 물 | 상수도(장거리) | | 0.5~0.7 |
| | 상수도(중거리) | | ~1 |
| | 상수도(근거리) | 지름 3~15 mm | ~0.5 |
| | | 지름 3~30 mm | ~1 |
| | | 지름 3~100 mm | ~2 |
| | 수력발전소 도수관(導水管) | | 2~2.5 |
| | 소방용 호스 | | 6~10 |
| | 저수두(低水頭) 원심펌프 흡입·배출관 | | 1~2 |
| | 고수두(高水頭) 원심펌프 흡입·배출관 | | 2~4 |
| | 왕복펌프 흡입관(긴 관) | | 0.5~0.7 |
| | 왕복펌프 흡입관(짧은 관) | | 0.7~1 |
| | 왕복펌프 토출관(긴 관) | | 1 |
| | 왕복펌프 토출관(짧은 관) | | 2 |
| | 난방탕관(暖房湯管) | | 0.1~3 |

| | | |
|---|---|---|
| 공기 | 압축기 흡입관, 동고압(同高壓) 배출관, 내연기관 흡입관 | 10~20 |
| | 압축기, 저압 배출관 | 10~25 |
| 가스 | 내연기관 배기관 | 10~25 |
| | 석탄가스관 | 2~6 |
| 증기 | 포화증기관 | 12~40 |
| | 과열증기관 | 30~80 |

## (2) 내압을 받는 얇은 관의 두께

가스관, 송수관 등과 같이 압력을 갖는 기체나 액체를 수송하는 관에는 내벽(內壁)에 압력이 작용하게 되고 이로 인해 응력이 발생하게 된다. 만약 발생된 응력이 관 재료의 파괴강도를 넘어서면 관은 파괴되어 큰 사고로 이어질 수 있다. 따라서 작용하는 압력에 대해 충분히 견딜 수 있도록 관 두께를 결정하는 것이 매우 중요하다. 관 두께는 일반적으로 얇은 관과 두꺼운 관으로 구분하여 계산하고 있으며, 내압을 받는 얇은 관은 제4장 리벳 이음에서 압력용기의 강판 두께 계산식과 같다. 관의 안지름을 $D$, 두께를 $t$, 내압을 $p$라 하면

$$\text{원주 방향 응력 } \sigma_t = \frac{pD}{2t}$$

$$\text{축 방향 응력 } \sigma_z = \frac{pD}{4t}$$

여기서 $\sigma_t = 2\sigma_z$가 됨을 알 수 있다. 즉, 원주 방향 응력이 축 방향 응력의 2배이므로 관 두께를 결정할 때에는 원주 방향 응력 계산식으로부터 구한다. 관 재료의 허용응력을 $\sigma_a$라 하면

$$t = \frac{pD}{2\sigma_a} \quad \text{.....................................................................} (14\text{-}3)$$

표 14-2는 탄소강 강관의 허용응력을 나타낸 것이다.

표 14-2 탄소강 강관의 허용응력($\sigma_a$)

| 재 료 | | 구 분 | 제조방법 | 허용응력[MPa] | | |
|---|---|---|---|---|---|---|
| | | | | 350℃ 이하 | 400℃ 이하 | 450℃ 이하 |
| 압력 배관용 탄소 강관 | SPPS | 380 | S | 95 | – | – |
| | | 380 | E | 81 | – | – |
| | | 420 | S | 105 | – | – |
| | | 420 | E | 89 | – | – |
| 고압 배관용 탄소 강관 | SPPH | 380 | S | 95 | – | – |
| | | 420 | S | 105 | – | – |
| | | 420 | S | 123 | – | – |
| 고압 배관용 탄소 강관 | SPHT | 380 | S | 95 | 82 | 57 |
| | | 380 | E | 81 | 70 | 48 |
| | | 420 | S | 105 | 90 | 58 |
| | | 420 | E | 89 | 76 | 48 |
| 보일러 및 열교환기용 탄소 강관 | STBH | 340 | S | 88 | – | – |
| | | 340 | E | 71 | – | – |
| | | 410 | S | 88 | 77 | 54 |
| | | 410 | E | 75 | 65 | 46 |

주 제조방법의 S는 이음매 없는 관, E는 전기 저항 용접관이다.

실제로는 안전율, 이음의 효율, 관의 부식 등을 고려하여 다음 식으로 관 두께를 결정한다.

$$t = \frac{pD}{2\sigma_a\eta} + C = \frac{pDS}{2\sigma_{max}\eta} + C \quad \cdots\cdots (14\text{-}4)$$

여기서, $\sigma_{max}$ : 재료의 최대 인장강도

$S$ : 안전계수(강에서 $S = 4 \sim 6$)

$C$ : 부식여유(보통 1 mm 이상)

$\eta$ : 관의 이음 효율(이음매 없는 관에서 $\eta = 1$, 단접관에서 $\eta = 8$, 리벳 이음관에서 $\eta = 0.57 \sim 0.63$)

**Q 예제 14-1**

유량 2 m³/s, 유속 4 m/s인 유체를 수송할 수 있는 관의 안지름을 구하여라.

**해설** $D = \sqrt{\dfrac{4Q}{\pi v}} = \sqrt{\dfrac{4 \times 2}{3.14 \times 4}} = 0.798\,\text{m} = 798\,\text{mm}$

**Q 예제 14-2**

안지름 100 mm, 압력 10 MPa의 유체가 흐르는 관을 설계하려고 한다. 관 두께를 몇 mm로 하면 되겠는가? (단, 관 재료의 인장강도는 2 GPa, 안전율 5, 관의 이음 효율은 50%이다.)

**해설** $t = \dfrac{pDS}{2\sigma_{max}\eta} = \dfrac{10 \times 100 \times 5}{2 \times 2 \times 10^3 \times 0.5} = 2.5\,\text{mm}$

## 1-3 ● 관이음

관을 연결하거나 유체의 흐름을 바꿀 때, 또는 밸브 및 부속품을 체결할 때 관이음을 사용한다. 관이음 방법에는 용접이나 납땜 등에 의한 영구 이음이 있고, 보수와 관리를 위한, 즉 착탈(着脫)이 가능한 나사 이음과 플랜지식 관이음이 있으며, 관의 온도 변화에 따라 조절되는 신축 이음 등이 있다.

### (1) 나사식 관이음

관의 양끝에 관용 나사를 절삭하고, 체결할 때에는 나사 부분에서의 누설을 막기 위하여 페인트, 광명단, 흑연 등을 바르고 마(麻)나 접착 테이프를 감은 후 체결하는 것으로 물, 기름, 증기, 가스 등의 일반 배관에 사용한다.

### (2) 플랜지식 관이음

플랜지식 관이음은 그림 14-2와 같이 플랜지를 관에 나사로 고정하거나 리벳 이음, 열 박음, 용접 이음 등으로 고정하고, 유체가 새는 것을 방지하기 위해 개스킷(gasket)을 사이에 끼워 볼트로 체결하는 것으로, 관의 지름이 크거나 내압이 클 경우, 가끔 분해 조립을 할 필요가 있을 때 사용한다.

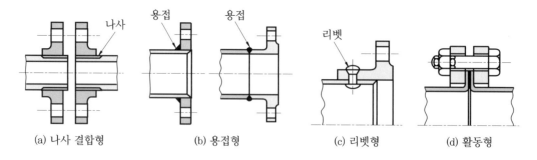

(a) 나사 결합형     (b) 용접형     (c) 리벳형     (d) 활동형

**그림 14-2 플랜지식 관이음의 종류**

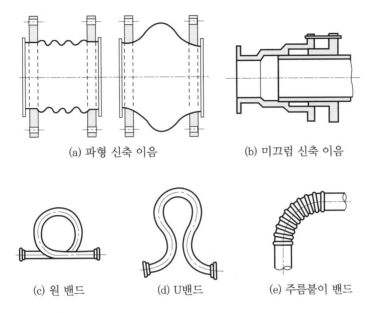

(a) 파형 신축 이음  (b) 미끄럼 신축 이음

(c) 원 밴드  (d) U밴드  (e) 주름붙이 밴드

그림 14-3  신축 이음

## (3) 신축 이음

관내(管內)에 고온의 유체가 흐르면 관의 온도는 상승되어 열팽창을 일으킨다. 이때 만약 관의 양단이 고정되어 있으면 관은 축 방향으로 압축응력을 받게 되어 관이 파괴되거나 패킹(packing)이 손상된다. 따라서 온도 변화에 의한 관의 신축(伸縮)을 흡수할 목적으로 열팽창에 의한 응력 증가에 대응하여 필요한 곳에 그림 14-3과 같은 신축형의 관이음을 사용한다.

# 2. 밸 브

유체의 흐름에 대한 유량의 제어와 단속(斷續), 유체의 압력 등을 조절하기 위하여 중간에 밸브(valve)를 설치하여 사용한다. 밸브 재료로는 보통 청동을 사용하는데 고온, 고압, 내식성을 요하는 곳에는 주철, 주강, 합금강 등을 사용한다.

밸브는 사용 목적에 따라 압력 제어 밸브, 유량 제어 밸브, 방향 제어 밸브 등으로 구분할 수 있다.

### (1) 압력 제어 밸브

압력을 일정하게 유지하거나, 높은 압력을 필요한 압력으로 감압(減壓, reduced pressure)하는 경우 또는 압력에 따라 실린더나 모터 등의 액추에이터(actuator) 작동 순서를 제어하는 등의 기능을 담당하는 밸브를 압력 제어 밸브라고 한다.

압력 제어 밸브에는 다음과 같은 종류들이 있다.

① 릴리프 밸브(relief valve) : 설정 압력보다 압력이 높아지면 유체를 탱크(tank)로 내보냄으로써 시스템 내의 과부하를 방지하여 안전을 도모하고, 액추에이터의 출력을 일정하게 조절해 주는 역할을 한다. 그림 14-4는 직동형(直動形) 릴리프 밸브의 구조를 나타낸 것이다.

② 감압 밸브(reducing valve) : 1차측의 높은 압력을 2차측에 필요한 압력으로 감압시켜 공급하는 밸브로, 감압 후에는 압력이 항상 원하는 크기의 압력 값을 유지하도록 스프링, 다이어프램(diaphragm) 등에 의해 제어된다. 그림 14-5에서 감압측의 압력이 소정의 값보다 작게 되면 스프링의 힘에 의해 밸브가 열리고, 반대로 감압측의 압력이 소정의 값보다 크게 되면 감압측 유체 압력에 의해 스프링이 밀리면서 밸브가 닫히게 된다. 이와 같이 감압 밸브는 밸브의 개폐(開閉)를 자동적으로 조절하여 감압측 압력을 일정하게 유지시켜 준다.

③ 시퀀스 밸브(sequence valve) : 시스템 내의 압력에 따라 액추에이터의 작동 순서를 자동적으로 제어하는 밸브로 일명 **순차 작동 밸브**라고도 한다.

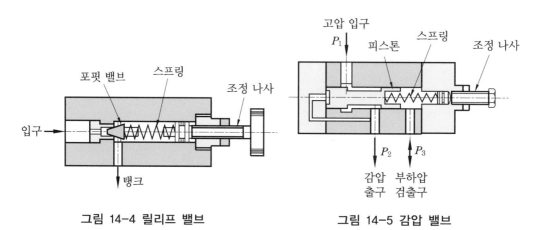

그림 14-4 릴리프 밸브          그림 14-5 감압 밸브

④ 안전밸브(safety valve) : 릴리프 밸브와 같은 구조로 증기, 가스 등의 유체가 제한된 최고 압력을 초과했을 때 자동적으로 밸브가 열려서 대량으로 유체를 대기 중으로 방출하는 밸브이다.

## (2) 유량 제어 밸브

액추에이터의 속도를 조절하기 위해서는 식 (14-1)에서 알 수 있듯이 $v = \dfrac{Q}{A}$가 되어 유량을 조절해 주어야 한다. 유량을 조절해 주는 밸브로는 구조가 간단하고 조작이 용이한 **교축**(絞縮) **밸브**(throttle valve)와 압력 보상 기구가 부착된 **유량 조절 밸브**가 있다. 그림 14-6은 니들(needle)식 교축 밸브의 구조를 나타낸 것이다.

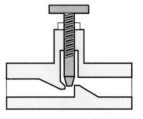

그림 14-6  교축 밸브

## (3) 방향 제어 밸브

방향 제어 밸브는 유체의 유동 방향을 바꾸거나, 흐름의 정지 또는 허용을 제어하는 밸브이다.

① 방향 전환 밸브(directional control valve) : 그림 14-7과 같이 유체의 흐름을 정지시키거나 방향을 바꿔 액추에이터의 운동과 방향을 제어하는 밸브이다.

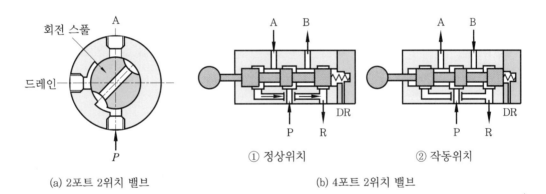

(a) 2포트 2위치 밸브          (b) 4포트 2위치 밸브

그림 14-7  방향 전환 밸브

② 체크 밸브(check valve) : 그림 14-8과 같이 한 방향의 흐름은 자유로이 통과시키고 반대 방향의 흐름은 차단하는 밸브이다.

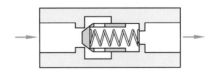

그림 14-8  체크 밸브

③ **스톱 밸브**(stop valve) : 스톱 밸브는 유체의 흐름을 정지시키거나 허용하는 밸브로서, 그림 14-9(a)와 같이 입구와 출구가 일직선상에 있으며 밸브의 상하 작동에 의해 직선 방향의 흐름을 제어하는 **글로브 밸브**(glove valve)와, 14-9(b)와 같이 입구와 출구가 직각으로 되어 있어 직각 방향의 흐름을 제어하는 **앵글 밸브**(angle valve)가 있다. 글로브 밸브는 **리프트 밸브**(lift valve)라고도 한다.

스톱 밸브는 유체의 흐름에 대하여 저항 손실이 크고, 유체가 고이는 곳에는 먼지가 차기 쉬운 결점을 가지고 있으나, 밸브의 양정(揚程)이 적고 개폐(開閉)가 빨리 되며 가격이 싸서 널리 이용되고 있다.

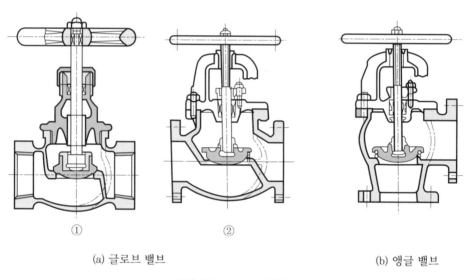

①        ②

(a) 글로브 밸브             (b) 앵글 밸브

**그림 14-9 스톱 밸브**

④ **슬루스 밸브**(sluice valve) : 슬루스 밸브는 **게이트 밸브**(gate valve)라고도 부르며, 그림 14-10과 같이 판 모양의 밸브가 흐름에 직각으로 미끄러져 유로(流路)를 개폐한다. 흐름에 대한 저항이 밸브 중에서 가장 작고, 유체를 자유로이 충분히 흐르게 할 수 있으며, 완전히 차단할 수도 있다. 보통 빈번한 조작이 필요 없는 곳에 사용하며, 유량을 제어하는 곳에는 사용하지 않는다.

슬루스 밸브는 밸브를 개폐할 때 밸브 스템(valve stem)의 승강(昇降)과 더불어 밸브가 움직여 개폐하는 승강형과 밸브만 상하로 움직이는 비승강형이 있다.

⑤ **콕**(cock) : 밸브의 일종으로 그림 14-11와 같이 유체의 통로에 뚫려 있는 원뿔형 또는 원통형 구멍에 끼워 있는 플러그를 돌려서 유체의 흐름을 급속히 차단하거나 방향을 바꾸는 데 사용한다. 콕은 저압의 작은 관로에 주로 쓰이며, 취급이 용이하고 신속한 제어를 할 수 있다.

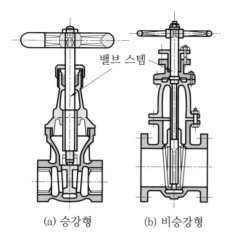

밸브 스템

(a) 승강형      (b) 비승강형

그림 14-10 슬루스 밸브

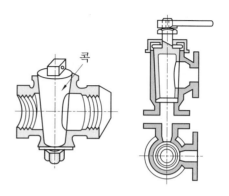

콕

그림 14-11 콕

1. 안지름 2 m인 관에 평균 유속 3 m/s의 유체가 흐르고 있을 때, 체적 유량을 구하여라.

2. 압력 4 MPa의 유체가 상온에서 이음매 없는 강관 속을 유량 0.5 m³/s, 평균 속도 4 m/s로 흐르게 하려고 할 때, 강관의 바깥지름을 구하여라.(단, 부식여유는 1 mm, 강관의 허용 인장응력은 80 MPa이다.)

3. 가스 압력이 0.3 MPa, 안지름이 6 m, 강판의 두께가 20 mm인 원통형 탱크가 있다. 탱크의 용접 이음 효율을 95 %라 하면, 탱크 강판 용접부에 생기는 응력은 몇 MPa인가?

# 연습문제 해답

# 연습문제 해답

## 제1장 ○ 기계설계 기초

**1**

| 힘 | $x$ 성분 | $y$ 성분 |
|---|---|---|
| $F_1 = 50\text{N}$ | $F_{1x} = 50\text{N}$ | |
| $F_2 = 45\text{N}$ | $F_{2x} = 45 \times \cos45° = 31.82\text{N}$ | $F_{2y} = 45 \times \sin45° = 31.82\text{N}$ |
| $F_3 = 60\text{N}$ | $F_{3x} = 60 \times \cos30° = 51.96\text{N}$ | $F_{3y} = 60 \times \sin30° = 30\text{N}$ |
| $F_4 = 40\text{N}$ | $F_{4x} = 40 \times \cos60° = 20\text{N}$ | $F_{4y} = 40 \times \sin60° = 34.64\text{N}$ |
| $\Sigma$ | $F_x = 50 + 31.82 - 51.96 - 20 = 9.86\text{N}$ | $F_y = 31.82 + 30 - 34.64 = 27.18\text{N}$ |

$$\therefore F = \sqrt{F_x^2 + F_y^2} = \sqrt{9.86^2 + 27.18^2} = 28.91 \text{ N}$$

$x$축과 이루는 합력 방향 $\quad \alpha = \tan^{-1}\dfrac{F_y}{F_x} = \tan^{-1}\dfrac{27.18}{9.86} = 70.06°$

**2** $\quad \dfrac{100}{\sin150°} = \dfrac{T_1}{\sin120°} = \dfrac{T_2}{\sin90°}$

$$\therefore T_1 = \sin120° \times \dfrac{100}{\sin150°} = 173.21 \text{ N}$$

$$T_2 = \sin90° \times \dfrac{100}{\sin150°} = 200 \text{ N}$$

**3** 힘 $F$에 대한 수평 방향 분력을 $F_x$라 하면

$$F_x = F\cos\theta = 10 \times \cos30° = 8.66 \text{ N}$$

$$\therefore \text{일량 } W = F_x S = 8.66 \times 20 = 173.2 \text{ N·m} = 173.2 \text{ J}$$

**4** $H = Fv$에서

$$F = \dfrac{H}{v} = \dfrac{150}{\dfrac{80 \times 10^3}{3600}} = 6.75 \text{ kN}$$

**5** $P = \sigma A = 400 \times 10^6 \times \dfrac{3.14 \times 0.01^2}{4} = 31400 \text{ N} = 31.4 \text{ kN}$

**6**　$P = \tau A = 300 \times 10^6 \times 0.025 \times 4 \times 0.002 = 60000 \text{ N} = 60 \text{ kN}$

**7**　$\sigma = \dfrac{P}{A} = \dfrac{9 \times 10^3}{\dfrac{3.14 \times 2^2}{4} \times 50} = 57.32 \text{ N/mm}^2 = 57.32 \text{ MPa}$

**8**　정사각형 단면 한 변의 길이를 $a$라 하면

$\sigma = \dfrac{P}{A} = \dfrac{P}{a^2}$ 에서

$a = \sqrt{\dfrac{P}{\sigma}} = \sqrt{\dfrac{10 \times 10^3}{1 \times 10^6}} = 0.1 \text{ m} = 100 \text{ mm}$

**9**　$\varepsilon = \dfrac{L' - L}{L} = \dfrac{L'}{L} - 1$

$\therefore \ L = \dfrac{L'}{\varepsilon + 1} = \dfrac{20}{-0.007 + 1} = 20.14 \text{ cm}$

**10**　$20 \text{ GPa} = 2 \text{ MN/cm}^2$이므로 $\lambda = \dfrac{PL}{AE} = \dfrac{10 \times 10^3 \times 60}{1 \times 1 \times 2 \times 10^6} = 0.3 \text{ cm}$

**11**　$\varepsilon = \dfrac{\lambda}{L} = \dfrac{0.4}{100} = 0.004$

**12**　$\sigma = E\varepsilon = E \cdot \dfrac{\lambda}{L} = 200 \times 10^9 \times \dfrac{0.02}{40} = 100 \times 10^6 \text{ N/m}^2 = 100 \text{ MPa}$

**13**　먼저, 허용응력을 구하면

$\sigma_a = \dfrac{\sigma_{\max}}{S} = \dfrac{3.6 \times 10^6}{4} = 9 \times 10^5 \text{ N/m}^2 = 0.9 \text{ N/mm}^2$

또, $\sigma_a = \dfrac{P}{A} = \dfrac{P}{\dfrac{\pi d^2}{4}} = \dfrac{4P}{\pi d^2}$ 이므로

$d = \sqrt{\dfrac{4P}{\pi \sigma_a}} = \sqrt{\dfrac{4 \times 2000}{3.14 \times 0.9}} = 53.21 \text{ mm}$

**14**　$\sigma_a = \dfrac{P}{A} = \dfrac{6 \times 10^3}{500} = 12 \text{ N/mm}^2 = 12 \text{ MPa}$

$\therefore \ S = \dfrac{\sigma_{\max}}{\sigma_a} = \dfrac{60}{12} = 5$

**15** 먼저, 사용응력 $\sigma_w$를 구하면

$$\sigma_w = \frac{P}{A} = \frac{4 \times 10^3}{0.05 \times 0.1} = 0.8 \times 10^6 \, \text{N/m}^2 = 0.8 \, \text{MPa}$$

$$\sigma_a = \frac{\sigma_{\max}}{S} = \frac{50}{8} = 6.25 \, \text{MPa}$$

$$\therefore \frac{\sigma_w}{\sigma_a} = \frac{0.8}{6.25} = 0.128 = 12.8 \, \%$$

**16**
$$\sigma_{\max} = \frac{1}{2}(\sigma_x + \sigma_y) + \frac{1}{2}\sqrt{(\sigma_x - \sigma_y)^2 + 4\tau_{xy}^2}$$
$$= \frac{1}{2}\{2 + (-1)\} + \frac{1}{2}\sqrt{\{2 - (-1)\}^2 + 4 \times 1.5^2}$$
$$= 2.62 \, \text{MPa}$$

$$\tau_{\max} = \frac{1}{2}\sqrt{(\sigma_x - \sigma_y)^2 + 4\tau_{xy}^2}$$
$$= \frac{1}{2}\sqrt{\{2 - (-1)\}^2 + 4 \times 1.5^2}$$
$$= 2.12 \, \text{MPa}$$

## 제2장 ● 나 사

**1** 90° 회전은 $\frac{1}{4}$ 회전이므로 1회전했을 때의 리드 $l$은

$$l = np = 2 \times 1 = 2 \, \text{mm}$$

따라서, 나사가 움직인 거리는 $2 \times \frac{1}{4} = 0.5 \, \text{mm}$이다.

**2** 먼저, 피치를 구하면 리드 $l = \frac{30}{2} = 15 \, \text{mm}$이므로

$$p = \frac{l}{n} = \frac{15}{1} = 15 \, \text{mm}$$

① 나사 접촉부에서의 마찰력을 이기는 데 필요한 토크 $T$는

$$T = W \cdot \frac{p + \mu\pi d_2}{\pi d_2 - \mu p} \times \frac{d_2}{2} = W \cdot \frac{15 + 0.13 \times 3.14 \times 50}{3.14 \times 50 - 0.13 \times 15} \times \frac{50}{2} = 5.71 \, W$$

② 너트 자리면에서의 마찰력을 이기는 데 필요한 토크 $T_n$은

$$T_n = \mu WR = 0.13 \times W \times 40 = 5.2 \, W$$

③ 스패너로 너트를 돌리는 데 필요한 토크 $T_s$는

$$T_s = T + T_n = PL = 40 \times 200 = 8000 \text{ N} \cdot \text{mm}$$

따라서 $5.71\,W + 5.2\,W = 8000$

$$\therefore W = \frac{8000}{5.71 + 5.2} = 733.27 \text{ N}$$

**3** $T = W \cdot \dfrac{p + \mu\pi d_2}{\pi d_2 - \mu p} \times \dfrac{d_2}{2} = PL$ 에서

$$L = \frac{W}{P} \cdot \frac{p + \mu\pi d_2}{\pi d_2 - \mu p} \times \frac{d_2}{2}$$

$$= \frac{8000}{30} \times \frac{3.17 + 0.1 \times 3.14 \times 63.5}{3.14 \times 63.5 - 0.1 \times 3.17} \times \frac{63.5}{2} = 982.84 \text{ mm} \fallingdotseq 983 \text{ mm}$$

**4** $\eta = \dfrac{\tan\alpha}{\tan(\rho + \alpha)} = \dfrac{\dfrac{p}{\pi d_2}}{\tan(\rho + \alpha)} = \dfrac{P}{\tan(\rho + \alpha) \cdot \pi d_2}$

$T = W \cdot \tan(\rho + \alpha) \cdot \dfrac{d_2}{2}$ 에서

$$\tan(\rho + \alpha) \cdot d_2 = \frac{2T}{W} = \frac{2 \times 7}{3} = \frac{14}{3}$$

$$\therefore \eta = \frac{6}{\pi \times \dfrac{14}{3}} = 0.409 = 40.9 \%$$

**5** $d = \sqrt{\dfrac{2W}{\sigma_a}} = \sqrt{\dfrac{2 \times 5000}{60}} = 12.91 \text{ mm}$

**6** 먼저, 허용응력 $\sigma_a$를 구하면

$$\sigma_a = \frac{\sigma_{\max}}{S} = \frac{540}{3} = 180 \text{ MPa}$$

$$\therefore d = \sqrt{\frac{2W}{\sigma_a}} = \sqrt{\frac{2 \times 150 \times 10^3}{180}} = 40.8 \text{ mm} \fallingdotseq 41 \text{mm}$$

**7** $1 \text{ MPa} = 1 \times 10^6 \text{ N/m}^2 = 1 \text{ N/mm}^2$ 이므로

$$P = \tau_a A = 39.25 \times \frac{3.14 \times 19.294^2}{4} \fallingdotseq 11470 \text{ N} = 11.47 \text{ kN}$$

**8** 내압(內壓) $p = 0.1\,\mathrm{MPa} = 0.1\,\mathrm{N/mm^2}$, 실린더 커버가 받는 힘을 $W'$라 하면

$$W' = pA = p \cdot \frac{\pi D^2}{4} = 0.1 \times \frac{3.14 \times 400^2}{4} = 12560\,\mathrm{N}$$

따라서, 볼트 1개에 작용하는 힘 $W$는

$$W = \frac{12560}{12} = 1046.67\,\mathrm{N}$$

$$\therefore\ d = \sqrt{\frac{2W}{\sigma_a}} = \sqrt{\frac{2 \times 1046.67}{4.5}} = 21.57\,\mathrm{mm} \fallingdotseq 22\,\mathrm{mm}$$

**9** $$d = \sqrt{\frac{8W}{3\sigma_a}} = \sqrt{\frac{8 \times 40 \times 10^3}{3 \times 48}} = 47.14\,\mathrm{mm} \fallingdotseq 48\,\mathrm{mm}$$

**10** 먼저, 유효 지름 $d_2$와 나사산의 접촉 높이 $h$를 구하면

$$d_2 = \frac{d_1 + d_2}{2} = \frac{80 + 100}{2} = 90\,\mathrm{mm}$$

$$h = \frac{d - d_1}{2} = \frac{100 - 80}{2} = 10\,\mathrm{mm}$$

$$\therefore\ H = \frac{Wp}{\pi d_2 h p_m} = \frac{35 \times 10^3 \times 16}{3.14 \times 90 \times 10 \times 10} = 19.82\,\mathrm{mm} \fallingdotseq 20\,\mathrm{mm}$$

**11** $\eta = \dfrac{\tan\alpha}{\tan(\rho' + \alpha)}$ 이므로, 리드각 $\alpha$와 상당 마찰계수 $\rho'$를 각각 구하면

$$\alpha = \tan^{-1}\frac{p}{\pi d_2} = \tan^{-1}\frac{3}{3.14 \times 22.051} = 2.48°$$

$$\rho' = \tan^{-1}\frac{\mu}{\cos\beta} = \tan^{-1}\frac{0.105}{\cos 30°} = 6.91°$$

$$\therefore\ \eta = \frac{\tan 2.48°}{\tan(6.91° + 2.48°)} = 0.262 = 26.2\,\%$$

**12** $$d = \sqrt{\frac{2 \times (1 + \frac{1}{3})W}{\sigma_a}} = \sqrt{\frac{8W}{3\sigma_a}} = \sqrt{\frac{8 \times 10 \times 10^3}{3 \times 60}} = 21.08\,\mathrm{mm} \fallingdotseq 22\,\mathrm{mm}$$

**제3장** ● **키, 코터 및 핀**

**1**  $\tau_s = \dfrac{2\,T}{b\,l\,d} = \dfrac{2 \times 200 \times 10^3}{10 \times 50 \times 40} = 20\text{N/mm}^2 = 20\text{MPa}$

**2**  먼저, 토크 $T$를 구하면

$$T = \frac{60H}{2\pi n} = \frac{60 \times 40 \times 10^3}{2 \times 3.14 \times 350} = 1091.9 \text{ N} \cdot \text{m}$$

$$\therefore\ l = \frac{2\,T}{\tau_s\,b\,d} = \frac{2 \times 1091.9 \times 10^3}{50 \times 15 \times 50} = 58.23\,\text{mm} = 59\text{mm}$$

**3**  $T = \dfrac{\tau_s\,b\,l\,d}{2} = \dfrac{60 \times 10^6 \times 0.038 \times 0.3 \times 0.16}{2} = 54720 \text{ N} \cdot \text{m} = 54.72 \text{ kJ}$

**4**  풀리 외주(外周)에 가해지는 힘을 $F$, 풀리의 지름을 $D$, 축 외주에 가해지는 힘, 즉 키에 가해지는 전단력을 $P$, 축 지름을 $d$ 라 하면, 각각에 대한 전달 토크는 같아야 하므로

$$F \cdot \frac{D}{2} = P \cdot \frac{d}{2}$$

$$\therefore\ P = F \cdot \frac{D}{d} = 2 \times \frac{600}{50} = 24 \text{ kN}$$

따라서, 키의 전단응력 $\tau_s = \dfrac{P}{b\,l}$ 에서

$$l = \frac{P}{\tau_s \cdot b} = \frac{24 \times 10^3}{50 \times 8} = 60\,\text{mm}$$

**5**  $l = \dfrac{2\,T}{\tau_s\,b\,d} = \dfrac{2 \times 940 \times 10^3}{78.4 \times 12 \times 50} = 39.96\,\text{mm} = 40\text{mm}$

**6**  $\tau_s = \dfrac{P}{b\,l}$ 에서, $b = 1.5h$ 이므로

$$\tau_s = \frac{P}{1.5hl}$$

$$\therefore\ h = \frac{P}{1.5\,\tau_s\,l} = \frac{60 \times 10^3}{1.5 \times 20 \times 150} = 13.33\,\text{mm} = 14\text{mm}$$

**7** 먼저, 전달 토크 $T$를 구하면

$$T = \frac{bld\tau_s}{2} = \frac{28 \times 300 \times 110 \times 40}{2} = 18.48 \text{ kJ}$$

$$\therefore \ H = \frac{2\pi nT}{60} = \frac{2 \times 3.14 \times 1500 \times 18.48}{60} = 2901.36 \text{ kW}$$

**8** $\tau = \dfrac{P}{2bh} = \dfrac{12000}{2 \times 10 \times 20} = 30 \text{ N/mm}^2 = 30 \text{ MPa}$

**9** $d = \sqrt{\dfrac{P}{mp}} = \sqrt{\dfrac{15 \times 10^3}{1.5 \times 20}} = 22.36 \text{ mm} \fallingdotseq 23 \text{mm}$

## 제4장 ◦ 리벳 이음

**1** $\tau_r = \dfrac{P}{A} = \dfrac{4P}{\pi d^2} = \dfrac{4 \times 5 \times 10^3}{3.14 \times 19^2} = 17.64 \text{ N/mm}^2 = 17.64 \text{ MPa}$

**2** 리벳의 개수를 $z$라 하면, $P = 1.8 \times \dfrac{\pi d^2}{4} z \tau_r$에서

$$z = \frac{4P}{1.8\pi d^2 \tau_r} = \frac{4 \times 150 \times 10^3}{1.8 \times 3.14 \times 13^2 \times 50} = 12.56 \fallingdotseq 13 \text{ 개}$$

**3** $P = (p-d)t\sigma_t = (100-20) \times 10 \times 60 = 48 \times 10^3 \text{ N} = 48 \text{ kN}$

**4** $\dfrac{\pi d^2}{4}\tau_r = (p-d)\,t\,\sigma_t$에서

$$t = \frac{\pi d^2 \tau_r}{4(p-d)\sigma_t} = \frac{3.14 \times 20^2 \times 50}{4(60-20) \times 80} = 4.91 \text{ mm}$$

**5** $l = (접합시킬 판의 전체 두께) + (1.3 \sim 1.6)d$이므로
$l = (10+6+6) + (1.3 \sim 1.6) \times 20 = 48 \sim 54 \text{ mm}$

**6** $\dfrac{\pi d^2}{4}\tau_r = (p-d)\,t\,\sigma_t = pt\sigma_t - dt\sigma_t$이므로

$$p = \frac{\frac{\pi d^2}{4}\tau_r + dt\sigma_t}{t\sigma_t} = \frac{\frac{3.14 \times 18^2}{4} \times 36 + 18 \times 10 \times 43}{10 \times 43} = 39.29\,\text{mm}$$

**7** 효율이 최대라는 조건으로부터 $\eta_1 = \eta_2$ 이다. 따라서

$$\frac{p-d}{p} = \frac{\pi d^2 \tau_r}{4pt\sigma_t} \text{ 이고, } \sigma_t = \tau_r \text{이므로}$$

$$p = \frac{\pi d^2}{4t} + d = \frac{3.14 \times 20^2}{4 \times 10} + 20 = 51.4\,\text{mm}$$

**8** ① 판의 인장응력

$$\sigma_t = \frac{P}{(p-d)t} = \frac{12.5 \times 10^3}{(50-19) \times 12} = 33.6\,\text{N/mm}^2 = 33.6\,\text{MPa}$$

② 판의 효율

$$\eta_1 = 1 - \frac{d}{p} = 1 - \frac{19}{50} = 0.62 = 62\,\%$$

**9** $t = \dfrac{pDS}{2\sigma_t\eta} = \dfrac{10 \times 400 \times 5}{2 \times 4 \times 10^3 \times 0.6} = 4.17\,\text{mm}$

**10** $S = \dfrac{2\sigma_t\eta t}{pD} = \dfrac{2 \times 425 \times 0.85 \times 17}{1.4 \times 1.8 \times 10^3} = 4.87 \fallingdotseq 5$

## 제5장 ○- 용접 이음

**1** 용접부가 2개소이므로 $\sigma_t = \dfrac{0.707P}{hl}$ 에서

$$l = \frac{0.707P}{h\sigma_t} = \frac{0.707 \times 50000}{10 \times 80} = 44.19\,\text{mm} \fallingdotseq 45\,\text{mm}$$

**2** $\tau = \dfrac{P}{1.414hl} = \dfrac{190 \times 10^3}{1.414 \times 9 \times 200} = 74.65\,\text{N mm}^2$

**3** $P = \sigma_t t l = 100 \times 10 \times 150 = 150\,\text{kN}$

**4** $\sigma_t = \dfrac{P}{t\,l} = \dfrac{50 \times 10^3}{10 \times 300} = 16.67\,\mathrm{N/mm^2} = 16.67\,\mathrm{MPa}$

$\quad$ ※ $1\mathrm{MPa} = 10^6\,\mathrm{N/m^2} = 1\,\mathrm{N/mm^2}$

**5** $\sigma_t = \dfrac{0.707P}{h\,l}$ 에서

$\quad l = \dfrac{0.707P}{\sigma_t\,h} = \dfrac{0.707 \times 120 \times 10^3}{80 \times 15} = 70.7\,\mathrm{mm}$

## 제6장 ◦ 축

**1** $T = \dfrac{60H}{2\pi n} = \dfrac{60 \times 4 \times 10^3}{2 \times 3.14 \times 400} = 95.54\,\mathrm{N \cdot m}$

$\quad d = \sqrt[3]{\dfrac{16T}{\pi \tau_a}} = \sqrt[3]{\dfrac{16 \times 95.54 \times 10^3}{3.14 \times 20.6}} = 28.7\,\mathrm{mm} \fallingdotseq 29\,\mathrm{mm}$

**2** $T = \tau_a Z_P = \tau_a \cdot \dfrac{\pi d^3}{16} = 39.2 \times \dfrac{3.14 \times 50^3}{16} = 961625\,\mathrm{N \cdot mm} = 961.625\,\mathrm{N \cdot m}$

$\quad H = \dfrac{2\pi n T}{60} = \dfrac{2 \times 3.14 \times 300 \times 961.625}{60} = 30195.025\,\mathrm{W} \fallingdotseq 30.2\,\mathrm{kW}$

**3** $d = \sqrt[3]{\dfrac{32M}{\pi \sigma_a}} = \sqrt[3]{\dfrac{32 \times 100 \times 10^3}{3.14 \times 98}} = 21.83\,\mathrm{mm} \fallingdotseq 22\,\mathrm{mm}$

**4** $M_e = \dfrac{1}{2}(M + \sqrt{M^2 + T^2}) = \dfrac{1}{2}(14 + \sqrt{14^2 + 7^2}) = 14.83\,\mathrm{kJ}$

**5** $T_e = \tau Z_P$ 에서

$\quad \tau = \dfrac{T_e}{Z_p} = \dfrac{\sqrt{M^2 + T^2}}{\dfrac{\pi d^3}{16}} = \dfrac{16\sqrt{M^2 + T^2}}{\pi d^3} = \dfrac{16\sqrt{49^2 + 78.4^2}}{3.14 \times 0.05^3} = 3.77 \times 10^6\,\mathrm{Pa} = 3.77\,\mathrm{MPa}$

**6** $\theta = 57.3 \times \dfrac{Tl}{GI_P}$ 에서, $T = \dfrac{\theta G I_P}{57.3\,l} = \dfrac{\pi d^4 G \theta}{57.3 \times 32\,l}$ 이므로

$$T = \frac{3.14 \times 0.05^4 \times 1 \times 80 \times 10^9}{57.3 \times 32 \times 4} = 214.06 \text{ N} \cdot \text{m}$$

$$\therefore H = \frac{2\pi n T}{60} = \frac{2 \times 3.14 \times 200 \times 214.06}{60} = 4481 \text{ W} = 4.481 \text{ kW}$$

**7** $\quad \theta = 57.3 \times \dfrac{Tl}{GI_P} = \dfrac{57.3 \times 32\,Tl}{G\pi d^4}$ 에서

$$d = \sqrt[4]{\frac{57.3 \times 32\,Tl}{G\pi\theta}} = \sqrt[4]{\frac{57.3 \times 32 \times 2 \times 10^6 \times 2 \times 10^3}{81 \times 10^3 \times 3.14 \times 3}} = 55.68 \text{ mm} = 56 \text{ mm}$$

**8** $\quad x = \dfrac{d_1}{d_2} = 0.65, \quad T = \dfrac{60H}{2\pi n} = \dfrac{60 \times 2 \times 10^3}{2 \times 3.14 \times 1800} = 10.62 \text{ N} \cdot \text{m} = 10620 \text{ N} \cdot \text{mm}$ 이므로

$$d_2 = \sqrt[3]{\frac{16\,T}{\pi\,\tau_a\,(1-x^4)}} = \sqrt[3]{\frac{16 \times 10620}{3.14 \times 20\,(1-0.65^4)}} = 14.88 \text{ mm} = 15 \text{ mm}$$

$$d_1 = 0.65\,d_2 = 0.65 \times 15 = 10 \text{ mm}$$

**9** $\quad M = Pl = 5 \times 500 = 2500 \text{ kN} \cdot \text{mm}$

$\qquad T = Pr = 5 \times 300 = 1500 \text{ kN} \cdot \text{mm}$

$$M_e = \frac{1}{2}\left(M + \sqrt{M^2 + T^2}\right) = \frac{1}{2}\left(2500 + \sqrt{2500^2 + 1500^2}\right) = 2707.74 \text{ kN} \cdot \text{mm}$$

$$T_e = \sqrt{M^2 + T^2} = \sqrt{2500^2 + 1500^2} = 2915.48 \text{ kN} \cdot \text{mm}$$

① $\quad d = \sqrt[3]{\dfrac{32M_e}{\pi\sigma_a}} = \sqrt[3]{\dfrac{32 \times 2707.74 \times 10^3}{3.14 \times 75}} = 71.66 \text{ mm} = 72 \text{ mm}$

② $\quad d = \sqrt[3]{\dfrac{16T_e}{\pi\tau_a}} = \sqrt[3]{\dfrac{16 \times 2915.48 \times 10^3}{3.14 \times 60}} = 62.79 \text{ mm} = 63 \text{ mm}$

따라서, 큰 지름인 72 mm를 축 지름으로 하여야 한다.

**10** $\quad H = \dfrac{2\pi n T}{60} = \dfrac{2 \times 3.14 \times 400 \times 5}{60} = 209.33 \text{ kW}$

$$\therefore d = 130\sqrt[4]{\frac{H[\text{kW}]}{n}} = 130\sqrt[4]{\frac{209.33}{400}} = 110.57 \text{ mm} = 111 \text{ mm}$$

## 제7장 ○ 축이음

**1** $T = \dfrac{\mu \pi d p}{2} = \dfrac{0.2 \times 3.14 \times 40 \times 500}{2} = 6280 \text{ N} \cdot \text{mm} = 6.28 \text{ J}$

**2** $T = \dfrac{60H}{2 \pi n} = \dfrac{60 \times 50 \times 10^3}{2 \times 3.14 \times 120} = 3980.89 \text{ N} \cdot \text{m} = 3980.89 \text{ N} \cdot \text{mm}$

마찰력에 의한 전달 토크를 $T'$라 하면

$T' = \dfrac{\mu \pi d}{2} \cdot \dfrac{\pi d_1^2}{8} \sigma z$

$T = T'$이므로

$\sigma = \dfrac{16 T}{\mu \pi^2 d d_1^2 z} = \dfrac{16 \times 3980.89 \times 10^3}{0.2 \times 3.14^2 \times 80 \times 22^2 \times 4} = 208.55 \text{ N/mm}^2 = 208.55 \text{ MPa}$

**3** $\tau_s \dfrac{\pi d^3}{16} = \dfrac{\pi \delta^2}{4} \tau_b z R$ 에서

$\tau_b = \dfrac{\tau_s d^3}{4 \delta^2 z R} = \dfrac{12 \times 100^3}{4 \times 20^2 \times 6 \times 150} = 8.33 \text{ N/mm}^2 = 8.33 \text{ MPa}$

**4** $T = \dfrac{60H}{2 \pi n} = \dfrac{60 \times 20 \times 10^3}{2 \times 3.14 \times 100} = 1910.83 \text{ N} \cdot \text{m} = 1910.83 \times 10^3 \text{ N} \cdot \text{mm}$

클로 뿌리면적 $A_1$을 구하면

$A_1 = \dfrac{\pi}{8z} (D_2^2 - D_1^2) = \dfrac{3.14}{8 \times 3} (180^2 - 100^2) = 2930.67 \text{ mm}^2$

평균 반지름 $R = \dfrac{D_1 + D_2}{4} = \dfrac{100 + 180}{4} = 70 \text{ mm}$

$\therefore \ \tau = \dfrac{T}{z A_1 R} = \dfrac{1910.83 \times 10^3}{3 \times 2930.67 \times 70} = 3.1 \text{ N/mm}^2 = 3.1 \text{ MPa}$

**5** $H = Fv = \mu P \cdot \dfrac{\pi D n}{60} = 0.15 \times 2 \times \dfrac{3.14 \times 0.4 \times 600}{60} = 3.768 \text{ kN} \cdot \text{m/s}$

   $= 3.768 \text{ kW}$

**6** $T = \dfrac{60H}{2 \pi n} = \dfrac{60 \times 18 \times 10^3}{2 \times 3.14 \times 350} = 491.36 \text{ N} \cdot \text{m} = 491.36 \times 10^3 \text{ N} \cdot \text{mm}$

$$\therefore\ b=\frac{2\,T}{\mu\,p_m\cdot\pi D^2}=\frac{2\times491.36\times10^3}{0.2\times0.3\times3.14\times360^2}=40.25\text{ mm}\fallingdotseq41\text{ mm}$$

**7** $\quad Q=\dfrac{P}{\sin\alpha+\mu\cos\alpha}=\dfrac{750}{\sin15°+0.707\times\cos15°}=796.43\text{ N}$

**8** 접촉면 평균 지름 $D=\dfrac{D_1+D_2}{2}=\dfrac{140+150}{2}=145\text{ mm}$

$$\therefore\ T=\mu\pi D\,b\,p_m\cdot\frac{D}{2}=0.2\times3.14\times145\times35\times0.3\times\frac{145}{2}$$

$$=69319.43\text{ N}\cdot\text{mm}\fallingdotseq69.32\text{ N}\cdot\text{m}$$

$$\therefore\ H=\frac{2\pi nT}{60}=\frac{2\times3.14\times500\times69.32}{60}=3627.75\text{ N}\cdot\text{m/s}\fallingdotseq3.6\text{ kW}$$

## 제8장 ○— 베어링

**1** $\quad p=\dfrac{P}{dl}=\dfrac{60}{10\times20}=0.3\text{ kN/cm}^2=3\text{ MPa}$

**2** $\quad p=p_a=\dfrac{P}{dl}=\dfrac{P}{d\cdot2d}=\dfrac{P}{2d^2}$

$$\therefore\ d=\sqrt{\frac{P}{2p_a}}=\sqrt{\frac{16.2\times10^3}{2\times1}}=90\text{ mm}$$

**3** $\quad l=\dfrac{\pi P n}{60000pv}$ 에서

$$pv=\frac{\pi P n}{60000l}=\frac{3.14\times40\times10^3\times400}{60000\times300}=2.79\text{ MPa}\cdot\text{m/s}$$

**4** $\quad l=\dfrac{\pi P n}{60000pv}=\dfrac{3.14\times1920\times1200}{60000\times1}=120.576\text{ mm}$

**5** 저널 지름 $d=\dfrac{l}{1.8}$ 이므로, 엔드 저널에서 최대 굽힘 모멘트는

$$M_{\max}=P\frac{l}{2}=\sigma_b\frac{\pi d^3}{32}=\frac{\pi\sigma_b}{32}\cdot\left(\frac{l}{1.8}\right)^3=\frac{\pi\sigma_b l^3}{186.624}$$

$$\therefore \ l = \sqrt{\frac{186.624P}{2\pi\sigma_b}} = \sqrt{\frac{186.624 \times 15 \times 10^3}{2 \times 3.14 \times 45}} = 99.53 \ \text{mm}$$

**6** $\quad p = \dfrac{P}{z \cdot \dfrac{\pi(d_2^{\ 2} - d_1^{\ 2})}{4}} = \dfrac{4P}{\pi z(d_2^{\ 2} - d_1^{\ 2})}$ 에서,

$$d_2^{\ 2} = \frac{4P}{\pi z p} + d_1^{\ 2}$$

$$\therefore \ d_2 = \sqrt{\frac{4P}{\pi z p} + d_1^{\ 2}} = \sqrt{\frac{4 \times 800}{3.14 \times 4 \times 0.3} + 100^2} = 104.16 \ \text{mm} \fallingdotseq 105 \ \text{mm}$$

**7** $\quad H = \mu P v = 0.03 \times 4 \times 10^3 \times 0.75 = 90 \ \text{N} \cdot \text{m/s} = 90 \ \text{W}$

**8** $\quad l = \dfrac{\pi P n}{60000 p v}$ 에서

$$P = \frac{60000 \, p v l}{\pi n} = \frac{60000 \times 1 \times 160}{3.14 \times 200} = 15286.62 \ \text{N} \fallingdotseq 15.3 \ \text{kN}$$

**9** $\quad L_n = \left(\dfrac{C}{P}\right)^r \times \dfrac{33.3}{n} \times 500 = \left(\dfrac{2400}{200}\right)^3 \times \dfrac{33.3}{500} \times 500 = 57542.4 \ \text{시간}$

**10** 베어링에 작용하는 하중 $P = f_w \cdot P_{th} = 1.2 \times 100 = 120 \ \text{N}$ 이다. 따라서

$$f_h = {}^r\sqrt{\frac{L_h}{500}} = {}^3\sqrt{\frac{30000}{500}} = 3.91$$

$$f_n = {}^r\sqrt{\frac{33.3}{n}} = {}^3\sqrt{\frac{33.3}{150}} = 0.61 \ \text{이므로}$$

$$C = \frac{f_h}{f_n} P = \frac{3.91}{0.61} \times 120 = 769.18 \ \text{N}$$

## 제9장 ● **마찰차**

**1** $\quad C = \dfrac{D_A + D_B}{2} = 300$ 에서 $D_A + D_B = 600 \ \text{mm}$ 이고

$\quad i = \dfrac{n_A}{n_B} = \dfrac{D_B}{D_A} = 4$ 에서 $D_B = 4D_A$ 이므로

$$D_A + 4D_A = 600$$

$$\therefore \ D_A = \frac{600}{5} = 120 \ \text{mm}$$

$$D_B = 4 \times 120 = 480 \ \text{mm}$$

**2** $H = Fv = \mu P v = \mu P \cdot \dfrac{\pi D n}{60}$ 에서

$$P = \frac{60H}{\mu \pi D n} = \frac{60 \times 2.21 \times 10^3}{0.2 \times 3.14 \times 0.2 \times 1000} = 1055.73 \ \text{N}$$

**3** $C = \dfrac{D_A + D_B}{2} = 300 \ \text{mm}$ 에서 $D_A + D_B = 600 \ \text{mm}$

$$i = \frac{n_A}{n_B} = \frac{D_B}{D_A} = \frac{200}{100}$$ 에서 $D_B = 2D_A$ 이므로

$$D_A + 2D_A = 600$$

$$\therefore \ D_A = \frac{600}{3} = 200 \ \text{mm} = 0.2 \ \text{m}$$

$$H = \mu P v = \mu P \cdot \frac{\pi D_A n_A}{60} = 0.3 \times 1500 \times \frac{3.14 \times 0.2 \times 200}{60} = 942 \ \text{W} = 0.942 \ \text{kW}$$

**4** 먼저, 마찰차를 밀어붙이는 힘 $P$ 를 구하면

$$P = bp = 75 \times 2 = 150 \ \text{N}$$

$$\therefore \ H = \mu P v = \mu P \cdot \frac{\pi D_A n_A}{60} = 0.2 \times 150 \times \frac{3.14 \times 0.3 \times 300}{60}$$

$$= 141.3 \ \text{N} \cdot \text{m/s} = 141.3 \ \text{W}$$

**5** $H = \mu P v = \mu P \cdot \dfrac{\pi D n}{60} = 0.35 \times 1.96 \times \dfrac{3.14 \times 0.5 \times 350}{60} = 6.28 \ \text{kW}$

**6** $T = \mu P \cdot \dfrac{D}{2}$ 에서, 원동차의 전달 토크 $T_A$ 는

$$T_A = \mu P \cdot \frac{D_A}{2} = 0.2 \times 200 \times \frac{125}{2} = 2500 \ \text{N} \cdot \text{mm} = 2.5 \ \text{J}$$

다음, 종동차의 전달 토크 $T_B$ 는

$$T_B = \mu P \cdot \frac{D_B}{2} = 0.2 \times 200 \times \frac{375}{2} = 7500 \ \text{N} \cdot \text{mm} = 7.5 \ \text{J}$$

따라서, 최대 전달 토크 $T = T_B = 7.5 \ \text{J}$ 이다.

**7** 상당 마찰계수 $\mu'$ 를 구하면

$$\mu' = \frac{\mu}{\sin\alpha + \mu\cos\alpha} = \frac{0.2}{\sin20° + 0.2\cos20°} = 0.378$$

$H = \mu' P v$ 에서

$$P = \frac{H}{\mu' v} = \frac{H}{\mu' \cdot \frac{\pi D n}{60}} = \frac{60H}{\mu'\pi D n} = \frac{60 \times 3 \times 10^3}{0.378 \times 3.14 \times 0.25 \times 600} = 1011.02 \text{ N}$$

**8** 원추차 접촉면에서 수직 방향으로 작용하는 힘 $R$ 을 구하면

$$R = \frac{P}{\sin\alpha} = \frac{4}{\sin40°} = 6.22 \text{ kN}$$

$$\therefore\ H = \mu R v = \mu R \cdot \frac{\pi D n}{60} = 0.4 \times 6.22 \times \frac{3.14 \times 0.2 \times 500}{60} = 13.02 \text{ kW}$$

**9** $R_B$ 를 구하면, $R_B = \frac{530}{2} = 265 \text{ mm}$

$$i = \frac{n_A}{n_B} = \frac{R_B}{x} \text{ 에서, } n_B = \frac{n_A}{R_B} \times x \text{이므로}$$

$$\therefore\ n_{B(\min)} = \frac{500}{265} \times 40 = 75.47 \text{ rpm}$$

$$n_{B(\max)} = \frac{500}{265} \times 190 = 358.49 \text{ rpm}$$

## 제10장 ● 기 어

**1** $D_{g1} = D_1\cos\alpha = mz_1\cos\alpha = 5 \times 17 \times \cos20° = 79.87 \text{ mm}$

$D_{g2} = D_2\cos\alpha = mz_2\cos\alpha = 5 \times 70 \times \cos20° = 328.89 \text{ mm}$

$$p_n = \frac{\pi D_{g1}}{z_1} = \frac{\pi D_{g2}}{z_2} = \frac{3.14 \times 79.87}{17} = 14.75 \text{ mm}$$

**2** $m = \frac{D}{z} = \frac{104}{50} = 2.08 \text{ mm}$

**3** $x = 1 - \frac{z}{2}\sin^2\alpha = 1 - \frac{15}{2} \times \sin^2 20° = 0.123$

**4**   $z_g = \dfrac{2}{\sin^2\alpha} = \dfrac{2}{\sin^2 20°} = 17.1 = 18$ 개

**5**   피니언 잇수 $z_1 = 30$ 개, 기어 잇수 $z_2 = 3 \times 30 = 90$ 개이므로

$$C = \frac{D_1 + D_2}{2} = \frac{m(z_1 + z_2)}{2} = \frac{3(30 + 90)}{2} = 180 \text{ mm}$$

**6**   $D_k = m(z + 2) = 8(46 + 2) = 384 \text{ mm}$

**7**   $C = \dfrac{m(z_1 + z_2)}{2}$ 에서, $160 = \dfrac{4(z_1 + z_2)}{2}$ 이므로

$z_1 + z_2 = 80$ ·················································································································· (1)

또, 속도비 $i = \dfrac{n_1}{n_2} = \dfrac{z_2}{z_1}$ 에서, $\dfrac{3}{5} = \dfrac{z_2}{z_1}$ 이므로

$z_2 = \dfrac{3}{5} z_1$ ·································································································· (2)

식 (2)를 식 (1)에 대입하면

$z_1 + \dfrac{3}{5} \cdot z_1 = \dfrac{8}{5} \cdot z_1 = 80$

$\therefore z_1 = 50$ 개, $z_2 = \dfrac{3}{5} \times 50 = 30$ 개

**8**   전달 토크 $T = \dfrac{60H}{2\pi n} = \dfrac{60 \times 2 \times 10^3}{2 \times 3.14 \times 1200} = 15.92 \text{ N} \cdot \text{m} = 15.92 \text{ J}$

또, 접선 방향의 힘을 $P$ 라고 하면 $T = P \cdot \dfrac{D}{2}$ 이므로

$$P = \frac{2T}{D} = \frac{2T}{mz} = \frac{2 \times 15.92 \times 10^3}{4 \times 20} = 398 \text{ N}$$

**9**   $D_s = \dfrac{m_n z_s}{\cos\beta} = \dfrac{6 \times 60}{\cos 30°} = 415.69 \text{ mm}$

**10**   $i = \dfrac{n_g}{n_w} = \dfrac{z_w}{z_g} = \dfrac{3}{90} = \dfrac{1}{30}$

※ 감속비는 증속비의 역수이다.

**11**

| 회전 유형 | 태양 기어(A) | 유성 기어(B) | 암(H) |
|---|---|---|---|
| 전체 고정 | +1 | +1 | |
| 암 고정 | −2 | $2 \times \dfrac{60}{20}$ | 0 |
| 합성 회전수 | −1 | +7 | +1 |

따라서, 유성 기어 B는 시계 방향으로 7회전한다.

## 제11장 ● 감아 걸기 전동 장치

**1** $i = \dfrac{n_1}{n_2} = \dfrac{D_2}{D_1}$ 에서

$$n_2 = n_1 \cdot \dfrac{D_1}{D_2} = 240 \times \dfrac{300}{600} = 120 \text{ rpm}$$

**2** $\theta = \theta_1 = \theta_2 = 180° + 2\sin^{-1}\left(\dfrac{D_1 + D_2}{2C}\right)$

$$= 180° + 2\sin^{-1}\left(\dfrac{1200 + 300}{2 \times 4000}\right) = 201° 36'$$

**3** $L = \dfrac{\pi}{2}(D_1 + D_2) + \dfrac{(D_2 - D_1)^2}{4C} + 2C$

$$= \dfrac{3.14}{2} \times (50 + 300) + \dfrac{(300 - 50)^2}{4 \times 500} + 2 \times 500 = 1580.75 \text{ mm}$$

**4** 유효장력 $P = T_1 - T_2 = 125 - 50 = 75 \text{ N}$ 이므로

$$H = Pv = 75 \times 4 = 300 \text{ N} \cdot \text{m/s} = 300 \text{ W}$$

**5** 속도 $v \leq 10 \text{ m/s}$ 이므로, $H = T_1 v \cdot \dfrac{e^{\mu\theta} - 1}{e^{\mu\theta}}$ 에서

$$T_1 = \dfrac{e^{\mu\theta}}{e^{\mu\theta} - 1} \cdot \dfrac{H}{v} = \dfrac{2}{2 - 1} \times \dfrac{3 \times 10^3}{5} = 1200 \text{ N} \cdot \text{m} = 1200 \text{ J}$$

**6** $v = \dfrac{\pi D n}{60} = \dfrac{3.14 \times 200 \times 1600}{60 \times 1000} = 16.75 \text{ m/s}$

$$\therefore\ P=\frac{H}{v}=\frac{4\times10^{3}}{16.75}=238.81\ \text{N}$$

**7**　$T=P\cdot\dfrac{D}{2}=(T_{1}-T_{2})\cdot\dfrac{D}{2}$

$\qquad=(16-5)\times\dfrac{500}{2}=2750\ \text{N}\cdot\text{mm}=2.75\ \text{N}\cdot\text{m}=2.75\ \text{J}$

**8**　$H=T_{1}v\cdot\dfrac{e^{\mu\theta}-1}{e^{\mu\theta}}=900\times5\times\dfrac{2-1}{2}=2250\ \text{W}=2.25\ \text{kW}$

**9**　$\sigma_{t}=\dfrac{T_{1}}{bt\eta}$ 에서

$\qquad b=\dfrac{T_{1}}{\sigma_{t}ty}=\dfrac{500}{2.5\times2\times0.8}=125\ \text{mm}$

**10**　강봉 AB에 걸리는 힘을 $F$ 라 하면, $\dfrac{5}{\sin45^{\circ}}=\dfrac{F}{\sin225^{\circ}}$ 에서

$\qquad F=5\times\dfrac{\sin225^{\circ}}{\sin45^{\circ}}=-5\ \text{kN}\ (\text{압축력}\ 5\ \text{kN})$

$\qquad\therefore\ \sigma=\dfrac{F}{A}=\dfrac{4F}{\pi d^{2}}=\dfrac{4\times5\times10^{3}}{3.14\times20^{2}}=15.92\ \text{N/mm}^{2}=15.92\ \text{MPa}$

**11**　$v_{m}=\dfrac{npz}{60\times1000}=\dfrac{500\times12.7\times20}{60\times1000}=2.12\ \text{m/s}$

**12**　체인에 걸리는 하중을 $P$, 파단 하중을 $P_{\max}$ 라 하면, $H=Pv$ 에서

$\qquad P=\dfrac{H}{v}=\dfrac{5}{2}=2.5\ \text{kN}$ 이고,

$\qquad$안전율 $S=\dfrac{\sigma_{\max}}{\sigma_{a}}=\dfrac{P_{\max}}{P}$ 에서

$\qquad P_{\max}=PS=2.5\times15=37.5\ \text{kN}$

**제12장 ○ 브레이크**

**1** $T = \mu P \cdot \dfrac{D}{2}$ 에서

$$P = \frac{2T}{\mu D} = \frac{2 \times 98.1}{0.2 \times 0.5} = 1962 \text{ N} = 1.962 \text{ kN}$$

**2** $T = \mu P \cdot \dfrac{D}{2} = 0.2 \times 1.96 \times 10^3 \times \dfrac{0.45}{2} = 88.2 \text{ J}$

**3** 제동력 $Q = \mu P$ 에서, $P = \dfrac{2T}{\mu D}$ 이므로

$$Q = \mu \cdot \frac{2T}{\mu D} = \frac{2T}{D} = \frac{2 \times 554.27}{0.5} = 2217.08 \text{ N}$$

**4** 먼저, 블록을 밀어붙이는 힘 $P$ 를 구하면

$$P = \frac{2T}{\mu D} = \frac{2 \times 156.96}{0.2 \times 0.4} = 3924 \text{ N}$$

식 (12–3)으로부터

$$a = \frac{P}{F}(b + \mu c) = \frac{3924}{981}(300 + 0.2 \times 75) = 1260 \text{ mm}$$

**5** 드럼의 반지름을 $R$, 접촉각을 $\theta$, 블록과 드럼의 접촉 길이를 $e$ 라 하면

$$e = R\theta = 150 \times 1.5 = 225 \text{ mm}$$

따라서, 블록과 드럼의 접촉 면적 $A$ 는

$$A = be = 15 \times 225 = 3375 \text{ mm}^2$$

$$\therefore \; \mu p v = \frac{H}{A} = \frac{3 \times 10^3}{3375} = 0.89 \text{ MPa} \cdot \text{m/s}$$

**6** 밴드의 긴장측 장력을 $T_1$ 이라 하면, $\sigma_t = \dfrac{T_1}{bt}$ 에서

$$T_1 = \sigma_t b t = 6 \times 50 \times 6 = 1800 \text{ N}$$

접촉각 $\theta = 250° = 250 \times \dfrac{\pi}{180} = 4.36 \text{ rad}$ 이므로

$$e^{\mu\theta} = e^{0.3 \times 4.36} \fallingdotseq 3.7$$

따라서 제동력 $Q$ 는

$$Q = T_1 \cdot \frac{e^{\mu\theta} - 1}{e^{\mu\theta}} = 1800 \times \frac{3.7 - 1}{3.7} = 1313.51 \text{ N}$$

$$\therefore \text{ 제동토크 } T = Q \cdot \frac{D}{2} = 1313.51 \times \frac{0.6}{2} = 394.05 \text{ J}$$

**7** 래칫 휠에 걸리는 토크 $T = P \cdot \dfrac{D}{2}$ 에서

$$P = \frac{2T}{D} = \frac{2 \times 800 \times 10^3}{300} = 5333.33 \text{ N}$$

$$\therefore q = \frac{P}{bh} = \frac{5333.33}{15 \times 10} = 35.56 \text{ N/mm}^2 = 35.56 \text{ MPa}$$

## 제13장 ● 스프링

**1** $P = k\delta$ 에서

$$\delta = \frac{P}{k} = \frac{40}{8} = 5 \text{ cm}$$

**2** $P = k\delta$ 에서

$$k = \frac{P}{\delta} = \frac{3 \times 10^3}{10} = 300 \text{ N/mm}$$

**3** 초기 장력을 $P$ 라 하면

$$\delta = \frac{P + 5}{k} = 1 \text{에서, } k = P + 5 \text{이므로}$$

$$\delta = \frac{P + 8}{k} = \frac{P + 8}{P + 5} = 2$$

$$2P + 10 = P + 8$$

$$\therefore P = -2 \text{ N}$$

즉, 초기 장력은 2 N 의 압축하중이다.

**4** 병렬 연결이므로 스프링 상수 $k$ 는

$$k = k_1 + k_2 = 20 + 40 = 60 \text{ N/cm}$$

$$\therefore \delta = \frac{P}{k} = \frac{150}{60} = 2.5 \text{ cm}$$

**5**  $\dfrac{1}{k}=\dfrac{1}{k_1}+\dfrac{1}{k_2}+\dfrac{1}{k_3}$ 에서

$$k=\dfrac{1}{\dfrac{1}{k_1}+\dfrac{1}{k_2}+\dfrac{1}{k_3}}=\dfrac{1}{\dfrac{1}{40}+\dfrac{1}{50}+\dfrac{1}{60}}=16.22\,\mathrm{N/cm}$$

$$\therefore P=k\delta=16.22\times15=243.24\,\mathrm{N}$$

**6**  $\tau=K\,\dfrac{16PR}{\pi d^3}=1.14\times\dfrac{16\times2\times10}{3.14\times2^3}=14.52\,\mathrm{MPa}$

**7**  병렬 연결이므로 $k=k_1+k_2=10+10=20\,\mathrm{N/cm}$

**8**  $\delta=\dfrac{8nPD^3}{Gd^4}=\dfrac{8\times8\times15\times50^3}{8\times10^3\times6^4}=11.57\,\mathrm{mm}$

**9**  $C=\dfrac{D}{d}=5$ 에서, $D=5d$ 이므로

$$\delta=\dfrac{8nPD^3}{Gd^4}=\dfrac{8nP(5d)^3}{Gd^4}=\dfrac{1000\,nP}{Gd}$$

$$\therefore d=\dfrac{1000\,nP}{\delta G}=\dfrac{1000\times10\times600}{200\times8\times10^3}=3.75\,\mathrm{mm}$$

**10**  $\delta=\dfrac{P}{k}=\dfrac{8}{2}=4\,\mathrm{cm}=40\,\mathrm{mm}$ 이므로

$$D=\sqrt[3]{\dfrac{\delta Gd^4}{8nP}}=\sqrt[3]{\dfrac{40\times8\times10^3\times2^4}{8\times10\times8}}=20\,\mathrm{mm}$$

**11**  전단 탄성계수 $G=78.48\,\mathrm{GPa}=78.48\times10^9\,\mathrm{N/m^2}=78.48\times10^3\,\mathrm{N/mm^2}$ 이므로

$$\delta=\dfrac{8nPD^3}{Gd^4}=\dfrac{8\times10\times490\times60^3}{78.48\times10^3\times6^4}=83.25\,\mathrm{mm}$$

**12**  스프링 지수 $C=\dfrac{D}{d}$ 이므로, $D=Cd=10\times20=200\,\mathrm{mm}$ 이다. 따라서

$$n=\dfrac{\delta Gd^4}{8PD^3}=\dfrac{100\times80\times10^3\times20^4}{8\times4\times10^3\times200^3}=5$$

**13** $\sigma_a = \dfrac{6Pl}{nbh^2}$ 에서

$$P = \dfrac{\sigma_a n b h^2}{6l} = \dfrac{25 \times 4 \times 45 \times 5^2}{6 \times 400} = 46.875 \text{ N}$$

## 제14장 ● 관과 밸브

**1** $Q = Av = \dfrac{\pi d^2}{4} \cdot v = \dfrac{3.14 \times 2^2}{4} \times 3 = 9.42 \text{ m}^3/\text{s}$

**2** 먼저, 강관의 안지름 $D$를 구하면 $Q = Av = \dfrac{\pi d^2}{4} \cdot v$에서

$$D = \sqrt{\dfrac{4Q}{\pi v}} = \sqrt{\dfrac{4 \times 0.5}{3.14 \times 4}} = 0.399 \text{ m} \fallingdotseq 400 \text{ mm}$$

다음, 강관의 두께 $t$를 구하면

$$t = \dfrac{pD}{2\sigma_a} + C = \dfrac{4 \times 400}{2 \times 80} + 1 = 11 \text{ mm}$$

따라서, 강관의 바깥지름 $= 400 + (2 \times 11) = 422 \text{ mm}$

**3** $\sigma_t = \dfrac{pD}{2t\eta} = \dfrac{0.3 \times 6 \times 10^3}{2 \times 20 \times 0.95} = 47.37 \text{ MPa}$

# 찾아보기

### 숫자

### ㅎ

### 영문

# 대학과정 기계설계

2017년 2월 15일  1판1쇄
2019년 3월 15일  1판2쇄
2025년 1월 15일  2판1쇄

저   자 : 황봉갑
펴낸이 : 이정일

펴낸곳 : 도서출판 일진사
www.iljinsa.com

(우) 04317 서울시 용산구 효창원로 64길 6
전   화 : 704-1616 / 팩스 : 715-3536
이메일 : webmaster@iljinsa.com
등   록 : 제1979-000009호 (1979.4.2)

값 22,000 원

ISBN : 978-89-429-1949-9